驱体氧化铝水
典型生产工艺、
崔化材料的研究
化材料生产企业

也可作为高等院
培训用书。

斌主编. 一北

化铝-催化剂-化工

2022）第 033455 号

邮政编码 100011）

数 286 千字

销售中心负责调换。

内容简介

本书从催化材料的角度出发，阐述了化学品氧化铝及其前
合物的结构、性质、分类、改性方法、生产原理、成型技术、
表征和分析方法、重要领域应用和未来发展趋势，对氧化铝催
现状及技术进展进行了总结，并介绍了国内和国际氧化铝催
发展状况。

本书适用于从事催化材料生产、研究的技术人员参考，
校化工、材料等相关专业教材以及催化材料企业员工学习、

图书在版编目（CIP）数据

氧化铝催化材料的生产与应用 / 于海
京：化学工业出版社，2022.4
ISBN 978-7-122-40843-3

Ⅰ.①氧…　Ⅱ.①于…　Ⅲ.①氧
材料　Ⅳ.①TQ426

中国版本图书馆 CIP 数据核字（2

责任编辑：张　艳
文字编辑：林　丹　张瑞霞
责任校对：张茜越
装帧设计：王晓宇

出版发行：化学工业出版社
（北京市东城区青年湖南街 13 号
印　　装：中煤（北京）印务有限公司
710mm×1000mm　1/16　印张 16¾　字
2022 年 6 月北京第 1 版第 1 次印刷

购书咨询：010-64518888
售后服务：010-64518899
网　　址：http://www.cip.com.cn

定　　价：128.00 元

本书编写人员名单

主　　编： 于海斌

副 主 编： 孙彦民　李晓云

编写人员： 于海斌　谢献娜　李晓云　夏继平　周　鹏　张景成　肖　寒　孟广莹　吴同旭　孙彦民　郭秋双　朱金剑　张国辉　蔡　奇　周靖辉

审 稿 人： 肖　彦　薛群山　李连成　南　军

前言

PREFACE

众所周知，工业催化是现代化工反应的核心。在科学技术日新月异的今天，影响国计民生的现代炼油、化工、化肥装置逐渐朝“装置规模化、管理智能化、产品系列化”的方向发展。基于对新反应规律认识的新催化反应工艺层出不穷，以石油加工产物为原料的精细化工、化工新材料、药物合成进一步延伸了传统化工的生产链条，分子工程理念的深入认识对传统催化材料也提出了更高的要求。同时，环保法规的日益严苛和市场竞争的日益激烈，使催化剂及催化材料在满足其所服务的化工、炼油过程“降本增效、节能减排”要求的同时，其还要在自身的加工过程的清洁化、可控化、绿色化、系列化方面更上一层楼。

当前，更多的研究者要么关注新催化过程的发现，要么关注新材料的合成、新催化剂的制备过程或者新的领域的应用，而对传统催化材料投入的关注越来越少。氧化铝催化材料作为最重要的基础催化材料/催化剂，由于其合成过程的影响因素复杂，目前对其认识仍远远不够，这也是国内高端氧化铝仍然需要大量进口而受制于人的重要原因之一。

氧化铝与其他化合物一样，因其应用领域的不断拓展而呈现出勃勃生机，尽管氧化铝催化材料为石油化工和化学工业等的进步发挥了重要作用，但独立成书鲜见。编者二十多年来从事氧化铝催化材料的研究开发与工业化应用方面的工作，所带领的团队涉猎的范围涵盖材料选择、配方优化、工艺控制、设备升级、产物改性、催化剂制备及工业应用研究，为中国氧化铝催化材料的发展倾注了大量心血。为进一步推动氧化铝催化材料的进步，尽快缩短与国际先进水平的差距，特组织编写本书，希望与更多有志之士一起，共同为这一行业发展做出贡献。

本书系统总结了氧化铝催化材料的生产方法、主要用途与面临的问题等，是在中海油天津化工研究设计院有限公司（天津院）先进材料实验室全体同仁的共同努力下并结合多年的研究开发经验编撰完成的。成书过程中，李晓云、孙彦民、谢献娜、夏继平、周鹏、张景成、肖寒、孟广莹、吴同旭、郭秋双、朱金剑、张国辉、蔡奇、周靖辉等均付出了辛勤的劳动，中海油天津院副总工程师肖彦校稿并提出了宝贵修改意见。中海油天津院信息中心李连成等提供了系列帮助与支持。

由于时间仓促及编者水平有限，本书疏漏之处在所难免，敬请读者不吝指正！

于海斌

2021 年 7 月 15 日

CONTENTS

目录

第4章
氧化铝催化材料的成型技术 097

第5章
氧化铝催化材料的表征及分析 143

氧化铝

催化材料的

生产与应用

第1章 绪论

氧化铝，工业上俗称铝氧，是冶炼金属铝的主要原料，也是一种用量很大的化学品。在国际上，人们通常把用于电解铝之外的氧化铝、氢氧化铝和含铝化合物称为非冶金级氧化铝，也称为化学品氧化铝[1]或精细氧化铝。

化学品氧化铝是一大类用途广泛、性能优异、价格相对经济的无机产品，在石油、化工、耐火材料、电子、陶瓷、磨料、阻燃剂、造纸及医药等领域广泛应用。化学品氧化铝种类繁多，分类方法不一，至今无统一的国家标准[2]。按有色金属行业标准《精细氧化铝分类及牌号命名》（YS/T 619—2021），精细氧化铝按化学成分分类，可分为氢氧化铝系列、特种氧化铝系列、拟薄水铝石系列、沸石系列和铝酸钙水泥系列。

本书以下所称氧化铝或氧化铝催化材料属于化学品氧化铝范畴，是专指各种氧化铝水合物经高温脱水形成的系列同质异晶体，具有很高的比表面积、丰富的多孔结构、可控的表面酸性、良好的热稳定性以及一定的吸附性能等，主要用作吸附剂、净水剂、催化剂及催化剂载体等。

本章重点介绍氧化铝催化材料的分类、结构、性质以及典型的制备技术，并对其在催化过程中的应用及生产现状做简要概述。

1.1 氧化铝概述

氧化铝就其分子式而言，似乎是一种很简单的化合物，但考虑其前驱体、晶体结构及空间因素时，则会发现它们是一种形态变化复杂的两性化合物。通过控制沉淀时 $Al(OH)_3 \cdot nH_2O$ 晶粒的生长、聚沉以及控制老化过程，可以得到不同晶型的氧化铝水合物。不同晶型的氧化铝水合物经过不同的脱水处理以及不同的改性、成型、干燥和焙烧等处理，会形成多种具有不同晶型、不同孔结构、不同表面酸性和热稳定性的氧化铝晶体。氧化铝及其水合物这种结构变化的多样性和复杂性，一方面决定了它们应用的广泛性，另一方面也为准确掌握其制备规律带来了困难。

1.1.1 氧化铝及其水合物的分类及命名

氧化铝及其水合物有许多变体，在国外，其分类和命名基本分为两类，一类是矿物学命名；另一类是相式命名[2]。国内还没有规范的命名体系，命名原则也不统一，但化工部天津化工研究院（现中海油天津化工研究设计院有限公司，以下简称中海油天津院）1976 年就提出了统一名称的建议[3]。该建议认为，氧化铝水合物可分为 α-$Al(OH)_3$（α-三水铝石，gibbsite）、β_1-$Al(OH)_3$（β_1-三水铝石，bayerite）、β_2-$Al(OH)_3$（β_2-三水铝石，nordstrandite）、α-AlOOH（一水软铝石，boehmite）、β-AlOOH（一水硬铝石，diaspore）及 α'-AlOOH（假一水软铝石，pseudoboehmite，也称拟薄水铝石）等几种结构形态；氧化铝则可分为 χ、ρ、η、γ、κ、δ、θ 和 α 共 8 种晶型。该建议与 IUPAC（国际纯粹与应用化学联合会）分类法和哈伯法分类命名基本相同，目前国内大多沿用中海油天津院的建议名称。本书采用中海油天津院命名法。

上述 8 种晶型均为氧化铝的同质异晶体，不同种类的氧化铝水合物在 200～600℃下加热生成 χ-Al_2O_3、ρ-Al_2O_3、η-Al_2O_3 或者 γ-Al_2O_3，通常称为活性氧化铝。α-Al_2O_3（刚玉）一般称为惰性氧化铝。κ-Al_2O_3、δ-Al_2O_3 和 θ-Al_2O_3 属于活性氧化铝与 α-Al_2O_3 两种晶型之间的中间晶型。各种类型的氧化铝经高温处理，最终都会生成热力学稳定相 α-Al_2O_3。β-Al_2O_3 实际上是氧化铝和碱金属或碱土金属的复合物，一般不作为催化材料使用，本章不再涉及。

表 1.1 为中海油天津院及 IUPAC 关于氧化铝及其水合物的不同命名法[1]。表中，三水铝石、拜耳石和诺耳石是 $Al(OH)_3$（习惯上常写成 $Al_2O_3 \cdot 3H_2O$）的同质异晶体。一水软铝石和一水硬铝石则是 AlOOH（常写成 $Al_2O_3 \cdot H_2O$）的同质异晶体，它们的结晶构造与物理化学性质都不相同。

表 1.1　氧化铝及其水合物的不同命名法

组成	矿物名称	IUPAC	中海油天津院
$Al(OH)_3$ 或 $Al_2O_3 \cdot 3H_2O$	三水铝石（gibbsite 或 hydrargillite）	α-$Al(OH)_3$ 或 α-$Al_2O_3 \cdot 3H_2O$（α-alumina trihydrate）	α-$Al(OH)_3$
	拜耳石（bayerite）	β-$Al(OH)_3$ 或 β-$Al_2O_3 \cdot 3H_2O$（β-alumina trihydrate）	β_1-$Al(OH)_3$
	诺耳石（nordstrandite）	新 β-$Al(OH)_3$ 或新 β-$Al_2O_3 \cdot 3H_2O$（newβ-trihydrate）	β_2-$Al(OH)_3$
AlOOH 或 $Al_2O_3 \cdot H_2O$	一水软铝石（boehmite）	α-AlOOH 或 α-$Al_2O_3 \cdot H_2O$（α-alumina monohydrate）	α-AlOOH
	一水硬铝石（diaspore）	β-AlOOH 或 β-$Al_2O_3 \cdot H_2O$（β-alumina monohydrate）	β-AlOOH
Al_2O_3	刚玉（corundum）	α-Al_2O_3	α-Al_2O_3

1.1.2 氧化铝及其水合物的结构和性质

按照氧原子与铝原子在空间堆叠方式的不同，氧化铝及其水合物可以分成多种同质异晶体，这些同质异晶体的结构不同，性质也存在差异。氧化铝及其水合物一般由铝盐溶液沉淀制备而成，其工艺条件直接影响晶粒的颗粒大小、晶格排列方式、微晶的结晶度和晶相，从而影响产品的性质。

1.1.2.1 氧化铝水合物的结构和性质

氧化铝水合物也称作水合氧化铝，其化学组成为 $Al_2O_3 \cdot nH_2O$。氧化铝水合物中一类是晶体，如三水铝石、拜耳石、诺耳石、一水软铝石和一水硬铝石；另一类是低结晶氧化铝水合物，统称为胶态氢氧化铝，其结构中的水分子数不确定，如假一水软铝石（或称拟薄水铝石）、氢氧化铝凝胶及无定形铝胶。氧化铝水合物晶体的结构参数和性质见表 1.2 和表 1.3。

表 1.2 氧化铝水合物晶体的结构参数[1]

矿物名称	化学式	晶系	空间群	晶胞中分子数	晶轴长度/nm			夹角	密度/(g/cm³)
					a	*b*	*c*		
三水铝石	$Al(OH)_3$	单斜	C_{2n}^{5}	4	0.8684	0.5078	0.9136	94°34′	2.42
拜耳石	$Al(OH)_3$	单斜	C_{2n}^{5}	2	0.5062	0.8671	0.4713	94°27′ 70°16′	2.53
诺耳石	$Al(OH)_3$	三斜	C_{1}^{1}	2	0.5114	0.5082	0.5127	74°0′ 58°28′	—
一水软铝石	AlOOH	正交	D_{2n}^{17}	2	0.2868	0.1253	0.3692	—	3.01
一水硬铝石	AlOOH	正交	C_{2n}^{16}	2	0.4396	0.9426	0.2844	—	3.44

表 1.3 氧化铝水合物晶体的物性性质[1]

矿物名称	三水铝石 $Al(OH)_3$	拜耳石 $Al(OH)_3$	一水软铝石 AlOOH	一水硬铝石 AlOOH	刚玉 α-Al_2O_3
密度/（g/cm³）	2.42	2.53	3.01	3.44	3.98
折射率（平均）	1.57	1.58	1.66	1.72	1.77
莫氏硬度	2.5～3.5	—	3.5～4	6.5	9.0

结构决定性质，氧化铝水合物不同的结构决定着不同的物理性质。

（1）三水铝石［α-$Al(OH)_3$］

在铝土矿中存在大量的三水铝石。三水铝石属单斜晶系，是由双层氢氧离子与铝离子形成的八面体配合物。三水铝石是白色的晶体，属于两性化合物，既能溶于酸，又能溶于碱。其在pH值为4.5～8.5之间的溶液中溶解性很低，而在pH值低于4或pH值高于9的溶液中，其溶解性迅速提高。三水铝石化学稳定性好，无味，无毒，不挥发，具有良好的消烟阻燃性能。其主要用于无烟阻燃剂填料，人造地毯、大理石、玛瑙的填料，牙膏的填料，造纸的增白剂和增光剂，各种铝产品的原料，合成分子筛、抗胃酸药物以及莫来石的原料等。

（2）拜耳石［β_1-$Al(OH)_3$］

拜耳石是三水铝石的同质异晶体。其结构与三水铝石类似。在自然界中很少发现天然的拜耳石，因其在拜耳法生产氧化铝的铝酸钠溶液中被发现，故定名为拜耳石。拜耳石是不稳定的化合物，在碱液中很快转化成三水铝石。工业上通过烧结法制备拜耳石，首先将铝土矿与一定量的纯碱、石灰（或石灰石）配成炉料，在高温下进行烧结，氧化铝与纯碱化合成可溶于水的固体铝酸钠；将烧结产物用稀碱溶液溶解，固体铝酸钠进入溶液，得到铝酸钠粗液；随后进行脱硅，得到铝酸钠精液；再用二氧化碳分解铝酸钠精液，便可析出拜耳石。拜耳石常被用作过渡态氧化铝的前驱体，脱水后作为催化剂、催化剂载体或金属离子和磷酸盐的吸附剂等。

（3）诺耳石［β_2-$Al(OH)_3$］

诺耳石的结构与拜耳石结构类似，也被称为拜耳石Ⅱ。诺耳石常与三水铝石共存于三水型的铝土矿中，其含量较低。诺耳石的主要用途是生产氧化铝。

（4）一水硬铝石（β-AlOOH）

一水硬铝石存在于铁矾土或黏土中。一水硬铝石属正交晶系，结构基元是AlOOH双链，它们组成一个六边形的圆环[1]。一水硬铝石既不溶于酸也不溶于碱。我国的铝土矿绝大部分为一水硬铝石型，比三水铝石和一水软铝石要难溶出得多。一水硬铝石主要用作炼铝的原料。

（5）一水软铝石（α-AlOOH）

一水软铝石为一水软铝石型铝土矿的主要矿物成分，欧洲铝土矿多属此类。一水软铝石属于正交晶系，构成一水软铝石的结构基元也是AlOOH双链。这些链形成双层，并排列成立方堆积。其可以由α-$Al(OH)_3$、β_1-$Al_2O_3 \cdot 3H_2O$和假一水软铝石在压热釜中在高温及水或水蒸气的作用下制备。一水软铝石主要用作生产催化剂和吸附剂的前驱体原料，是一种重要的工业产品。

（6）胶态氢氧化铝

胶态氢氧化铝主要有拟薄水铝石、无定形铝胶和氢氧化铝凝胶。胶态氢氧化铝具有良好的胶结性、成型性、耐高温性、抗腐蚀性和抗氧化性等，可用于生产活性氧化铝，用作无机纤维或有机纤维的表面处理与黏结剂，也可用作无机填料[4]。

拟薄水铝石（α'-AlOOH），是制取活性氧化铝的重要中间产物，其结晶不完整，为无毒、无味、无臭、白色胶体状或粉末。拟薄水铝石胶溶性能好，黏结性强，具有比表面积大、孔容大等特点。其含水态为触变性凝胶，其粒子荷正电，易分散于 H_2O 和带—OH 基团的溶剂中。工业上，成熟的拟薄水铝石制备方法主要分为两大类，分别是酸碱中和法和醇铝水解法。拟薄水铝石可作为合成分子筛催化剂的黏结剂，硅酸铝耐火纤维的黏结剂，乙醇脱水制乙烯催化剂和环氧乙烷催化剂等，还可作为生产分子筛、催化剂载体、活性氧化铝及其他铝盐的原料。

无定形铝胶（$Al_2O_3 \cdot nH_2O$），是一种白色较透明的无定形氧化铝水合物胶体。可由氯化铝或硫酸铝溶解后与 NaOH 反应得到无定形铝胶；然后经过滤、洗涤，得到滤饼铝胶；在低温下干燥，得到一种稳定性好、分散性高的无定形白色粉末。无定形铝胶由于其很不稳定，工业生产中很难控制得到单一 $Al_2O_3 \cdot nH_2O$ 相，往往是 $Al_2O_3 \cdot nH_2O$ 和 α'-AlOOH 共存产物。

氢氧化铝凝胶主要是在铝盐与碱、或碱金属铝盐与酸作用生成沉淀，或由铝汞齐水解以及由醇铝水解等反应制备氧化铝过程的最初阶段生成，特别是在 pH 为 7 以下沉淀时，得到无定形凝胶。这种无定形凝胶通常吸附有大量杂质离子。干燥时，由于液体表面张力的作用使凝胶收缩并使凝胶骨架坍塌，因而比表面积不大。近年来，随着成型技术的进步，氢氧化铝凝胶也可用作石脑油重整、加氢脱硫催化剂载体等。

1.1.2.2 氧化铝的结构和性质

氧化铝是氧化铝水合物的脱水产物。各种氧化铝水合物经热分解形成一系列同质异晶体。这些同质异晶体有些呈分散相，有些呈过渡态。但当温度高于 1200℃时，它们基本都转变为热力学稳定相 α-Al_2O_3，其结构参数如表 1.4 所示。

表 1.4 八种晶型氧化铝的结构参数[1]

晶型		α	κ	θ	δ	χ	η	γ	ρ
组成		Al_2O_3	接近 Al_2O_3（含有微量水）						
晶系		三方	六方	单斜	四方	六方	立方	立方	接近无定形
空间群		D_{3a}^{b}		D_{2h}^{b}					
晶胞分子数		2		4					
晶胞常数	a/nm	0.4758	0.971	1.124	0.794	0.556	0.792	0.801	
	b/nm	0.4758		0.572	0.794				
	c/nm	1.2991	1.786	1.174	2.35	1.344		0.773	

续表

晶型	α	κ	θ	δ	χ	η	γ	ρ
相对密度	3.98	3.1～3.3	3.4～3.9	约 3.2	约 3.0	2.5～3.6	约 3.2	
折射率	ε	1.760	1.67～1.69		1.66～1.67	1.63	1.59～1.65	
	ω	1.768				1.65		

氧化铝具有两性性质。不同形态的氧化铝在酸和碱溶液中的溶解度及溶解速率是不同的，晶格能越大，化学活性越差。刚玉的主要成分是 α-Al_2O_3，具有最坚固和最完整的晶格，即使在 300℃的高温下与酸或碱的反应速率也极慢。γ-Al_2O_3 的化学活性较强，在低温下焙烧获得的 γ-Al_2O_3 的化学活性与三水铝石相近。同一种形态的氧化铝及其水合物，由于生产条件不同，性质也不相同，甚至有较大的差异。

氧化铝存在表面羟基。许多研究者都试图建立氧化铝的表面模型[5-13]，对表面羟基进行归属，进而深入研究氧化铝的表面结构及性能。其中一些学者认为氧化铝的表面存在五种类型的羟基，如经 800℃焙烧的 Al_2O_3 通过红外吸收谱图分析，有 $3800cm^{-1}$、$3780cm^{-1}$、$3744cm^{-1}$、$3733cm^{-1}$ 及 $3700cm^{-1}$ 五个吸收峰，这 5 个吸收峰对应 5 种不同的羟基。

氧化铝具有表面酸性。氧化铝的表面酸主要是 L 酸，酸中心四周原子或者离子种类及数目不同，酸中心性质也不同。氧化铝表面酸碱性除与前驱体氧化铝水合物有关外，还取决于表面羟基数目和构型，而表面羟基数目与脱水条件等制备条件有关。当温度升高时，氧化铝水合物逐渐经历脱除吸附水、破坏氢键和脱羟基的过程。随着表面羟基或者水分子的去除，形成不饱和配位的铝离子是 L 酸位，而吸附了水分子的 L 酸位则成为弱 B 酸位。羟基与不同数量、不同配位形式的铝离子相连，形成强度不同的酸位。

活性氧化铝，尤其是 χ-Al_2O_3 和 ρ-Al_2O_3 具有较高的比表面积和多孔性，在高温水汽条件下，易发生水合反应，转变为前驱体拟薄水铝石等。活性氧化铝生产过程中的脱水温度越低，二次粒子越小，越容易进行再水合反应。以活性氧化铝为原料，通过调节反应体系的 pH 值，在水热条件下可制备多种性能差异较大的拟薄水铝石[14]。碱性条件下制备出高比表面积片状拟薄水铝石；中性条件下得到低比表面积颗粒聚集体的拟薄水铝石；而在酸性条件下得到针状团簇体粉末状拟薄水铝石。

由于氧化铝表面有酸、碱中心，并有大量的表面羟基[15,16]，在水溶液中，氧化铝表面带有某种电荷，电荷正负性与电荷密度由介质的 pH 值决定。当 pH 值低于氧化铝的零电荷点时，氧化铝表面带正电荷，且 pH 值越低，表面所带正电荷越多；反之，pH 值高于氧化铝的零电荷点时，氧化铝表面带负电荷，且

pH 值越高，表面所带负电荷越多。采用电位滴定法测出氧化铝的零电荷点约在 pH 值为 8～9 之间。根据氧化铝的零电荷点可知，在中性水溶液中氧化铝带正电荷，不利于带正电荷离子的吸附；而调节介质的 pH 值则可能改变氧化铝表面电荷符号和电荷密度，有利于反荷离子的吸附。氧化铝上述表面结构和性质以及大的比表面积和适宜的孔结构，使其对吸附质有强烈的吸附能力，因此广泛用于吸附剂领域[17]。氧化铝的零电荷点作为控制参数指标，在洗涤、絮凝、沉淀、分离等操作过程中具有重要指导价值。

（1）α-Al_2O_3

各种过渡态氧化铝经高温处理，最终都会生成热力学稳定相 α-Al_2O_3。α-Al_2O_3 在铝的氧化物中是最稳定的相，具有熔点高、硬度大、耐磨性好、机械强度高、电绝缘性好、耐腐蚀等性能，是制造纯铝系列陶瓷、磨料、磨具及耐火材料的理想原料，利用其高稳定性可用于环氧乙烷等催化剂载体。

（2）χ-Al_2O_3、ρ-Al_2O_3、γ-Al_2O_3 及 η-Al_2O_3

χ-、ρ-、γ-和 η-Al_2O_3，生成温度低，一般在 600℃以下，多孔，高分散，比表面积和孔隙率大，活性高，通常称为活性氧化铝。活性氧化铝具有较大的比表面积、多种孔隙结构及孔径分布、丰富的表面性质。因此，在吸附剂、催化剂及催化剂载体方面有着广泛的用途。

χ-Al_2O_3 属于六方晶系，这种晶格近似于立方晶系，但具有三角变形。主要用于催化剂载体，空气、天然气、石油裂解气的干燥脱水，饮用水除氟，黏性树脂脱氯，空分及制氧工业。

ρ-Al_2O_3 结晶状况很差，几乎处于无定形状态。ρ-Al_2O_3 广泛应用于金属冶炼、耐火材料；另外，它在陶瓷涂料、催化剂载体、吸附剂等方面也有广泛应用。

γ-Al_2O_3 属立方晶系，为多孔性、高分散度的固体物料，具有很大的比表面积，活性大，吸附性能好。通过控制制备条件，可制得多种不同比表面积和孔结构的 γ-Al_2O_3 产品。因此，γ-Al_2O_3 在催化领域中使用最多，通常在石油化工和化学工业中用作催化剂或载体；也广泛应用作各种行业中的吸附剂和脱水剂、汽车尾气净化剂；制备航天航空、兵器、电子、特种陶瓷等尖端材料的原料。

η-Al_2O_3 属于立方晶系，晶格类似于尖晶石（$MgAl_2O_4$）的结构。η-Al_2O_3 具有比较大的孔容和比表面积，主要用作催化剂载体。

（3）θ-Al_2O_3、δ-Al_2O_3 及 κ-Al_2O_3

这三种氧化铝生成温度较高，一般在 800℃以上。

θ-Al_2O_3 属于单斜晶系，其性能介于 γ-Al_2O_3 和 α-Al_2O_3 之间，常与 γ-Al_2O_3 和 α-Al_2O_3 共存。

δ-Al_2O_3 属于四方晶系，其性能介于 γ-Al_2O_3 和 θ-Al_2O_3 之间，有强吸附能

力和催化活性，可用作吸附剂、干燥剂、催化剂及其载体。

κ-Al_2O_3 属六方晶系，主要用途是耐火材料结合剂、净化剂、吸附剂等。

1.1.3 氧化铝及其水合物的相变

氧化铝催化材料由氧化铝水合物经加热脱水制备，而氧化铝水合物一般由铝盐溶液沉淀出来的无定形氢氧化铝在一定条件下发生相结构变化生成。通过控制条件，可以制备不同种类的氧化铝水合物，但要得到较纯的氧化铝水合物却较难。因为在氧化铝水合物老化过程中，容易发生母液包藏在晶粒或晶簇中，造成之后洗涤除杂难度加大、过程复杂化、生产成本升高。

各种亚稳态氧化铝同质异晶体主要由不同晶型氧化铝水合物脱水制得。在这个热转化过程中，起始水合物的形态（如晶型、晶粒）、加热的气氛、升温速率、杂质含量等均会对氧化铝的形态有很大影响[18]。氧化铝水合物在不同温度、压力和蒸汽分压下可以制备出不同晶型的氧化铝，这些不同晶型的氧化铝在 1200℃以上均转化成稳定的 α-Al_2O_3 形态。不同温度下氧化铝及其水合物的相互转化关系见图 1.1。

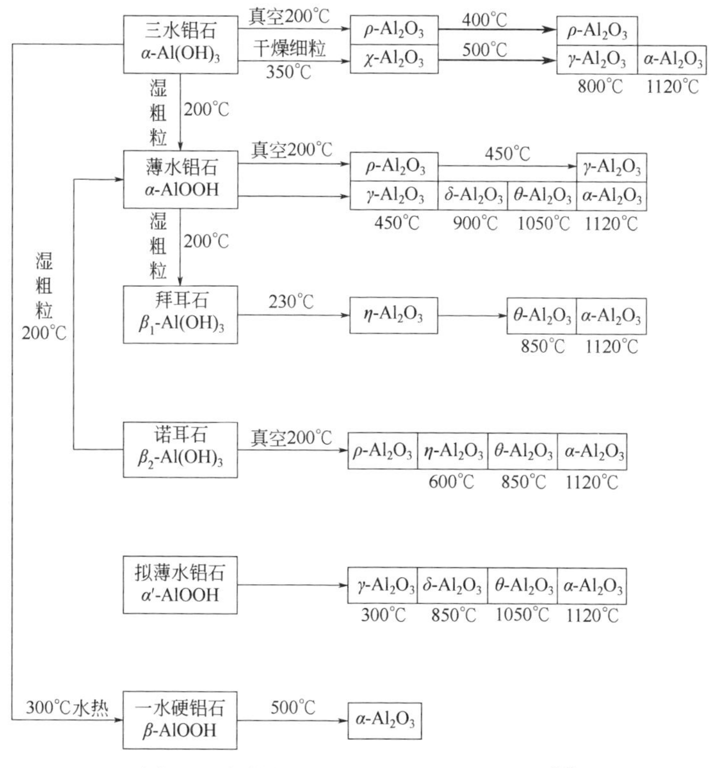

图 1.1 氧化铝及其水合物热转化相变图[18]

1.2 氧化铝催化基础理论

催化反应通常根据体系中催化剂和反应物的物相分类。当催化剂与反应物处于相同物相时，称为均相催化反应；当催化剂与反应物处于不同物相时，称为多相催化反应。氧化铝主要作为多相催化反应中固体催化剂或催化剂载体使用。当反应物是气体时，称为气-固多相催化反应；当反应物是液体时，称为液-固多相催化反应；也有部分反应物为气、液混合物，称为气-液-固多相催化反应。

就实际应用的固体催化剂而言，除少数是由单一物质组成外，多数是由多种成分组合而成。按各种成分所起的作用，大致可分为三类，主催化剂、助催化剂和载体，而在应用时统称为催化剂。主催化剂是催化剂的主要成分，是起催化作用的根本性物质；助催化剂是催化剂中具有提高主催化剂活性、选择性、热稳定性、抗毒性、寿命等性能的组分；载体是主催化剂物质的支撑体。氧化铝主要用作催化剂载体，同时在一些催化剂中也用作主催化剂或助催化剂。

氧化铝优良的物理和化学性质决定了它在催化剂中具有重要的作用，主要体现在以下方面：①具有一定的酸性，可提供部分活性中心；②具有能适应反应过程的一定形状和足够的机械强度，可经受反应过程中的机械和热的冲击；③有适当的比表面积、孔容和孔径，可大幅提高负载在 Al_2O_3 载体上的活性组分的均匀性、分散度和单位质量的表面积，充分发挥活性组分的作用，并为催化反应提供合适的孔道（孔容和孔径），有利于反应物的扩散、吸附、反应、脱附和扩散等过程，甚至其较大的孔容还起到容纳积炭、污染物等作用；④有足够的化学稳定性，以抵抗反应过程中腐蚀性组分、水热反应等对催化剂孔结构的破坏；⑤具有适宜的热导率、比热容、堆密度等；⑥不含有任何可导致催化剂中毒的物质等。

以下对氧化铝提供催化反应活性中心、与活性组分相互作用、提高催化剂热稳定性的作用进行进一步叙述。

1.2.1 提供催化反应活性中心

氧化铝可以提供某种功能的活性中心，与活性组分一起构成双功能或者多功能催化剂。如催化重整工艺使用的 Pt/Al_2O_3 催化剂就是双功能催化剂的典型实例。该催化剂上的 Pt 为烃类分子的脱氢反应提供催化活性中心，Al_2O_3 载体则提供烃分子骨架异构和环化所需要的酸性中心。一些研究认为，氯离子的引入可以增强氧化铝的酸性中心。徐泽辉等[19]采用氯化更新技术对烧炭后催化剂铂的分散度进行研究，通过氯离子的引入，在一定条件下使生成的具有相对较高挥发性（或迁移性）的铂-氯-氧-载体表面络合物$[PtO_xCl_y]_s$ 重新在催化剂表面分布，提高了铂晶粒的分散度，同时补充烧炭时氯离子的流失，恢复催化剂的酸性功能。

按照羟基与铝离子结合的情况不同，Knözinger 等[20]认为 Al_2O_3 表面的羟基有 $Ⅰ_a$、$Ⅰ_b$、$Ⅱ_a$、$Ⅱ_b$ 和Ⅲ共 5 种构型，见图 1.2。

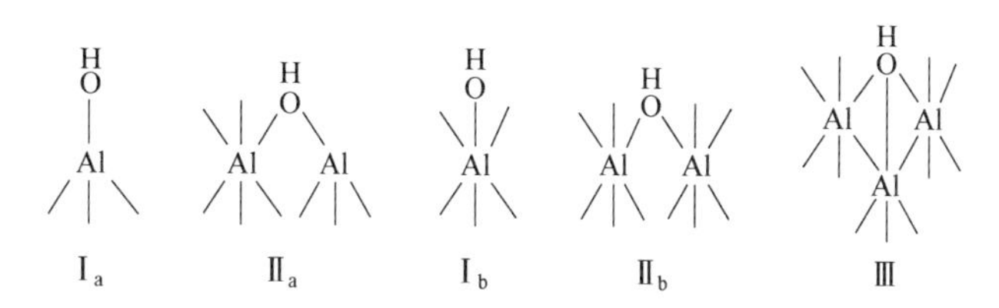

图 1.2　氧化铝表面羟基的 5 种构型

当温度升高和干燥气氛下，氧化铝表面会发生脱羟基过程：两个羟基结合，生成一个水分子脱附，在原来羟基的位置留下一个氧离子，并暴露一个配位不饱和的铝离子。其中的配位不饱和铝离子称为 L 酸中心，氧离子则称为 L 碱中心。这种加热脱水产生 L 酸中心的过程大致如图 1.3 所示。

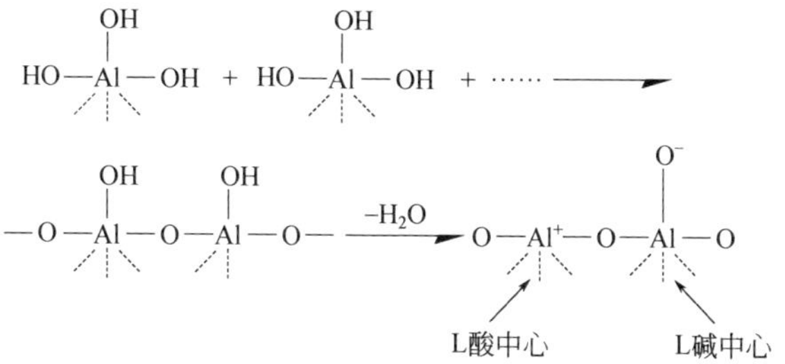

图 1.3　氢氧化铝加热脱水产生 L 酸中心的过程[2]

氧化铝表面羟基的脱除率、脱除方式与温度有很大的关系。在温度低、氧化铝表面的羟基或氢离子不易移动的情况下，脱羟基过程发生于相邻的两个羟基；当温度比较高、氧化铝表面的羟基或氢离子容易移动的情况下，脱羟基过程有可能发生在非相邻的两个羟基之间。随着温度的升高，氧化铝表面羟基的密度下降，羟基脱除率增加。这也进一步说明了氧化铝为什么只有在一定温度下经过预处理或焙烧，部分脱除表面羟基后，才表现出酸性，且酸性与预处理或焙烧温度有密切关系。氧化铝的酸性随预处理或焙烧温度的变化而变化，本质上是其表面羟基和晶体结构随温度变化的综合结果。

1.2.2 与活性组分相互作用

氧化铝与活性组分之间的相互作用在催化过程中主要表现为以下几个方面：

① 使活性组分的几何构型（或晶体形貌）发生变化。由于活性组分几何构型的变化，其外露的晶面、晶格缺陷及活性中心的结构都会发生变化，进而催化剂的催化性能也发生变化。

② 活性组分的分子或者原子与 Al_2O_3 载体表面的某些原子或者基团之间发生电荷转移或者键合作用；或者是活性组分的原子或者离子进入 Al_2O_3 载体的晶格，形成固溶体或化合物，如 Ni-Mo/Al_2O_3 催化剂上的部分 Ni，在高温下进入氧化铝的晶格并形成镍铝尖晶石，造成催化剂的活性下降。

③ 活性组分与 Al_2O_3 载体之间的物种溢流。最重要的物种溢流就是氢溢流，氢在金属表面上解离为原子态氢，随后迁移到 Al_2O_3 载体上，并给 Al_2O_3 载体一个电子，其过程可表示为：

$$H_2 \underset{}{\overset{Pt}{\rightleftharpoons}} 2H \underset{}{\overset{Al_2O_3}{\rightleftharpoons}} 2H^+ + 2e^-$$

氢溢流使原子态的氢等活性氢物种不仅存在于活性组分的表面，而且大量存在于载体的表面，这相当于增加了由活性氢物种引发或者参与的反应的活性中心数，从而加速反应。

1.2.3 提高催化剂热稳定性

Al_2O_3 载体具有较高的熔点，使其具有较高的热稳定性和化学稳定性，同时 Al_2O_3 载体具有大的比表面积和适宜的孔结构，能够对高度分散的活性组分颗粒的移动和彼此接近起到阻隔作用，提高活性组分的烧结温度，从而提高催化剂的热稳定性。

使用氧化铝作为催化材料时，为了使氧化铝能更好地适应某个催化反应，需要经常对氧化铝的某些性质进行有针对性的调变。这种调变可以通过物理改性和化学改性来实现。物理改性主要是采用热处理或水热处理等方法对氧化铝的物理性质进行调变。化学改性主要是添加某些无机物，以改变其热稳定性、抗破碎强度、表面酸性，甚至改变其催化活性等。这部分内容将在本书第 3 章中详细讨论。

1.3 氧化铝在催化领域中的应用

氧化铝产品种类繁多、性能各异，其不同之处主要体现在颗粒尺寸、粒径分布、孔隙度、比表面积、吸油率、表观密度、硬度、蔽光性、纯度、白度等[21]。作为催化材料的氧化铝主要来源于氧化铝水合物前驱体加热脱水。前驱体制备过程、老化条件、脱水条件以及成型条件等不同，制备的氧化铝催化材料的晶型、孔结构、比表面积、表面酸碱性等都存在很大差异，在催化领域中的应用也各有不同。目前，氧化铝作为催化剂载体或催化剂、吸附剂、干燥剂等广泛应用于石油炼制、石油化工、精细化工、化肥、医药、农药等诸多领域，其使用是多种多样的。

1.3.1 不同晶型氧化铝的适用范围

氧化铝有很多同质异晶体，从纯度来说，有高纯、低钠、含碱之分。实际应用中按性能、组成、结构等方面分类也还是比较困难。多数情况下还是以氧化铝的晶体结构为依据来区分其使用性质和适用范围。

（1）α-Al_2O_3

α-Al_2O_3 为化学惰性，耐热性好，常用于高温及外扩散控制的催化反应，在需要化学性质不活性或承受高温时可使用这种氧化铝。另外，α-Al_2O_3 常制成较大尺寸球形，装填于床层底部，用作床层支撑物；或装填于床层顶部，用作床层覆盖物，同时改善床层流体分布。

（2）γ-Al_2O_3

通过改变条件可制备具有不同比表面积和孔结构的多种型号的 γ-Al_2O_3 产品，其可作为吸附剂和脱水剂使用，尤其在催化领域应用最广，如在汽车尾气净化、石油化工和化学工业中用作催化剂或催化剂载体。

（3）η-Al_2O_3

η-Al_2O_3 在催化反应中也使用较多，其主要特性是孔结构的可调变性和热稳定性，主要用作催化剂的载体。

（4）χ-Al_2O_3

χ-Al_2O_3 的化学活泼性高，作为载体适用于气相催化反应需要较高比表面积的催化剂；也可作为干燥剂用于空气、天然气、石油裂解气的干燥脱水，作为净化剂用于饮用水除氟等；还可用于黏性树脂脱氯、空分及工业制氧等。

（5）κ-Al_2O_3、δ-Al_2O_3 和 θ-Al_2O_3

κ-Al_2O_3、δ-Al_2O_3 和 θ-Al_2O_3 属于活性氧化铝和 α-Al_2O_3 两种晶型之间的中间晶型，具有一定化学活泼性。它们常用于需较小表面积而具有较高性能的催化反应。三种晶型中以 δ-Al_2O_3 使用较多，通常用作高温变换催化剂的载体。

（6）ρ-Al_2O_3

ρ-Al_2O_3 结晶状况很差，几乎处于无定形状态。常用于催化剂载体、吸附剂等方面。

1.3.2 氧化铝在催化过程中的应用

氧化铝在催化领域中的功能是多方面的，其作为载体在工业催化剂载体中的应用最为广泛[22]。除此之外，一些氧化铝还可以作为催化剂使用。至于某些氧化铝水合物作为黏结剂应用在催化剂或载体成型中，因高温焙烧后也转化成氧化铝催化材料而使得其应用进一步拓展。

1.3.2.1 用作催化剂载体

氧化铝作为催化剂载体广泛用于炼油、化肥、石油化工等领域[18]。

（1）炼油催化剂载体

炼油催化剂主要包括催化裂化催化剂、催化重整催化剂、加氢精制催化剂、加氢裂化催化剂、重整预处理催化剂、烷基化催化剂、烯烃叠合催化剂、异构化催化剂、乙烯氧化制环氧乙烷银催化剂等。催化重整催化剂以 γ-Al_2O_3 为载体，多是球形、条状和三叶草形；加氢催化剂载体多用 γ-Al_2O_3，制成片剂、球形、条状和三叶草形，亦有用添加少量 SiO_2 的 γ-Al_2O_3 来改善热稳定性。近年来国内外均推出含 TiO_2 的 γ-Al_2O_3 作加氢精制催化剂载体；乙烯氧化制环氧乙烷银催化剂使用 α-Al_2O_3 为载体；氧化铝在催化裂化中也得到部分应用。具体应用情况在第 6 章详细介绍。

（2）化肥催化剂载体

化工催化剂中以化肥催化剂用量最大。耐硫宽温变换催化剂是耗用 Al_2O_3 载体最多的品种，它们均以 γ-Al_2O_3 为载体，以球形和条形为主，市场潜力大。甲烷化催化剂以片状或球形 γ-Al_2O_3 为载体。烃类蒸汽转化催化剂中，气态烃转化多用 α-Al_2O_3 为载体。低温变换、甲醇合成及联醇催化剂多数以 $CuO\cdot ZnO\cdot Al_2O_3$ 为主要组分。

（3）石油化工催化剂载体

甲苯脱烷基制苯，采用条状 γ-Al_2O_3 负载 Cr_2O_3。乙醇脱水制乙烯、己二醇脱水制己二烷多采用球形或条形 γ-Al_2O_3，并添加少量助剂为催化剂。加氢催化剂品种繁多，苯酚加氢制环己醇，苯加氢制环己烷用 γ-Al_2O_3 载镍，γ-Al_2O_3 还用于保护重整催化剂预脱硫。C_2 气相选择加氢用 θ-Al_2O_3 为载体，C_3 液相选择加氢用 δ-Al_2O_3 为载体。合成气净化时 COS 水解是以 γ-Al_2O_3 为载体主要组分。脱氯剂也以 γ-Al_2O_3 为主要成分。

1.3.2.2 用作催化剂

含有氧化铝的催化剂，多数是用氧化铝作为载体，同时负载有各种活性组分；还有一类直接用氧化铝作为催化剂[18]，或者由氧化铝和其他氧化物复合制备成多氧化物催化剂。克劳斯硫回收催化剂、乙醇脱水催化剂、甲醇脱水制备二甲醚、乙醇氨化及酯化催化剂是 γ-Al_2O_3 直接作为催化剂的典型代表。η-Al_2O_3 和 γ-Al_2O_3 可作为烯烃双键转移的异构化催化剂。Al_2O_3 也可与其他氧化物共同合成制备成多氧化物催化剂混合使用。

1.3.2.3 用作黏结剂

催化剂或者催化剂载体成型时，往往需要添加黏结剂作为成型助剂。某些氢氧化铝，尤其是拟薄水铝石，可作为极佳的黏结剂将自身难以成型但又适合作为催化剂的颗粒，或将不适于沉淀在载体上的其他催化剂颗粒相互黏结在一起。氧化铝作黏结剂时，除能提高催化材料强度外，其多孔性和良好的耐热性还可调节催化剂的孔道结构和耐热性能，并适应较高的再生温度。此外，氧化铝还具有良好的耐水性，若催化剂受潮或水湿也不致破碎或崩解。

1.4 国内外氧化铝催化材料的生产现状

目前，国外氧化铝催化材料品种齐全，生产厂家主要分布在欧美及日本等发达国家。国内氧化铝催化材料的生产厂家主要为中国铝业公司所属的各分公司及各大氧化铝生产厂家周边地区的一些企业。国内氧化铝催化材料的品种较少，部分产品还依赖进口。

1.4.1 国外氧化铝催化材料的生产现状

欧美及日本等发达国家在催化材料用化学品氧化铝的研究和生产方面做

了大量工作，已形成规模化生产。

美国催化材料用氧化铝主要生产公司概况如表1.5所示。

表1.5 美国催化材料用氧化铝主要生产公司及主要产品

生产公司	晶型
空气化工产品公司	γ-Al_2O_3
美国铝业公司	α-Al_2O_3、γ-Al_2O_3
格雷斯-戴维森公司	γ-Al_2O_3
特种化学品（雅宝）集团	γ-Al_2O_3
美国先进炼制技术公司	γ-Al_2O_3
美国标准公司	α-Al_2O_3、γ-Al_2O_3
环球油品公司	拟薄水氧化铝、β-Al_2O_3、γ-Al_2O_3和α-Al_2O_3，活性氧化铝球形载体

日本现有催化材料用氧化铝生产公司概况见表1.6。

表1.6 日本催化材料用氧化铝主要生产公司及主要产品

生产公司	晶型
触媒化成工业	γ-Al_2O_3、α-Al_2O_3、η-Al_2O_3
水泽化学工业	γ-Al_2O_3
日挥化学	γ-Al_2O_3
昭和电工	α-Al_2O_3
住友化学	γ-Al_2O_3、α-Al_2O_3

欧洲的催化材料用氧化铝主要生产厂商有荷兰的阿克苏公司；法国的罗纳普朗克公司，以及它与法国石油研究院合资建立的法国催化剂产品公司；德国的巴斯夫公司；英国的帝国化学工业公司以及丹麦的托普索公司。

Sasol公司是典型的高纯拟薄水铝石催化材料供应商，可提供多种类型的氧化铝前驱体，该公司生产的产品在全球范围内的催化剂厂家获得广泛认可。其他生产高纯拟薄水铝石的国外企业还有加拿大的Orbite AluminaeInc公司、法国Baikowski、日本住友化学、轻金属株式会社、大明化学等。

1.4.2 国内氧化铝催化材料的生产现状

国内氧化铝催化材料的研究始于20世纪60～70年代，随着国内采油、石油炼制和石油产品的深加工不断发展，对催化剂的需求日益迫切，也加快了相应催化剂载体的研究开发。当时抚顺石油三厂、兰州炼油厂催化剂分厂、长岭炼油厂催化剂分厂、南化公司催化剂厂、齐鲁石化公司催化剂厂、化工部天津化工研究院和西南化工研究院等单位对各种催化剂或载体进行了研究与开发，催化剂载体大多为γ-Al_2O_3、η-Al_2O_3、α-Al_2O_3或硅-铝化合物、分子筛等。

在氧化铝催化材料生产方面，厂家主要为中国铝业公司所属的山东分公司、郑州研究院、中州分公司、山西分公司、贵州分公司、河南分公司及各大氧化铝生产厂家周边地区的一些企业。采用中和法生产的主要厂家包括：中铝山东新材料有限公司、中铝山西新材料有限公司、山西炬华新材料科技有限公司、江苏晶晶新材料有限公司。各公司产品均有各自特点，适用于多种催化剂领域。采用快脱法生产活性氧化铝的厂家主要有中铝集团下属的山东铝业、山西铝业、贵州铝业，其余厂家全部为民营企业。采用水热法生产氧化铝的目前仅有中海油天津院建立了工业装置。

在高纯氧化铝催化材料方面，国内市场主要被国外厂家垄断。国内企业虽仍在积极研究醇盐水解法制备高纯拟薄水铝石和高纯氧化铝的技术工艺，但产品指标和应用性能与国外厂家同类产品相比仍存在一定的差距。主要生产厂家有山东允能催化技术有限公司、安徽宣城晶瑞新材料有限公司、苏州贝尔德新材料科技有限公司等。

1.5 小结

无论是氧化铝还是其水合物，均具有结构的多样性和复杂性，应用领域及作用广泛。国内氧化铝催化材料经过几十年的不断发展、壮大，已能针对不同催化反应对其孔结构、表面酸性、稳定性等进行调变。采用不同成型方法可制备不同形状的载体，基本满足炼油、化肥化工、环保等领域的需求，发展前景广阔。但是，目前国内还存在氧化铝催化材料品种少、技术性能不能满足客户需求、质量参差不齐、部分高端产品依赖进口等问题。为此，国内各研究机构以及生产厂家更应加强在制备方法、离子掺杂、结构助剂以及成型技术等与氧化铝催化材料结构、性能、稳定性等方面关联上的深入研究，为开发高比表面积、大孔径、可控多级孔分布、高稳定性和强度可控等定制化产品提供机理上的支持。

氧化铝

催化材料的

生产与应用

第2章 氧化铝催化材料的制备技术

2.1 概述

氧化铝催化材料具有比表面积大、孔结构丰富、表面酸性可调变、热稳定性好等诸多优点，常被用作催化剂或催化剂载体、干燥剂、吸附剂等，通常由相应的氧化铝水合物加热脱水制得。其前驱体水合物的特性，尤其是水合物的形态（如晶型、粒度）、加热的气氛与快慢、杂质含量等均会对氧化铝的形态、孔分布、比表面积以及强度等性能有很大影响[2]。氧化铝催化材料制备主要有两种途径，一种是通过铝盐中和法、碳化法、醇化物水解法、水热法等制备拟薄水铝石，再进行成型干燥焙烧而得；另一种是氢氧化铝经快脱法生产由 ρ-Al_2O_3 和 χ-Al_2O_3 混合而成的快脱粉，再将快脱粉通过滚球成型干燥焙烧而得。除此之外，胆碱法、碳酸铝铵法、硫酸铝铵法等，也被用于制备氧化铝催化材料，因其不是主流技术路线，本文不加详述。

化工部天津化工研究院是国内最早对氧化铝载体材料进行系统研究的单位[23]，他们发现氧化铝存在至少 α、κ、γ、δ、η、θ、χ、ρ 这 8 种形态，α 型为终态，其他均为过渡态。20 世纪 70 年代初，该院为配合 13 套引进大型化肥装置催化剂的换装，对化肥催化剂的研究、开发到生产进行了攻关。采用碱法，从小试、中试到工业生产，开发出了 T201 催化剂载体用拟薄水铝石和相应的 γ-氧化铝载体[24]成套技术和产品。后期开发的硝酸法 γ-Al_2O_3 条形载体成功应用于黎明化工研究院的双氧水钯催化剂。20 世纪 80 年代，该院在国内首先开发成功悬浮加热快脱法生产技术，通过滚球、干燥焙烧制备的活性氧化铝球形载体具有较高的比表面积和强度，可作为干燥剂、吸附剂或耐硫变换催化剂、脱氧催化剂等载体使用。该项技术一直在发展完善中，已在国内十多家氧化铝厂成功转让。

除化工部天津化工研究院外，20 世纪 70 年代由长岭炼油厂、荆门炼油厂研究所、中石化石油科学研究院以及北京大学组成的加氢催化剂会战组，以硫酸铝和偏铝酸钠为原料制备拟薄水铝石和 γ-氧化铝，相应技术指标均优于碱法。该双铝法比碱法省酸、比酸法省碱，得到广泛应用。国内许多单位如同济大学、上海石油化工研究院、温州精晶氧化铝有限公司、山东铝厂分公司、上海化工研究院等对碳化法、酸法、碱法均进行了深入研究[25]。近年来，大连交通大学、大连理工大学等多个科研院所对醇铝水解法进行了持续性研究，并先后开展了中试及半工业化的生产研究。

2.2 拟薄水铝石法

拟薄水铝石（α'-AlOOH）是制取活性氧化铝的重要前驱体。拟薄水铝石中，1mol Al_2O_3 通常含有 1.4～4.0mol H_2O，比表面积从几十到 500m^2/g，它的 X 射线衍射图与薄水铝石（α-AlOOH）相似，但结晶度较低，衍射峰宽化。不同类型的拟薄水铝石孔径分布在 3～20nm 范围，孔容 0.3～1.6mL/g。孔径小的拟薄水铝石胶溶性好，比表面积大，黏结性能高，并具有触变性凝胶的特点，广泛用作氧化铝、分子筛等多种催化剂或载体的黏结剂。孔径大的拟薄水铝石胶溶性较差，但大孔径便于分子扩散、杂质沉积等，更适于用作各种催化剂载体。对来源于拟薄水铝石的活性氧化铝而言，其孔结构、比表面积、表面酸碱性等性能很大一部分取决于拟薄水铝石的相应特性。为此，制备具有合适性能的拟薄水铝石是获取理想活性氧化铝的关键。

工业上，成熟的拟薄水铝石制备方法主要分为两大类，分别是酸碱中和法和醇铝水解法。酸碱中和法又称沉淀法，分为酸法、碱法、双铝法、碳化法等，国内企业拟薄水铝石的生产多使用中和法。醇铝水解法最具代表性的是南非 Sasol 公司（原德国 Condea 公司）的技术，该公司用高纯铝屑和有机醇反应得到有机醇铝，进一步水解生产优质拟薄水铝石。该产品因杂质含量低、晶相纯，在催化领域广泛应用。此外，水热法作为一种新型的拟薄水铝石制备方法，已引起广泛关注，相比酸碱中和法与醇铝水解法，水热法制备的拟薄水铝石产品孔径调控范围更大，特别是可制备同时具备大孔容和大孔径的拟薄水铝石。不同的拟薄水铝石经成型、焙烧，可制得性能各异的氧化铝催化材料。

2.2.1 酸碱中和法

相对于国外常用有机醇铝法生产拟薄水铝石，国内工业生产主要采用酸碱中和法（简称中和法）。由于生产厂家众多，各厂家产品需求不同，原料来源不同，因此生产方法也各不相同，且没有标准的命名。通常，按照产品中铝源不同分为酸法（以酸性铝盐为铝源）、碱法（以碱性铝酸盐为铝源）与双铝法（铝盐与铝酸盐同时为铝源）；根据沉淀剂的不同分为碱沉淀法、酸沉淀法、二氧化碳沉淀法（简称碳化法）；根据反应过程 pH 值变化方式不同又分为等 pH

值法和变 pH 值法。其中，变 pH 值法包括正加法，即将碱性沉淀剂加到酸性铝盐中，pH 值由低到高；反加法，pH 值由高到低，成胶环境由强碱变为中性；以及摆动法，酸碱原料交替加入，成胶环境忽酸忽碱。

2.2.1.1 中和法机理

中和法制备拟薄水铝石是指可溶性的酸性铝源或碱性铝源分别与碱性物质或酸性物质发生中和反应的方法。以下分别以双铝法与碳化法对反应机理进行说明。

（1）双铝法制拟薄水铝石反应机理

所谓“双铝法”，是指酸性铝盐与碱性铝酸盐两种物料按比例同时加入反应体系生产拟薄水铝石的方法。

张哲民等[26]认为，由于 $Al_2(SO_4)_3$ 溶液中有一定浓度的自由酸（通常 H_2SO_4 的质量浓度约为 2g/L），$NaAlO_2$ 溶液中有一定浓度的自由苛性钠（通常苛性系数，又称苛性比，是指溶液中钠元素按氧化钠计，铝元素按氧化铝计，二者物质的量之比 $\alpha_k>1.4$），如果 $Al_2(SO_4)_3$ 溶液和 $NaAlO_2$ 溶液完全反应，则存在如下反应：

$$6NaAlO_2 + Al_2(SO_4)_3 + 12H_2O \longrightarrow 8Al(OH)_3 + 3Na_2SO_4 \qquad (2.1)$$

$$6NaOH + Al_2(SO_4)_3 \longrightarrow 2Al(OH)_3 + 3Na_2SO_4 \qquad (2.2)$$

$$2NaOH + H_2SO_4 \longrightarrow 2H_2O + Na_2SO_4 \qquad (2.3)$$

从式（2.1）～式（2.3）可知，$Al_2(SO_4)_3$ 溶液与 $NaAlO_2$ 溶液完全反应的条件为 $NaAlO_2$ 提供的 Na^+ 与 $Al_2(SO_4)_3$ 提供的 SO_4^{2-} 摩尔比为 2∶1。

此外，$Al_2(SO_4)_3$ 溶液所提供的 SO_4^{2-} 的浓度需满足式（2.4），$NaAlO_2$ 溶液能提供的 Na^+ 浓度为氧化铝摩尔浓度的 $2\alpha_k$ 倍，如式（2.5）所示。

$$c\left(SO_4^{2-}\right) = 3\rho_1\left(Al_2O_3\right)/102 + \rho\left(H_2SO_4\right)/98 \qquad (2.4)$$

$$c\left(Na^+\right) = 2\alpha_k\rho_2\left(Al_2O_3\right)/102 \qquad (2.5)$$

式中，$\rho_1(Al_2O_3)$、$\rho_2(Al_2O_3)$ 分别为 $Al_2(SO_4)_3$ 溶液与 $NaAlO_2$ 溶液中 Al_2O_3 的质量浓度；$\rho(H_2SO_4)$ 为 $Al_2(SO_4)_3$ 溶液中 H_2SO_4 的质量浓度；$c(SO_4^{2-})$ 和 $c(Na^+)$ 分别为 SO_4^{2-} 与 Na^+ 的摩尔浓度。则 $NaAlO_2$ 溶液与 $Al_2(SO_4)_3$ 溶液完全反应时的体积比（临界体积比）ψ_0 为：

$$\psi_0 = \frac{n_0\left(Na^+\right)}{c\left(Na^+\right)} : \frac{n_0\left(SO_4^{2-}\right)}{c\left(SO_4^{2-}\right)} = \frac{n_0\left(Na^+\right)}{n_0\left(SO_4^{2-}\right)} \times \frac{c\left(SO_4^{2-}\right)}{c\left(Na^+\right)}$$

$$=\frac{1}{\alpha_k\rho_2(Al_2O_3)}\left[3\rho_1(Al_2O_3)+\frac{51\rho(H_2SO_4)}{49}\right] \quad (2.6)$$

式中，$n_0(Na^+)$和$n_0(SO_4^{2-})$分别为$Al_2(SO_4)_3$溶液与$NaAlO_2$溶液完全反应时，$NaAlO_2$溶液的Na^+的物质的量和$Al_2(SO_4)_3$溶液中SO_4^{2-}的物质的量，此时$n_0(Na^+)/n_0(SO_4^{2-})$为2。定义ψ为实际成胶反应过程中$NaAlO_2$溶液与$Al_2(SO_4)_3$溶液体积之比。当$\psi/\psi_0>1$时，$NaAlO_2$溶液过量，由于苛性系数α_k的急剧降低，发生水解反应，生成三水铝石与NaOH；当$\psi/\psi_0<1$时，$Al_2(SO_4)_3$溶液过量，生成碱式硫酸铝；当$\psi/\psi_0=1$时，$NaAlO_2$溶液与$Al_2(SO_4)_3$溶液完全中和，生成拟薄水铝石和/或无定形水合氧化铝。

控制成胶温度，调整成胶pH值，或者控制成胶pH值，调整成胶温度，均会引起ψ/ψ_0的变化。控制$Al_2(SO_4)_3$溶液和$NaAlO_2$溶液的Al_2O_3质量浓度分别为50g/L和200g/L，$NaAlO_2$溶液的苛性系数α_k为1.5，控制反应条件进行中和成胶，结果如表2.1所示。

表2.1 成胶条件对ψ/ψ_0及产物晶型、杂质组成的影响

样品编号	S1	S2	S3	S5	S7	S9
成胶温度/℃	40	40	40	60	95	75～80
成胶pH值	6	8	10	8	8	9
$V(NaAlO_2)$/mL	400	400	550	420	490	1270
$V[Al_2(SO_4)_3]$/mL	1050	950	950	1000	1000	2250
ψ	0.38	0.42	0.58	0.42	0.49	0.56
ψ/ψ_0	0.78	0.86	1.18	0.86	1.00	1.14
晶型	无定形	拟薄水铝石	拟薄水铝石+三水铝石	拟薄水铝石	拟薄水铝石	拟薄水铝石+三水铝石
拟薄水铝石相对结晶度/%	0	29.6	58.8	53.7	79.2	—
SO_4^{2-}含量/%	24.0	14.1	0.72	7.98	1.23	—
Na_2O含量/%	<0.01	0.01	0.03	<0.01	0.03	—

在成胶温度40℃、成胶pH=10时，ψ/ψ_0=1.18，$NaAlO_2$溶液过量，过量部分发生分解反应生成三水铝石，因此试样S3中有较多的三水铝石；而当pH=6～8时，$\psi/\psi_0<1$，即$Al_2(SO_4)_3$溶液过量，过量部分生成难溶的碱式硫酸铝，所以试样S1、S2中SO_4^{2-}含量较高。成胶pH值较低时，之所以SO_4^{2-}较难洗涤，除了在酸性环境中生成的沉淀表面易吸附阴离子外，最重要的原因还是生成了较多的碱式硫酸铝。随着成胶pH值的增加，产物晶型从无定形变为拟薄水铝石，当pH=10时，生成物为拟薄水铝石和三水铝石的混合物，所以拟薄水铝石

结晶度先增加后降低。

在成胶 pH 值为 8 时，拟薄水铝石结晶度随成胶温度升高而明显增加，且在 40～95℃成胶温度范围内，无三水铝石生成。随着成胶温度的升高，ψ/ψ_0 逐渐增加，说明 $NaAlO_2$ 溶液和 $A1_2(SO_4)_3$ 溶液逐渐趋于完全中和，与 SO_4^{2-} 含量随成胶温度升高而明显降低的实验结果相符。Na_2O 的含量在所考察的温度范围内均较低。

当成胶温度为 75～80℃时，尽管成胶 pH 值为 9，但是 ψ/ψ_0=1.14，$NaAlO_2$ 溶液已有较大程度过量，所以生成物中有较多的三水铝石。

因此，成胶过程中生成物类型、SO_4^{2-}、Na_2O 含量与成胶温度、pH 值有很大关系，原因是成胶温度、pH 值在很大程度上影响着 ψ/ψ_0，即 $NaAlO_2$ 溶液和 $A1_2(SO_4)_3$ 溶液的反应程度，pH 值相同而温度不同时具有不同的 ψ/ψ_0，造成产物差别较大。

（2）碳化法制拟薄水铝石反应机理

碳化法是指偏铝酸钠溶液中通入 CO_2 进行沉淀制备拟薄水铝石的方法，实际是碱法中的一种。由于该法也是工业上生产氢氧化铝的主要方法，所以单独称之为碳化法，或者碳酸法。

杨清河等[27,28]以偏铝酸钠为底液，不断通入 CO_2，随着中和终点 pH 值的不同，产物结构各不相同，表 2.2 给出了终点 pH 值对生成物类型的影响。当终点 pH 值从 12.5 变化至 10.5 时，生成物从 β_1-$Al(OH)_3$ 变成拟薄水铝石；继续降低 pH 值至 9.0，出现拟薄水铝石与丝钠铝石（dawsonite）；终点 pH 值继续降低，则产物全部为丝钠铝石。碳化法产物和终点 pH 值的关系与其他方法类似又略有不同，比如 $NaAlO_2$-HNO_3 法、$AlCl_3$-NaOH 法、$NaAlO_2$-$Al_2(SO_4)_3$ 法等在 pH 值不断变化的成胶过程中，如果加料方法属于反加法，即体系 pH 值逐渐降低，通常是无法制备出拟薄水铝石的，但偏铝酸钠溶液中加入 CO_2 却能制备拟薄水铝石。

表 2.2　不同终点 pH 值的生成物晶型

终点 pH 值	生成物晶型
12.5	拜耳石
11.5	拜耳石
11.0	拜耳石+拟薄水铝石
10.5	拟薄水铝石
9.0	拟薄水铝石+丝钠铝石
＜9.0	丝钠铝石

注：$NaAlO_2$ 溶液浓度 60g Al_2O_3/L、CO_2 浓度 33%，成胶温度 40℃。

通常 $NaAlO_2$ 溶液的苛性系数 α_k=1.4～1.8，CO_2 加入 $NaAlO_2$ 溶液的成胶过程存在四种反应：NaOH 与 CO_2 快速中和反应、$NaAlO_2$ 与 CO_2 中和反应、$NaAlO_2$ 水解反应，以及 CO_2 与生成的水合氧化铝及 Na_2CO_3 的复合反应，化学反应方程式如下：

$$2NaOH + CO_2 \longrightarrow Na_2CO_3 + H_2O \tag{2.7}$$

$$2NaAlO_2 + CO_2 + 3H_2O \longrightarrow Na_2CO_3 + 2Al(OH)_3 \tag{2.8}$$

$$NaAlO_2 + 2H_2O \longrightarrow Al(OH)_3 + NaOH \tag{2.9}$$

$$Na_2CO_3 + CO_2 + 2Al(OH)_3 \longrightarrow 2NaAlCO_3(OH)_2 + H_2O \tag{2.10}$$

按照 Bernard 等[29]所述，反应式（2.8）生成的水合氧化铝在合适条件（合适的 pH 值和温度等）下经老化转化为拟薄水铝石，反应式（2.9）生成的水合氧化铝为 β-$Al_2O_3 \cdot 3H_2O$ 或 α-$Al_2O_3 \cdot 3H_2O$，反应式（2.8）与反应式（2.9）是平行反应。因此，碳化法成胶过程中生成的水合氧化铝究竟是拟薄水铝石（老化后）、拟薄水铝石与 β_1-$Al(OH)_3$ 的混合物，还是 β_1-$Al(OH)_3$，主要取决于式（2.8）与式（2.9）的反应速度及反应程度。反应速度主要取决于成胶温度、CO_2 流量及浓度，而反应程度主要取决于反应终点 pH 值。

温度较高（＞80℃）时，式（2.9）反应速度较快，$NaAlO_2$ 溶液中通入 CO_2 气体，首先进行式（2.7）的反应，溶液的苛性系数急剧降低，其稳定性被破坏，溶液发生式（2.9）的反应，生成氢氧化铝和 NaOH，水解生成的 NaOH 继续与 CO_2 反应，使得式（2.9）持续进行。氧化铝工业上的“碳分法”制取氢氧化铝就是基于这个原理。为防止生成的氢氧化铝中引入过量的硅，反应终点一般控制在终点 pH 值为 11.0 以上，中和反应生成的无定形水合氧化铝和小晶粒拟薄水铝石经老化后几乎全部转化为大晶粒的氢氧化铝，有利于后续电解生产金属铝。

在较低成胶温度及较大的 CO_2 流量与浓度下，$NaAlO_2$ 溶液的中和反应式（2.8）占主导地位，在终点 pH 值为 10.5 时，生成的无定形水合氧化铝和小晶粒的拟薄水铝石，经老化后转化为无杂晶的大晶粒拟薄水铝石。

低温成胶且终点 pH 值较高（＞11.0）时，$NaAlO_2$ 溶液由于被 CO_2 中和，其苛性系数降低（α_k 接近 1）。虽然中和反应已结束，但未被中和的 $NaAlO_2$ 极不稳定而发生水解，生成 β_1-$Al(OH)_3$ 和 NaOH，且在高 pH 值的老化过程中，中和生成的无定形水合氧化铝及小晶粒拟薄水铝石部分或全部转化为 β_1-$Al(OH)_3$，且终点 pH 值越高，越易于转化完全。由于 β_1-$Al(OH)_3$ 比拟薄水铝石有更高的稳定性，一旦成胶过程生成 β_1-$Al(OH)_3$，通常条件下很难再转化为拟薄水铝石。低温成胶且终点 pH 值（＜9.0）较低时，生成的水合氧化铝和 CO_2 及 Na_2CO_3 继续反应，发生式（2.10）的反应，生成丝钠铝石，化学式为 $NaAlCO_3(OH)_2$。

因此，碳化法制备拟薄水铝石时，通入的 CO_2 既要有足够的流量，又要有足够的反应深度，这是碳化法虽然加料方式为反加法却能制备拟薄水铝石的有力保证。

2.2.1.2 双铝法生产拟薄水铝石技术

双铝法比酸法省酸，比碱法省碱，原料利用率高，在拟薄水铝石生产企业获得了广泛应用。

（1）工艺流程

由于硫酸铝与偏铝酸钠是最便宜易得的酸性铝盐和碱性铝酸盐原料，因此，工业上所述的双铝法通常特指硫酸铝、偏铝酸钠并流中和制备拟薄水铝石的工艺。图 2.1 给出了常规双铝法制备拟薄水铝石的工艺流程图。

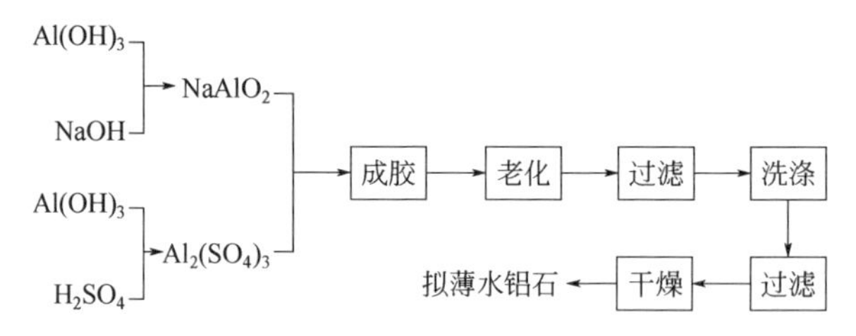

图 2.1　双铝法制拟薄水铝石工艺流程图

首先由氢氧化铝和氢氧化钠等原料合成偏铝酸钠，由氢氧化铝和硫酸等原料合成硫酸铝；再由硫酸铝和偏铝酸钠中和成胶、老化、过滤、洗涤、干燥等步骤制备拟薄水铝石。

（2）原料要求

氢氧化铝是生产拟薄水铝石的主要原料，生产 1t 拟薄水铝石耗氢氧化铝 1～1.12t。氢氧化铝的主要杂质包括 SiO_2、Fe_2O_3 和 Na_2O，通常要求杂质含量越低越好。

拟薄水铝石生产过程中除氢氧化铝外，还需要氢氧化钠、硫酸等辅助材料。氢氧化钠一般使用液体氢氧化钠，硫酸为浓硫酸，其质量要求分别符合现行的“工业用氢氧化钠”国家标准与“工业硫酸”国家标准。

本工艺使用的主要原料要求如表 2.3 所示。

表 2.3　双铝法主要原料规格

原料名称	规格/指标
氢氧化铝	Al_2O_3≥64% SiO_2≤0.03% Fe_2O_3≤0.03% Na_2O≤0.45% 800℃灼失≤35%

续表

原料名称	规格/指标
氢氧化钠	$NaOH \geqslant 30\%$ $Na_2CO_3 \leqslant 0.5\%$ $NaCl \leqslant 0.05\%$ $Fe_2O_3 \leqslant 0.005\%$
硫酸	$H_2SO_4 \geqslant 92.5\%$ 灰分≤0.1% As≤0.01%

（3）生产过程控制

双铝法生产拟薄水铝石的生产过程包括硫酸铝与偏铝酸钠的制备、中和成胶、老化、洗涤、干燥五个工序，以下按工序对生产过程的控制进行简述。

① 硫酸铝与偏铝酸钠的制备。硫酸铝通常采用硫酸溶解氢氧化铝的方式制备。在反应釜中加入化学理论量比例的氢氧化铝、硫酸和水，用蒸汽搅拌加热，控制温度在110～120℃，按式（2.11）反应生成硫酸铝：

$$2Al(OH)_3 + 3H_2SO_4 \longrightarrow Al_2(SO_4)_3 + 6H_2O \tag{2.11}$$

反应结束时，控制反应液中游离酸少于0.2%，经换热器换热冷却得到浓的硫酸铝溶液，控制溶液浓度在120g/L（以氧化铝计）以上，转移至硫酸铝储罐，稀释至指定浓度即可进入下一步中和成胶工序。

偏铝酸钠通常采用氢氧化钠溶解氢氧化铝的方式制备。将氢氧化铝加入氢氧化钠溶液中，升温至110℃，保温3h或以上，按式（2.12）反应生成偏铝酸钠：

$$NaOH + Al(OH)_3 \longrightarrow 2H_2O + NaAlO_2 \tag{2.12}$$

由于稀释的偏铝酸钠易发生水解，通常控制溶液浓度在350g/L（以氧化铝计）以上，且苛性比在1.4～1.5范围内。当苛性比太低时，很容易水解生成氢氧化铝；苛性比太高，则浪费了原料。制得的浓偏铝酸钠溶液要求在较高温度保存，以防止水解。偏铝酸钠溶液需在使用前稀释到指定浓度，现配现用。

② 中和成胶。中和成胶是双铝法生产拟薄水铝石的关键，控制因素包括原料浓度、反应温度、中和pH值、成胶时间等。

原料浓度不仅影响装置的生产效率，同时还与产品孔结构指标有一定关联。为制备大比表面积、大孔容拟薄水铝石，通常控制硫酸铝浓度在90～130g/L（以氧化铝计）范围，偏铝酸钠浓度在180～240g/L（以氧化铝计）范围。

成胶pH值决定产品的晶型，并且在很大程度上影响水合氧化铝的孔结构。在酸性（pH＜7）条件下，易生成无定形铝胶；在中性及低碱性（pH为7～9）

条件下，易生成拟薄水铝石；在强碱性（pH＞9）条件下，易生成三水铝石。刘文洁等[30]研究表明，成胶 pH 值在 6.5～9.5 范围内，随着成胶 pH 值的升高，拟薄水铝石的比表面积先增大后减小；在成胶 pH 值接近 8.5 时，比表面积达到最大值；在成胶 pH 值为 8.5 左右时，孔体积保持最大。与比表面积变化不同的是，在成胶 pH 值大于 7.5 时，孔体积增大和减小的趋势较缓慢。

成胶温度与成胶溶液的过饱和度以及溶质粒子的自由能有一定的关系，所以成胶温度影响成胶溶液中的成核速率。在 50～90℃范围内，随着成胶温度的升高，拟薄水铝石的比表面积随成胶温度升高的变化，是先减小后增大。在成胶温度为 60℃时，比表面积减至最小，当成胶温度大于 60℃时，比表面积开始增大。与比表面积变化不同，氧化铝的孔体积随着成胶温度的升高逐渐增大，成胶温度在 60～70℃之间时，孔体积的增大趋势较快；成胶温度在 50～60℃之间和 70～80℃之间时，孔体积的增大趋势较缓。

随着成胶时间的增加，比表面积和孔体积都呈增大趋势。这是因为随着反应时间的延长，溶液中的晶核可以充分生长，减少了无定形氧化铝的含量；成胶时间超过 60min 后，延长成胶时间对拟薄水铝石比表面积增大的效果不明显。考虑到实际生产效率，通常控制成胶时间在 60min。

③ 老化。老化是指新生成的水合氧化铝凝胶放置后性能发生变化的过程。新生成的水合氧化铝通常为无定形，有较高的水合度，易被稀酸胶溶，对阴离子有强的吸附作用。该水合氧化铝在放置过程中逐渐失水，溶解度、胶溶性、吸附能力均显著降低，晶粒逐渐长大，晶型也会发生变化。新生成的水合氧化铝在水中老化很缓慢，经 24h 也没有太大变化，但在母液中则很容易生成湃铝石。向沉淀中加入碳酸钠或碳铵，一方面可降低沉淀中硫酸根浓度，另一方面可阻止湃铝石的生长。随 pH 值与温度的升高，老化速度快速增加，通过控制相应条件可以转变为拟薄水铝石。高温老化有利于生成高比表面积与大孔径的拟薄水铝石，通常控制老化温度为 85～95℃，老化时间为 1～3h。

④ 洗涤。洗涤过程是老化过程的延续，通过洗涤可以除去水合氧化铝凝胶中的杂质离子。为了除去可溶性杂质，每生产 1t 拟薄水铝石需用水 100～200m^3。使用 $NH_3·H_2O$ 与 $Al_2(SO_4)_3$ 溶液制备拟薄水铝石时，用自来水洗涤，所得产物中 SO_4^{2-} 质量含量占氧化铝的 0.42%，而用去离子水洗涤则 SO_4^{2-} 含量大幅降低。用 $NaAlO_2$ 溶液和 $Al_2(SO_4)_3$ 溶液制备拟薄水铝石时，洗涤过程一方面要去除 SO_4^{2-}，同时还要去除 Na^+，通常控制 Na^+的质量分数低于 0.08%，SO_4^{2-} 的质量分数低于 1.5%，如想继续降低杂质含量，则耗水量将大幅增加。

为了得到更高纯度的拟薄水铝石，通常要在洗涤液中加入一定浓度的碳铵溶液，可以起到离子交换作用，碳铵可在后续的干燥或成型过程中以气体形式逸出。用碳铵溶液对双铝法拟薄水铝石进行交换洗涤，Na^+的质量分数可降低至0.02%以下，SO_4^{2-}的质量分数可降低至0.05%以下。

Chu等[31]认为洗涤过程中用醇交换处理可起到扩孔的作用。拟薄水铝石用各种醇洗涤后，其焙烧产物（γ-Al_2O_3）的物化性质也会因所用醇的性质不同而有所变化。由表2.4可知，用甲醇、乙醇、异丙醇洗涤时，氧化铝孔容呈快速增加趋势，且随着碳链的增长，孔容增加更为明显，但继续增加碳链长度，孔容不再增加。用己醇、辛醇、癸醇处理，对产物孔结构几乎无影响。该现象可解释为拟薄水铝石晶体间存在的水在醇洗涤时被醇置换所致。拟薄水铝石热处理时，由于水的表面张力收缩，氧化铝水合物粒子在受热过程中发生反复溶解和析出，加速了粒子烧结，同时使孔体积减小。而醇处理后，由于水被醇所取代，上述现象难以发生。当使用己醇或更大分子量的醇处理时，由于分子较大，且与水无法互溶，难以进入微晶间隙，因此无法起到交换晶体间水的作用。

表2.4 洗涤过程醇类对氧化铝孔结构的影响

处理方式	比表面积/（m^2/g）	孔容/（mL/g）	平均孔径/nm
水	220	0.473	8.6
甲醇	288	0.685	9.5
乙醇	251	0.852	13.6
异丙醇	276	1.037	15.1
正丁醇	299	1.017	13.6
己醇	228	0.430	7.5
辛醇	197	0.418	8.5
癸醇	202	0.451	8.9

注：如无特别说明，本章节孔结构数据均为550℃焙烧2h后N_2吸附BET法测试结果。

⑤ 干燥。工业上，拟薄水铝石的干燥通常采用旋转闪蒸干燥机。干燥过程对产品的粒度、湿含量有较大影响。李军辉等[32]对拟薄水铝石直管气流干燥系统，通过数学模型，采用Matlab语言调用标准四阶Runge-Kutta法进行模拟计算，并通过实验测试验证，得出结论：a.影响物料中湿含量的主要因素是预热温度，其次是入口气速，在一定范围内，预热温度越高，入口气速越低，物料干燥程度越高；b.影响操作费用的主要因素是入口气速，其次是空气预热温度，在合理范围内，入口气速越低，预热温度越低，则操作费用越低；c.入口气速太低，则不易带动较大和团聚的颗粒物料，造成物料返混与沉积，同时易造成出口温度过低，而此时气体湿度较大，易使气体凝结出水滴，影响干燥效果。苏国勤等[33]考察了生产过程中干燥条件对拟薄水铝石粒度和黏度的影响。

随着烘干主机频率、进口温度和混合温度等操作条件的变化，产品粒度和黏度会发生相应的变化。主机频率越低，拟薄水铝石产品黏度越低；进口温度在一定范围时，产品黏度基本保持不变；当进口温度和混合温度稳定在特定范围时，产品黏度最低。

刘占强[34]对比了烘箱静态干燥与喷雾干燥对拟薄水铝石孔结构的影响。拟薄水铝石经过滤洗涤后，滤饼中约含有 80%的游离水附着在拟薄水铝石的颗粒表面和毛细孔内。由于水的表面张力比较大，在烘箱静态烘干后，随着水分的蒸发，毛细孔逐渐收缩，导致孔容减小；而喷雾干燥则是瞬间脱水干燥，孔结构得到很大程度的保留。采用相同的滤饼，静态干燥比表面积和孔容分别为 $284m^2/g$ 和 0.36mL/g，而喷雾干燥则分别为 $411m^2/g$ 和 0.51mL/g。

（4）主要设备

双铝法制备拟薄水铝石的生产装置主要由原料制备装置、反应装置、老化装置、过滤洗涤装置、干燥装置组成。

① 原料制备装置。主要包括硫酸铝制备反应釜、偏铝酸钠制备反应釜，两者均需使用耐压反应釜。其中硫酸铝制备釜通常选用钢板内复合衬里，如搪玻璃、涂漆或树脂处理后再用陶瓷板衬里或石墨衬里，以耐热硫酸、硫酸铝溶液的腐蚀。偏铝酸钠制备釜通常选用不锈钢反应釜，以耐热碱溶液的腐蚀。原料制备釜通常要求耐压 0.6MPa 或以上。

② 反应装置与老化装置。通常选用不锈钢常压反应釜进行中和成胶和老化处理，其中成胶反应釜要求快速搅拌，实现物料的快速传质、传热、传动，充分反应；老化釜或装置，只需要缓慢搅拌或鼓气搅拌，防止物料沉积即可。

反应釜是化工、农药、医药等行业的主要反应设备，对拟薄水铝石制备反应釜而言，关键是搅拌与控温。搅拌性能直接影响物料混合与反应效果，决定物料的均一性与产品的粒度分布。由于温度对成胶反应结果有较大影响，因此反应温度控制对整个流程也至关重要。一般采用外夹套、外盘管、内盘管，或者集中组合方式移除反应放出的热量，或提供反应需要的热量。对不连续的釜式反应过程，反应釜与老化釜可共用一套设备，但由于中和成胶与老化通常在不同温度下进行，为避免频繁升降温操作，特别是大规模生产中，常将两步操作分开进行，以实现连续生产。通常采用在小型反应釜连续中和，在大型老化釜间歇老化的方式。

③ 过滤洗涤装置。工业上大规模使用的过滤洗涤设备包括压滤机、离心机、过滤机等，均可用于双铝法拟薄水铝石生产的过滤洗涤。

a．压滤机。压滤机主要包括板框式压滤机和厢式压滤机，两种机型构造不同，但过滤原理相同。

板框式压滤机由固定板、滤框、滤板、压紧板和压紧装置组成，在滤板的两侧覆有滤布，用压紧装置把板与框压紧，即在板与框之间构成压滤室。在板与框的上端中间相同部位开有小孔，压紧后成为一条通道，加压到一定压力的浆料由该通道进入压滤室，滤板的表面刻有沟槽，下端钻有供滤液排出的孔道，滤液在压力下，通过滤布、沿沟槽与孔道排出压滤机，使浆料脱水。

厢式压滤机属于板框式压滤机的改良产品，由相邻两块凹陷的滤板排列组成滤室（滤板两侧凹进，每两块滤板组合成一厢压滤室）。滤板的表面有沟槽，其凸出部位用以支撑滤布，滤布固定在每块滤板上面。厢式压滤机单块滤板比板框式滤板厚，不宜造成各滤室偏压，从而滤板不易被损坏，过滤速度快，卸料方便，过滤压力大，滤饼含液量低，能承受过滤压力最高可达 3.0MPa，容易实现自动拉板卸料，适应范围更广。缺点是更换滤布麻烦，不过现在自动化程度都较高，一般更换滤布的次数也不会频繁。

板框式和厢式压滤机都可实现明流和暗流两种，按滤饼洗涤方法可分为可洗型和不可洗型。可洗型是指洗液和滤饼之间的置换，扩散过滤后洗液可进一步洗出滤饼中含的所需产品和不需要的废液。滤饼洗涤方法分明流可洗、暗流可洗和复合洗涤型（亦称双向交叉洗涤型）。压滤机的优点较为突出，通过高压压榨与吹风，使得分离料饼固含量高，控制简单，产品适应性强，几乎可以过滤、洗涤各种拟薄水铝石浆料。但是压滤机的不足也非常明显：人工间断上料、卸料，工人劳动强度大，生产效率低；由于拟薄水铝石滤饼常含大量的硫酸根和/或钠离子，需多次洗涤，因此需要配置多个洗水槽、搅拌槽和循环泵，设备数量多。

b．离心机。离心机主要分为过滤式离心机和沉降式离心机两大类。过滤式离心机是通过高速运转的离心转鼓产生离心力，将固液混合液中的液相加速甩出转鼓，而将固相留在转鼓内，达到固液分离效果，俗称脱水效果。沉降式离心机是通过转子高速旋转产生的强大离心力，加快混合液中不同密度成分（固相或液相）的沉降，把浆料中不同沉降系数和浮力密度的物质分离开。

卧式螺旋卸料沉降式离心机是一种拟薄水铝石行业应用较多的分离设备，具有液固分离速度快、无需滤网和滤布、能长期连续运行、维修方便等优势，在拟薄水铝石生产中获得了普遍应用。实际运行过程中，拟薄水铝石浆料由进料管进入离心机，经螺旋加速斗加速后再进入转鼓内，在强大的离心力场作用下，密度大的固相粒子甩在沉降壁面上，并很快沉积到转鼓的内壁上，经螺旋推动，拟薄水铝石滤饼不断地被推向转鼓的出口端，从出料口经固相收集罩壳排出，实现连续自动快速分离。卧式螺旋卸料沉降式离心机的优点是自动化程度高，劳动强度低，占地面积小，物料在机中分离，基本实现密封输送，蒸汽散发少、环境友好，无须使用滤布，因此维修周期长，通常在3个月以上。但与压滤机相比，滤饼含液量高，生产效率受浆料黏度影响大，黏度越高效率越低，而且沉降式离心机无法实现在线洗涤，因而适用范围受到一定限制。

c. 过滤机。过滤机是以过滤布或滤网为介质，将浆料水平布置于过滤介质上，充分利用浆料重力和真空吸引力实现固液分离的设备。根据分布形式不同，分为水平真空盘式过滤机、水平真空带式过滤机等，设备运行原理基本一致。

水平真空带式过滤机是一种广泛应用于拟薄水铝石行业的分离洗涤设备。工作时，将拟薄水铝石浆料用泵送到水平真空带式过滤机上进行固液分离，滤液通过抽滤管排入集液罐中，用泵送入下一道工序；滤饼在随水平真空带式过滤机的滤布向前移动过程中，通过水平真空带式过滤机上的淋水器进行数次反向洗涤过滤，洗液通过抽滤管排入不同的集液罐，用泵送入另一道工序；洗涤合格的滤饼即可进入后续工序。水平真空带式过滤机的滤液和洗液均是通过真空泵进行抽滤进入集液罐中。实际操作中，后一道洗涤工序的滤液常可作为前一道工序的洗液来实现洗水循环利用，达到节水的效果。李教等[35]研究了碳化法生产拟薄水铝石中厢式压滤机和水平真空带式过滤机耗水量的差异。厢式压滤机洗涤拟薄水铝石新水消耗平均为63.83m^3/t，水平真空带式过滤机洗涤拟薄水铝石新水消耗平均为36.53m^3/t。

水平真空带式过滤机具有处理效率高、洗水耗量低、投资省、自动化程度高、劳动强度低、操作简单、维护方便、连续生产等优点，深受拟薄水铝石生产企业的青睐。由于水平真空带式过滤机的抽滤极限压力小于0.1MPa，因此，该类设备更适用于透水性好的大孔拟薄水铝石物料。对于部分小孔拟薄水铝石，由于物料具有触变性与胶溶性，滤饼的透水性能较差，或者部分小粒径（D_{50}＜10μm）拟薄水铝石产品，使用水平真空带式过滤机的处理效率反而不及压滤机。

④ 干燥装置。中和法拟薄水铝石的干燥可使用常规的箱式干燥机、网带干燥机、喷雾干燥机、旋转闪蒸干燥机等。由于旋转闪蒸干燥机（器）具有产能大、能耗低、占地空间小、劳动强度低、产品粒度均匀、水分稳定等优势，已逐渐成为拟薄水铝石干燥工序首选的设备。

张超等[36]认为旋转闪蒸干燥机（器）的工作原理是鼓风机将经空气过滤器过滤、热风炉加热的热空气从干燥室底部的切向空气入口进入干燥室作为热源。拟薄水铝石滤饼通过容积式螺旋送料器进入干燥室，立即被干燥器底部的搅拌器分散成小颗粒，并形成流化层，干燥过程主要发生在流化层。干燥室的搅拌器可通过改变转速来调整物料的分散程度，这有助于水分的蒸发，起到支撑流化层的作用，使热空气从底部空气分布器向上流动。切向进入的干燥气在干燥室内形成涡流，导致重的物料（湿物料）向干燥室器壁移动，并返回流化层继续干燥。在旋涡式热空气带动下，细小的干燥粉末同热空气通过干燥室顶部的分级环中心离开干燥室，较大的湿颗粒在干燥室的外圈被分级环遮挡，返回流化层继续干燥，直到干燥并粉碎到要求粒度和湿度后离开干燥室。分级环可起到一定范围内调整物料颗粒度的作用。由干燥室顶部排出的含有干燥粉末的气流可经旋风分离或直接进入袋式过滤器，实现粉气分离。粉末可直接或经振打落入袋式过滤器下方的料仓，进一步收集包装，净化后的尾气从顶部排出体系。

（5）典型产品指标

拟薄水铝石可按孔容大小大致分为小孔（<0.5mL/g）、中孔（0.5～0.9mL/g）、大孔（>0.9mL/g），通过生产过程控制，双铝法可制备多种性能的拟薄水铝石产品。早期，双铝法主要生产中孔容（0.6～0.8mL/g）的拟薄水铝石产品。近年来，随着化工行业发展对催化材料需求的不断提高，拟薄水铝石的生产工艺与设备在不断改进，双铝法可生产的品种越来越多，产品孔容甚至超过了1.0mL/g。典型产品指标如表 2.5 所示。

表 2.5　双铝法拟薄水铝石典型产品指标

项目		中孔拟薄水铝石	大孔拟薄水铝石
灼减/%	≤	32	32
SiO_2 含量/%	≤	0.10	0.10
Na_2O 含量/%	≤	0.10	0.10
Fe_2O_3 含量/%	≤	0.03	0.03
Al_2O_3 含量/%	≥	66	66
SO_3 含量/%	≤	1.2	1.2
三水铝石含量/%	≤	3	3
比表面积/（m^2/g）	≥	260	280
孔容/（mL/g）		0.6～0.9	0.9～1.2

2.2.1.3　碳化法生产拟薄水铝石技术

碳化法是指在偏铝酸钠溶液中通入 CO_2 发生中和成胶反应，通过控制不同的成胶温度、终点 pH 值，以及洗涤温度，得到目标的拟薄水铝石的方法。该法主要依托烧结法生产氧化铝工艺流程中的中间产物 $NaAlO_2$ 溶液和 CO_2 作为反应原料，工艺简单，是成本较低的工艺。生产中废液可返回氧化铝生产流程再利用，基本无废料排出，环境污染小。因此，该法是一种较有竞争优势的方法。

（1）工艺流程

碳化法生产拟薄水铝石的基本工艺包括成胶、老化、分离及洗涤、干燥四个步骤。成胶的目的是在通入二氧化碳过程中使偏铝酸钠溶液转变为无定形氢氧化铝。老化的目的有两个：一是生成的三水铝石逐渐转化为拟薄水铝石结构；二是使生成的无定形氢氧化铝或小晶粒拟薄水铝石逐渐长大为拟薄水铝石结构。

碳化法制备拟薄水铝石产品质量与原料浓度、成胶温度、pH 值、老化温度和时间、湿滤饼的干燥温度等诸多生产条件有关。碳化法拟薄水铝石生产方法的缺点是产品中有杂相，纯度不高，洗钠耗水量大。图 2.2 给出了常规碳化法的工艺流程。

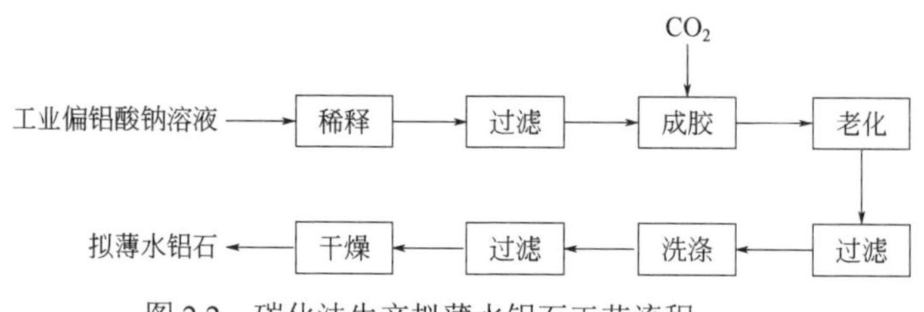

图 2.2　碳化法生产拟薄水铝石工艺流程

（2）原料要求

碳化法生产拟薄水铝石的原料主要是偏铝酸钠溶液与 CO_2。其中偏铝酸钠溶液主要依托氢氧化铝生产过程得到的中间产品——偏铝酸钠溶液，工业上俗称精液，也可用氢氧化钠溶解氢氧化铝的方式制得；CO_2 主要依托石灰石烧制过程中产生的二氧化碳气体，也可直接购买干冰使用。

本工艺使用的主要原料要求如表 2.6 所示。

表 2.6　碳化法主要原料规格

原料名称	规格/指标
氢氧化铝	Al_2O_3≥64% SiO_2≤0.03% Fe_2O_3≤0.03% Na_2O≤0.45% 800℃灼失≤35%
氢氧化钠	NaOH≥30% Na_2CO_3≤0.5% NaCl≤0.05% Fe_2O_3≤0.005%
二氧化碳	CO_2≥36% 压力≥0.12MPa

（3）生产过程控制

碳化法与双铝法的主要区别在于成胶过程，后续的老化、洗涤、干燥过程控制基本一致。

成胶过程的控制将直接影响后续产品质量，主要控制指标包括原料浓度、CO_2 压力和浓度、成胶温度、成胶 pH 值等。

王栋斌等[37]认为偏铝酸钠浓度对产物类型和晶粒大小均有影响。从烧结法氧化铝溶矿车间生成的偏铝酸钠溶液通常具有较高的浓度和温度，为消除中和反应放热对溶液稳定性的影响，苛性比控制在 1.4～1.5 范围内，偏铝酸钠浓度在 60～80g/L（以 Al_2O_3 计）范围内。当偏铝酸钠浓度低于 60g/L（以 Al_2O_3 计）时，成胶效率低，主要生产黏结剂型小孔（孔容＜0.4mL/g）拟薄水铝石。当偏铝酸钠浓度高于 80g/L（以 Al_2O_3 计）时，易生成三水铝石。

CO_2 浓度和流量影响着产物的晶粒大小、晶型结构和结晶度。在成胶终点 pH 值为 10.5、成胶温度较低时，较大的 CO_2 流量及浓度（CO_2 体积分数≥33%）会导致成胶过程以 $NaAlO_2$ 溶液中和反应为主，生成无定形水合氧化铝和小晶粒的拟薄水铝石，经老化后，转化为无三水铝石杂晶且晶粒较大的拟薄水铝石；CO_2 流量或浓度较低时（CO_2 体积分数≤25%），同样的中和终点，老化后的产物为拟薄水铝石与三水铝石的混合物。而且成胶过程中一旦在较高的 pH 值下停止通入 CO_2 混合气，即便特别迅速地将沉淀物与母液分离，都不可避免地导致三水铝石杂晶的生成。CO_2 流速太快，会使部分 CO_2 尚未反应就穿过液柱排入大气中，造成吸收率下降。通常采用多条 CO_2 进气管，从碳分槽底部均匀分布配置，保持进气平稳，同时增加适当的机械搅拌，既满足 CO_2 的高流量，又保证其高利用率。

成胶温度对产物晶型、原料利用率等均有较大影响。成胶过程中，偏铝酸钠与 CO_2 中和反应是放热反应，偏铝酸钠水解是吸热反应，因此高温有利于偏铝酸钠水解生成三水铝石。当成胶温度低于 60℃时，生成物以拟薄水铝石为主，随着成胶温度的升高，产物晶粒尺寸与结晶度均呈增大趋势；当成胶温度高于 60℃时，易出现三水铝石。此外，成胶温度太高，会降低溶液中 CO_2 的溶解度，造成原料利用率降低。

成胶终点 pH 直接影响产品的晶型，pH 值高于 11，产物以氢氧化铝为主，pH 值低于 9，易生成丝钠铝石。因此，终点 pH 值通常控制在 10 附近。

老化过程是使成胶过程中生成的絮状、松散的水合氧化铝凝胶进一步结晶，使晶粒尺寸长大，并经脱水收缩使生成物趋于稳定态的过程。碳化法生产拟薄水铝石的老化过程有母液老化和净水老化两种工艺。母液老化是指成胶反应结束后升温至所需温度并恒温一段时间。净水老化是指成胶反应结束后通过将母液过滤得到滤饼，再将滤饼置于去离子水中老化。母液老化时，体系中有大量碱金属离子，特别是 pH 值较高时，拟薄水铝石易转变为 $Al(OH)_3$。净水老化则较大程度地避免晶型转变，但由于成胶所得浆液的粒子粒度较小，给过滤带来一定的困难。两种老化方式各有利弊，实际生产需根据产品与工艺要求权衡考虑。

典型的碳化法生产高黏小孔拟薄水铝石的控制条件：稀偏铝酸钠浓度为 35～45g/L（以 Al_2O_3 计），成胶温度 25～35℃，采用高浓度 CO_2 气作为沉淀剂，通气时间 20min 以内，成胶终点 pH 值为 9.5～10.5，老化温度为 85～95℃，老化时间 3～4h。

（4）主要设备

碳化法拟薄水铝石的生产设备主要包括成胶装置、老化装置、过滤洗涤装置、干燥装置。碳化法与双铝法的生产设备的主要区别在于成胶装置，以下通过山西铝厂碳化法拟薄水铝石生产线对碳化法成胶与老化装置进行说明。

山西铝厂的 1×10^4t/a 碳化法拟薄水铝石生产线要求将 CO_2 通入稀释的偏铝酸钠，在 30～50℃反应成胶，产物在 85℃老化 3～4h。分解工艺采用低温、低浓度，在快速通气彻底碳酸化条件下中和成胶，采用的设备为 Φ1.4m×8.4m 分解槽，直筒高为 7m，共 12 台分解槽，4 台分解槽为一组，每台槽内设有三根 CO_2 通气管，由于高度提高、通气速度加快，CO_2 吸收率得到提高，同时提高了产品质量及分解率。老化工艺采用的设备为 Φ3m×7.6m 老化槽，直筒高为 6m，有效容积 35.6m^3，共六台老化槽。由于老化槽长径比大，老化提温时蒸汽吸收能力好，使得蒸汽消耗减少。同时，为了提高产品的比表面积，通过延长老化时间来实现，增加了一台 Φ4.5m×8.78m 的缓冲槽，将六台老化槽的物料通过泵送到缓冲槽，由于老化时间的延长，使产品的比表面积得到了提高[38]。

（5）典型产品指标

碳化法工艺最重要的产品是用作黏结剂的高黏度小孔拟薄水铝石，多用于替代进口的 SB 粉。随着技术的进步，通过引入少量二氧化硅或别的方式，甚至有厂家可以用碳化法生产出大孔拟薄水铝石，具体指标如表 2.7 所示。

表 2.7 典型碳化法拟薄水铝石产品指标

项目		小孔拟薄水铝石	大孔拟薄水铝石
灼减/%	≤	32	32
SiO_2 含量/%	≤	0.30	2.0
Na_2O 含量/%	≤	0.10	0.10
Fe_2O_3 含量/%	≤	0.03	0.03

续表

项目		小孔拟薄水铝石	大孔拟薄水铝石
Al_2O_3 含量/%	≥	66	66
SO_3 含量/%	≤	0.10	0.10
三水铝石含量/%	≤	3	3
胶溶指数/%	≥	96	—
比表面积/（m^2/g）	≥	260	280
孔容/（mL/g）		0.32～0.45	0.9～1.2
平均孔径/nm		4～8	8～18

2.2.1.4 其他中和法生产拟薄水铝石技术

除双铝法和碳化法外，还有部分厂家使用酸法、碱法、pH 摆动法等其他中和法生产特定指标的拟薄水铝石，以下对三种方法进行简要介绍。

（1）酸法

所谓酸法是指酸性铝盐与碱性物质沉淀，制备拟薄水铝石的方法（图 2.3），又叫碱沉淀法。常用的铝盐包括 $Al(NO_3)_3$、$AlCl_3$、$Al_2(SO_4)_3$、明矾等。常用的沉淀剂包括 NaOH、KOH、$NH_3·H_2O$、Na_2CO_3 等，其产品多为大孔容拟薄水铝石产品，但国内市场需求量较少，主要用于烷基苯脱氢催化剂载体的制作。

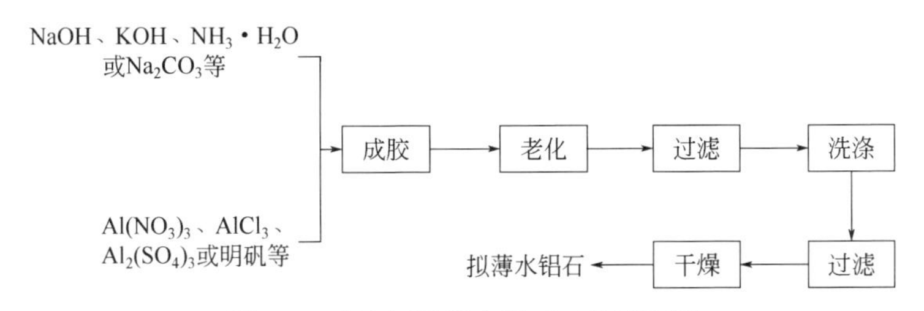

图 2.3 酸法制拟薄水铝石工艺流程图

酸法制拟薄水铝石的反应方程式如式（2.13）所示：

$$Al^{3+}+3OH^- \longrightarrow AlOOH \cdot xH_2O\downarrow+(1-x)H_2O \quad (2.13)$$

按照酸性铝源的不同，以氨水为沉淀剂制备拟薄水铝石主要分为硫酸铝-氨水沉淀法和硝酸铝-氨水沉淀法。

① 硫酸铝-氨水沉淀法。以硫酸铝与氨水为原料，在适当条件下制备拟薄水铝石，该工艺物耗费用较低，在各工序中均不引入钠离子，产物滤饼洗涤较容易，降低了产品生产的单位水耗，为工业化生产提供了便利。

郑淑琴等[39]研究了硫酸铝与氨水中和成胶的工艺及影响因素。硫酸铝与氨水并流成胶后，首先生成含大量水和阴离子的胶状无定形沉淀，这种胶体极不稳定，在母液中可很快向其他晶形的氧化铝水合物转化。老化的目的是促使上述沉淀向晶形更完善、更有方向性的氢氧化铝转化。老化是制备拟薄水铝石的一个重要的步骤，更决定着活性氧化铝的性能。影响老化的因素主要有温度、pH 值、时间。老化时，通常控制 pH 值为弱碱性，可得到纯的拟薄水铝石晶相，时间为 2h 以上，无定形沉淀可全部转化为拟薄水铝石晶相，温度控制在 60℃以上，有助于生成高结晶度的拟薄水铝石。

干燥过程对产品的孔结构、堆积密度（也称堆密度）有着决定性的影响，而这些性质对样品的胶溶指数也有一定的影响。图 2.4 给出了干燥温度与胶溶指数的变化规律，随着干燥温度的提高，胶溶指数增大，出现极值后胶溶指数减小，并且当温度提高到一定程度，样品出现了不胶溶的现象。

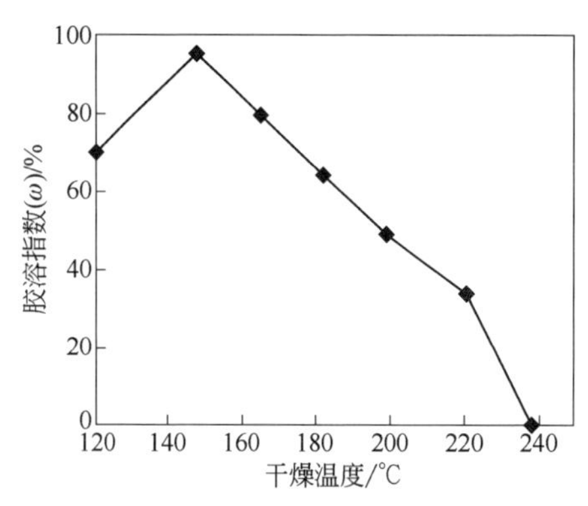

图 2.4 干燥温度对胶溶指数的影响

时昌新等[40]以 $Al_2(SO_4)_3$ 和 $NH_3·H_2O$ 为原料合成了拟薄水铝石，进一步焙烧得到 γ-Al_2O_3。考察了成胶温度、pH 值、反应时间、Al^{3+}浓度、$NH_3·H_2O$ 浓度对产物性能的影响，优选出了适于用作大分子脱氢催化剂载体的拟薄水铝石的制备条件。表 2.8 结果表明，成胶温度对 γ-Al_2O_3 的比表面积和堆积密度有很大影响。当成胶温度达到 65℃以上时，产物堆积密度显著降低，但实验发现该条件所得产物易结块、难粉碎，继续升高成胶温度至 70℃时，可得到较蓬松、易粉碎的产物。当 pH 值为 8 时，产物堆积密度、比表面积均较小；pH 值为 10 时，尽管堆积密度较合适，但此时生成的 γ-Al_2O_3 孔分布不均匀。反应时间为 60min 时，产物有合适的堆积密度和较低的比表面积。当 Al^{3+}浓度为 0.9mol/L 时，产物有较合适的比表面积和堆积密度。当 $NH_3·H_2O$ 质量分数为 14%时，产物比表面积较大。当 $NH_3·H_2O$ 质量分数为 21%时，产物比表面积降低。通过考察焙烧条件可知，如表 2.9 所示，随着焙烧温度的升高，比表面积降低，但焙烧温度超过 800℃时，易生成其他晶相的 Al_2O_3。因此，为获得具有较低堆积密度的 γ-Al_2O_3，选择较优的焙烧温度为 800℃。综合各影响因素，确定成胶温度为 70℃，中和 pH 值为 8，反应时间为 60min，Al^{3+}浓度为 0.9mol/L，$NH_3·H_2O$ 质量分数为 21%，800℃焙烧 5h，可制得适于用作大分子脱氢载体的低密度 γ-Al_2O_3，此时产物总孔体积达到 2.93mL/g，孔径大于 100nm 的孔体积占总孔体积的 58.9%。

表 2.8　反应条件对 γ-Al_2O_3 性能的影响

考察因素						堆积密度 /（g/mL）	比表面积 /（m^2/g）
反应温度 /℃	45	8	60	0.9	7	1.11	187.67
	55	8	60	0.9	7	1.03	223.19
	65	8	60	0.9	7	0.29	178.60
	75	8	60	0.9	7	0.17	176.62
反应 pH 值	65	7	30	0.5	7	1.03	153.26
	65	8	30	0.5	7	0.16	281.23
	65	9	30	0.5	7	0.16	339.95
	65	10	30	0.5	7	0.20	316.50
反应时间 /min	65	8	30	0.9	7	0.30	202.88
	65	8	45	0.9	7	0.33	190.27
	65	8	60	0.9	7	0.29	178.60
	65	8	75	0.9	7	0.24	337.30
Al^{3+}浓度 /（mol/L）	65	8	30	0.5	7	0.16	281.23
	65	8	30	0.6	7	0.47	240.07
	65	8	30	0.7	7	0.33	226.98
	65	8	30	0.8	7	0.31	215.85
	65	8	30	0.9	7	0.30	202.88
	65	8	30	1.0	7	0.33	198.62
$NH_3 \cdot H_2O$ 质量分数 /%	70	8	60	0.9	7	0.17	176.62
	70	8	60	0.9	14	0.21	284.35
	70	8	60	0.9	21	0.25	258.56
	70	8	60	0.9	28	0.17	227.19

注：焙烧温度为 650℃，焙烧时间为 5h。

表 2.9　焙烧温度对 γ-Al_2O_3 性能的影响

焙烧温度 /℃	堆积密度 /（g/mL）	比表面积 /（m^2/g）
650	0.25	258.56
700	0.24	241.39
750	0.24	224.60
800	0.23	207.43

注：反应条件为 Al^{3+}含量 0.9mol/L，$NH_3 \cdot H_2O$ 的质量分数为 21%，pH 值为 8，反应时间 60min，反应温度 70℃，焙烧时间 5h。

② 硝酸铝-氨水沉淀法。硫酸铝为原料制备拟薄水铝石时，硫酸根易残留在产物中，载体中的硫对一些加氢反应是毒物，而以硝酸铝代替硫酸铝即

可得到高纯度的氧化铝载体。因此，硝酸铝-氨水沉淀法也引起了众多研究者的关注。

Klaus Hellgardt 等[41]研究了硝酸铝、氨水沉淀过程，表明沉淀 pH 值对最终氧化铝的比表面积、平均孔径、堆积密度、硝酸根离子残留度等具有较大影响。以 0.52mol/L 硝酸盐溶液和 5%氨水溶液为原料，沉淀 pH 值在 6.0～9.0 范围内，反应温度为 25℃，恒定 pH 值连续沉淀法制备出系列拟薄水铝石。图 2.5 给出了产物比表面积、平均孔径、堆积密度、硝酸根残留量随沉淀 pH 值变化的曲线。

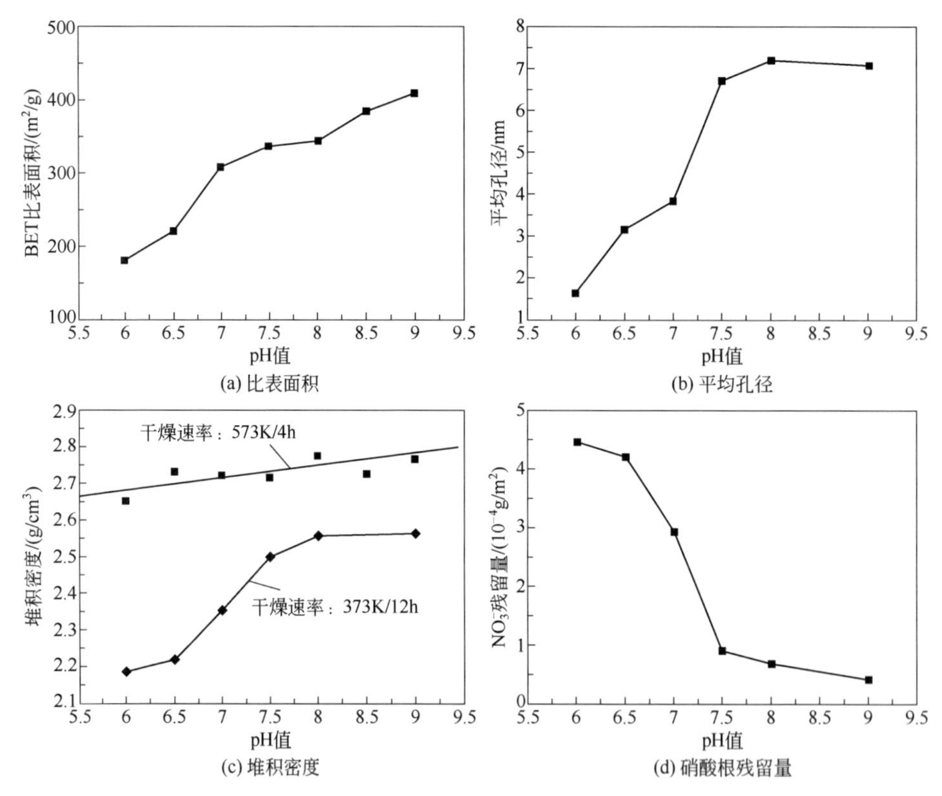

(a) 比表面积　(b) 平均孔径

(c) 堆积密度　(d) 硝酸根残留量

图 2.5　沉淀 pH 值对产物性能的影响

说明：该图所示 BET 比表面积与平均孔径均为样品在 300℃真空脱气后在 ASAP 2000 物理吸附仪测试的结果。

通过严格控制沉淀参数（特别是沉淀 pH 值），硝酸盐溶液制备的氧化铝具有较宽的 BET 比表面积（180～410m^2/g）和平均孔径（<2～7nm）分布。只有通过改变老化时间（增加团聚时间，从而增加颗粒尺寸），才能进一步增加 7nm 以上的孔径。在酸性条件下制备的氧化铝以微孔为主，而碱性条件下制备的氧

化铝以中孔为主。沉淀 pH 值在等电点（7.2）以下时，硝酸根易残留，但在 300℃时，残余硝酸根可完全分解。在真空条件下进行热处理，在低至 300℃ 的温度下，中和生成的拟薄水铝石很容易脱水生成 $\gamma\text{-}Al_2O_3$，且晶型不受硝酸根残留量的影响。氧化铝的堆积密度随沉淀 pH 值升高有缓慢增加的趋势。

（2）碱法

所谓碱法是指铝酸盐（常用偏铝酸钠）与酸中和，制备拟薄水铝石的方法，又叫酸沉淀法。常用 HNO_3、HCl 或 H_2SO_4 等强酸，也可用 NH_4HCO_3、$NaHCO_3$、H_2CO_3 等弱酸。图 2.6 给出了常规碱法制拟薄水铝石的工艺流程图。

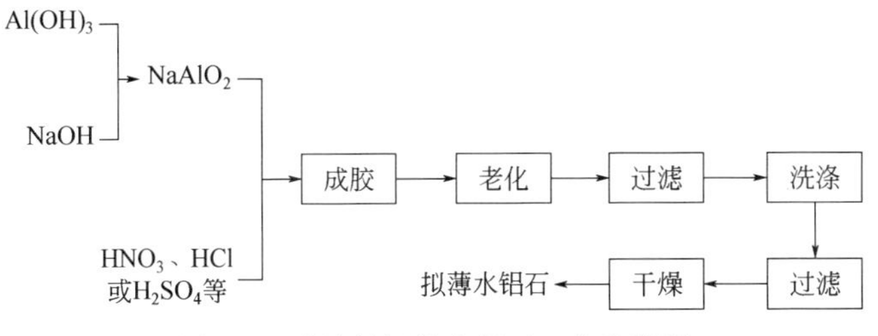

图 2.6　碱法制拟薄水铝石工艺流程图

通常偏铝酸钠按下式制得：

$$Al(OH)_3 + NaOH \xrightarrow{\triangle} NaAlO_2 + 2H_2O \tag{2.14}$$

碱法制拟薄水铝石的反应方程式如下所示：

$$AlO_2^- + H^+ + xH_2O \longrightarrow AlOOH \cdot xH_2O \downarrow \tag{2.15}$$

碱法制备拟薄水铝石成本较低，且过量碱存在下，$Fe(OH)_3$ 完全沉淀，易于脱除 Fe^{3+}，但产品中常残留少量的 Na_2O。

伍艳辉等[42,43]选用硝酸作为沉淀剂与偏铝酸钠制备拟薄水铝石，进一步制备的氧化铝载体具有易成型、纯度高等优势。通常采用偏铝酸钠与硝酸并流成胶的方式进行反应，成胶条件直接影响产物的晶型、孔结构、堆积密度等理化性能。

① 成胶 pH 值的影响。成胶 pH 值直接决定产物晶型，并且很大程度上影响拟薄水铝石的堆积密度和孔分布。当 pH=7.0 时，产物是比较纯净的拟薄水铝石；pH＞8.0 时，得到的是三水铝石的产物；当 pH 值低于 6.5 时，产物的结晶度差，为无定形氧化铝。在不同成胶 pH 值下所得拟薄水铝石堆积密度数据如图 2.7 所示，随着 pH 值的升高，产物的堆积密度减小。这是因为 pH 值较低时，产物的结晶度低，晶粒较小，空隙率低，因而堆积密度大；反之，随着酸浓度降低，结晶度升高，晶粒长大，堆积密度随之下降。

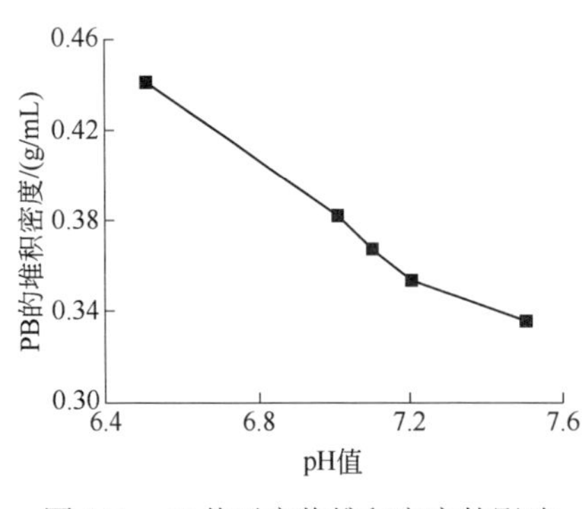

图 2.7 pH 值对产物堆积密度的影响

② 成胶温度的影响。温度决定反应进行的速度，从而影响产物的结晶度，进而影响拟薄水铝石的孔结构。控制中和 pH 值为 7.0，偏铝酸钠的质量浓度为 200g/L，成胶温度越高，产物结晶度也越高，所得拟薄水铝石的晶粒越大，如表 2.10 所示。在高温条件下，溶液中的粒子运动速度更快，有利于晶粒的生长，导致大颗粒产物的生成，因而堆积密度较小；同时，粒子结晶速度的加快，也使产物的晶粒大小更加均匀，孔分布更加集中。

表 2.10 成胶温度对拟薄水铝石性质的影响

成胶温度/℃	堆积密度/（g/mL）	比表面积/（m^2/g）	孔容/（mL/g）	平均孔径/nm	最概然孔半径/nm	（最概然孔容/总孔容）/%	小孔（$d<2nm$）比率/%
50	0.839	145.1	0.245	6.7	3.6	42.5	1.20
55	0.538	436.7	0.695	6.4	3.6	50.0	0.56
60	0.540	348.1	0.594	6.8	3.6	50.2	0.48
65	0.549	397.1	0.658	6.6	3.6	59.5	0.15
70	0.529	392.6	0.710	7.2	3.4	64.8	0

③ 铝酸钠浓度的影响。谢雁丽等[44]研究认为铝酸钠的质量浓度决定粒子的大小，从而影响产物的堆积密度和孔的分布，见图 2.8。随铝酸钠质量浓度的增加，产物的堆积密度增大。因为开始结晶时，溶液中的粒子质量浓度高，相对过饱和度大，形成的晶粒多，颗粒不容易长大。另外，在不同的质量浓度下，铝酸根离子存在形式也不同，在中等质量浓度铝酸钠溶液中，铝酸根离子以 $Al(OH)_4^-$ 形式存在，在稀溶液且温度较低时，铝酸根离子以$[Al(OH)_4]^-(H_2O)_x$形式存在，在较高质量浓度或温度较高的溶液中，铝酸根以$[Al_2O(OH)_6]^{2-}$形式存在，这种不同质量浓度导致铝酸根离子存在的不同形式影响产物的物性。

④ 老化温度的影响。中和成胶完成后，因为小颗粒拟薄水铝石及无定形氧化铝的溶解度比大颗粒拟薄水铝石的溶解度大，所以在老化过程中，拟薄水铝石晶体和溶液中小颗粒拟薄水铝石及无定形氧化铝之间存在动态的结晶-溶解平衡。溶液中粒子运动速度与温度有关，随着温度升高，粒子运动速度加快，加速了老化进程。由于粒子运动速度与温度呈指数关系变化，因此，温度对老化进程影响很大。低温下拟薄水铝石的结晶度很差，随着老化温度升高，拟薄

水铝石的结晶度迅速增加，当老化温度在60℃以上时，产物才能获得较高的结晶度，见图2.9。

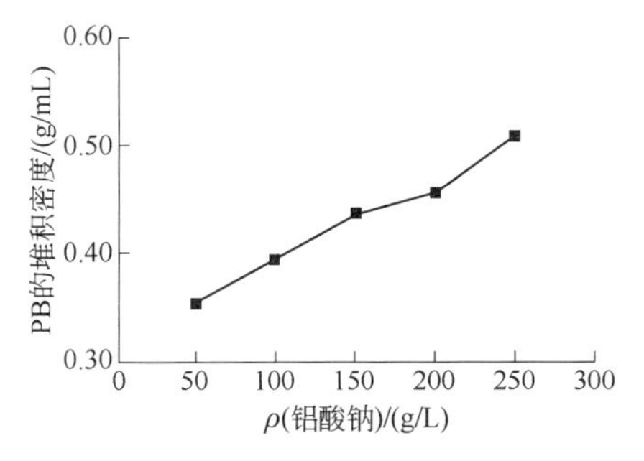

图2.8 铝酸钠浓度与拟薄水铝石堆积密度的关系

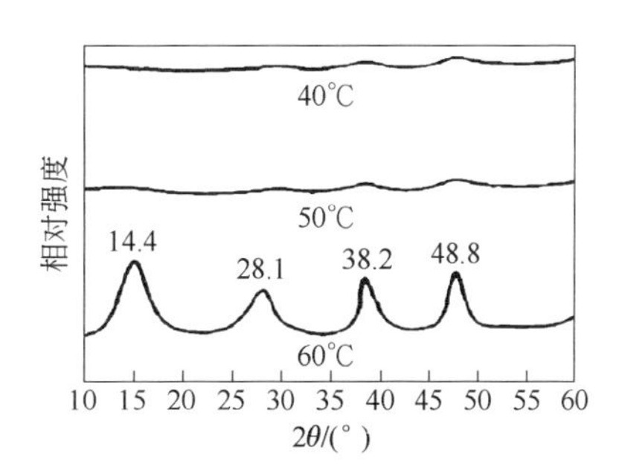

图2.9 老化温度对拟薄水铝石结晶度的影响

（3）pH摆动法

摆动法是指酸性铝源与碱性铝源交替性加入反应体系，使整个体系在碱性与酸性之间反复摆动多次，使拟薄水铝石最概然孔径和孔体积增加。摆动法制备氧化铝与常规双铝法相比，具有比表面积大、孔径大且孔径分布集中等优势。

Ono 等[45]最早提出了摆动法制拟薄水铝石的方法。以硝酸铝与偏铝酸钠为原料，制备出具有大的孔体积（0.5～1.5mL/g），同时具有较窄孔径分布的氧化铝载体（表2.11）。

表2.11 氧化铝制备条件①和物理性质

pH值变动次数	最概然孔径/nm	孔容/（mL/g）	比表面积/（m^2/g）	晶粒大小/nm	
				γ-氧化铝D（440）	拟薄水铝石D（020）
1	5.9②	0.54②	318	2.9	3.2
3	9.2	0.59	295	3.4	4.9
5	13.0	0.80	285	3.8	5.9
9	21.4	1.02	239	4.5	7.6
10.5③	17.0	0.75	232	4.7	8.3
11	28.0	1.08	230	4.8	8.5
13	38.5	1.19	177	5.3	9.9
15	51.8	1.38	154	5.9	11.8
17	65.3	1.43	133	6.4	13.6
19	79.2	1.49	120	6.9	14.8

① pH值在2～10之间变动，在酸性侧和碱性侧的反应时间均为5min。

② 用413.7MPa的压汞式孔率计测定。

③ pH值在酸性侧的试样。

杜明仙等[46]研究了以硫酸铝液为原料，以氨水、氢氧化钠和铝酸钠为碱沉淀剂，摆动法制备氧化铝工艺，考察了沉淀剂、沉淀温度及沉淀时酸侧 pH 值对氧化铝物性的影响，并对 pH 摆动法与等 pH 沉淀法样品结果进行比较。结果表明，通过改变制备参数可以获得高比表面积、大孔体积的氧化铝，当沉淀温度为 70℃，pH 摆动 3 次或 4 次时，氧化铝孔体积可高达 1.0mL/g，比表面积仍大于 $300m^2/g$，用 pH 摆动法制得的样品比用等 pH 沉淀法制得的样品更容易酸溶，对挤压成型有利。不同样品在酸溶液中的分散性表明，用氨水作沉淀剂可获得相对较小的沉淀粒子，改变沉淀时酸侧的 pH 值，可导致沉淀粒子结构发生变化。

杜明仙等[47]进一步研究发现，少量 SiO_2 的加入，可使沉淀粒子分散、变小，颗粒更加均匀，从而提高氧化铝的比表面积和孔集中度。当加入 2.5%的 SiO_2，pH 仅摆动 2 次，即可使氧化铝粉体比表面积达到 $380m^2/g$，孔容达到 1.18mL/g；当加入 1.5%的 SiO_2，pH 摆动 3 次，可使氧化铝粉体比表面积达到 $340m^2/g$，孔容达到 1.03mL/g。酸侧 pH 值对掺硅氧化铝样品的影响与其对未加 SiO_2 样品的影响相似，当酸侧 pH 值降低时，样品堆积密度增加，比表面积和孔体积均减小，孔径向 4～16nm 小孔集中。沉淀温度从 65℃升高至 75℃，孔结构变化不大，比表面积和孔容分别增加约 3%和 8%，随着沉淀温度升高，16～40nm 孔分布比例略有增加。

2.2.2 有机醇铝水解法

有机醇铝水解法主要是醇铝盐或烷基铝进行水解的工艺，将金属铝和有机醇在催化剂作用下合成醇铝盐，醇铝盐通过重结晶、减压蒸馏等技术进行除杂，提纯为高纯醇铝盐，然后醇铝盐水解生成拟薄水铝石，经焙烧后得到氧化铝。常用的醇：异丙醇、正丁醇、正戊醇、正己醇和正辛醇；常用的催化剂：$HgCl_2$、HgI_2、$AlCl_3$、I_2 和醇铝盐自身。相应的化学方程式如下：

$$2Al + 6ROH \xrightarrow{\text{催化剂}} 2Al(OR)_3 + 3H_2\uparrow \tag{2.16}$$

$$Al(OR)_3 + (2+x)H_2O \longrightarrow AlOOH \cdot xH_2O\downarrow + 3ROH \tag{2.17}$$

$$2AlOOH \cdot xH_2O \xrightarrow{\triangle} Al_2O_3 + (2x+1)H_2O \tag{2.18}$$

有机醇盐水解法制备氧化铝工艺的特点：

① 该技术涉及的原料为铝、醇和水，副产物为氢气，产品为氧化铝，生产过程没有环境污染，技术环保，无三废排放。

② 该技术使用的醇类可回收利用，能有效降低生产成本，具有较好的经

济效益。

③ 该技术的缺点是生产过程用到有机醇，生成氢气，安全性要求高。

2.2.2.1 有机醇铝法分类与机理研究

有机醇铝法根据使用有机醇种类的不同，分为异丙醇铝法和高碳醇铝法，但醇铝水解制备高纯氧化铝机理是相同的，下面对有机醇铝法水解机理进行介绍。

醇铝盐遇水极易水解，其水解机理[48-50]和反应过程如下：

$$Al(OR)_3+H_2O \longrightarrow Al(OR)_2(OH)+ROH \tag{2.19}$$

$$2Al(OR)_2(OH) + H_2O \longrightarrow RO-\underset{\displaystyle |}{\overset{OH}{Al}}-O-\overset{OH}{Al}-OR + 2ROH \tag{2.20}$$

$$nRO-\overset{OH}{Al}-O-\overset{OH}{Al}-OR + nH_2O \longrightarrow \left[-O-\overset{OH}{Al}-O-\overset{OH}{Al}-\right] + 2nROH \tag{2.21}$$

式（2.19）中化学反应方程式是醇铝水解反应，R 代表的是烷基，—OH 代表的是羟基，其反应速度十分迅速，并接下来成为水解和缩聚的共存反应式（2.20）和式（2.21）。这些反应中的中间产物为 $Al_nO_{n-1}(OH)_{n+2-x}(OR)_x$，此处 n 表示铝离子个数，x 代表 OR 基团个数。随着反应进行，x 逐渐减少直至为 0，最终水解产物是拟薄水铝石（AlOOH），其结构描述如下：

$$-\overset{OH}{Al}-O-\underset{OH}{Al}-O-\overset{OH}{Al}-O-\underset{OH}{Al}-O-\overset{OH}{Al}-O-$$

下面选取具有代表性的一类醇盐——异丙醇铝，对其水解生产拟薄水铝石的工艺流程、原料要求、生产过程控制、主要设备和典型产品指标进行详细介绍。

2.2.2.2 异丙醇铝水解生产拟薄水铝石技术

由于国内异丙醇铝的合成与提纯方法较为成熟，所以采用异丙醇铝水解生产拟薄水铝石的方法在国内企业已经得到应用。

（1）工艺流程

具体工艺流程见图 2.10，整个工艺主要分为异丙醇铝合成、异丙醇铝提纯、异丙醇铝水解、拟薄水铝石干燥几个部分。异丙醇和铝在催化剂的作用下生产异丙醇铝和氢气，通过减压蒸馏得到纯度较高的异丙醇铝，然后水解异丙醇铝得到拟薄水铝石。

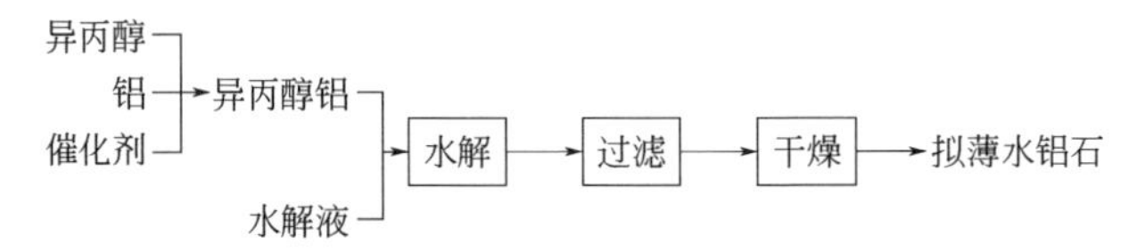

图 2.10 异丙醇铝合成及水解生产拟薄水铝石工艺流程图

（2）原料要求

根据合成产物纯度不同，可以选择不同纯度的铝原料。对于新购进的铝原料，表面有氧化层和油污，应在清洗和干燥后使用。表 2.12 为常见铝锭化学成分。

表 2.12 铝锭化学成分表

牌号	杂质含量（质量分数）不大于/%					
	Fe	Si	Cu	Ga	Mg	Zn
Al99.90	0.07	0.05	0.005	0.020	0.01	0.025
Al99.85	0.12	0.08	0.005	0.030	0.02	0.030
Al99.7A	0.20	0.10	0.01	0.03	0.02	0.03
Al99.70	0.20	0.12	0.01	0.03	0.03	0.03
Al99.60	0.25	0.16	0.01	0.03	0.03	0.03
Al99.50	0.30	0.22	0.02	0.03	0.05	0.05
Al99.00	0.50	0.42	0.02	0.05	0.05	0.05

刘杰等[51]研究表明，异丙醇选择的关键是其含水量，醇中所含的微量水会对铝-醇反应引发影响很大，会导致异丙醇铝合成时间的延长或者无法反应。当异丙醇中的含水量达到 0.11%时，铝与异丙醇反应引发时间需要 125min；随着醇中含水量的增加，铝-醇反应的引发时间成倍增加，当含水量大于 0.5%时，反应很难进行。含水量较高的异丙醇，在使用前应先进行脱水，一般是加生石灰到异丙醇中，然后回流 4～5h，再用高效分馏塔分馏，收集 82～83℃的馏分以备使用。

（3）生产过程控制

① 催化剂的选择。李齐春等[52]研究了异丙醇铝合成过程中使用的催化剂，主要包括 $AlCl_3$、$HgCl_2$ 和 HgI_2。相比无水 $AlCl_3$，$HgCl_2$ 和 HgI_2 对醇铝合成反应引发时间更短，催化效率更高，但因含剧毒 Hg，并且反应过程中 Hg 可能进入产品，对产品品质有一定的影响，故一般不作为异丙醇铝合成催化剂。以无水 $AlCl_3$ 作为催化剂，在异丙醇中质量分数一般为 0.2%～0.4%，引发时间约 90min，并且使用时需在低温下先将 $AlCl_3$ 溶于异丙醇，若直接投入 80℃左右的异丙醇中，由于与异丙醇反应，会释放出大量的热，造成冲料现象。使用无

水 $AlCl_3$ 作为催化剂时，体系中有 HCl 产生，因此合成一般在搪瓷釜中进行。

目前，使用最多的催化剂是异丙醇铝，实现了异丙醇铝合成过程的自催化，替代 $AlCl_3$、$HgCl_2$ 和 HgI_2 等传统催化剂，一方面降低了传统有毒催化剂对人体和环境的危害，另一方面避免体系中引进杂质元素，提高异丙醇铝的纯度[53]。

② 蒸馏控制。为了提高最终产物的纯度，需要对合成的异丙醇铝进行提纯。异丙醇铝是三异丙醇铝的简称，分子式为 $C_9H_{21}AlO_3$，分子量为 204.33，易吸潮的白色固体，能溶于很多有机溶剂，熔点为 119℃，其沸点与压力的相应值见表 2.13。

表 2.13　异丙醇铝沸点和压力的关系

压力 /kPa	1.3	1.0	0.7	0.3	0.2	0.07
沸点 /℃	135	131	125	113	104	94

常压下不可能通过蒸馏方法提纯异丙醇铝。从上表可看出，压力越低，沸点越低，压力与温度相互关联。受真空设备能力、系统密封性、异丙醇气体蒸发等因素影响，工业化生产中压力一般控制在 3kPa 以下，此时异丙醇铝液相温度在 150℃以上；真空度降低，温度则相应要提高。因此真空度越高越有利于蒸馏。要使蒸馏时物料能达到 150℃以上的温度，工业生产中通常使用导热油或高压蒸汽加热。

蒸馏过程中蒸馏速度对异丙醇铝纯度有一定影响。蒸馏速度过快，夹带出来的杂质就多，异丙醇铝中杂质含量就高，甚至将未反应的铝渣夹带出来，使得产品显灰色。蒸馏速度可通过调节真空泵抽气速率、蒸馏釜加热升温速率、蒸馏温度、搅拌速度等方法进行控制[28]。

异丙醇铝蒸馏后，残渣留在釜中，随着蒸馏作业次数的增加，残渣越积越多。一方面会使蒸馏釜有效容积减小，增加蒸馏作业冲料的可能性，造成安全事故；另一方面由于蒸馏作业是间歇式，釜内物质反复经过升温、降温、再升温过程，可能发生复杂的化学反应，产生的物质会以杂质形式进入异丙醇铝中，导致异丙醇铝外观发生变化。因此，在实际生产中，当蒸馏作业达到一定次数后，需定期对蒸馏釜进行清理。

③ 水解控制。通过控制水解过程中水解介质组成、水解温度、水解方式和水解介质的酸碱度等条件，可以获得不同性质的拟薄水铝石，涉及的化学方程式如下：

$$2Al(OC_3H_7)_3 + 4H_2O \longrightarrow 6(CH_3)_2CHOH + Al_2O_3 \cdot H_2O\downarrow \tag{2.22}$$

下面主要讨论水解温度、水解时间和水解液组成对异丙醇铝水解产物的影响。将一定量的异丙醇铝加入三口烧瓶中，再加入一定比例由水和异丙醇组成的水解液，然后在不同的温度和时间下进行水解，干燥后得到水解产物。

a. 水解温度对水解产物的影响。在异丙醇铝和异丙醇的摩尔比为 0.28，水解温度分别为 45℃、55℃、65℃、75℃和 85℃下，考察水解温度对水解产物的影响。图 2.11 是不同水解温度下水解产物的 XRD 谱图，通过将此图谱与 JCPDS 标准拟薄水铝石 PDF 卡片作对比分析，得出水解温度从 45℃提高到 85℃水解产物都是拟薄水铝石。随着水解温度升高，水解产物的衍射峰越来越窄，峰形越来越尖锐，表明水解产物的结晶度随水解温度的升高而越来越强，当水解温度高于 75℃后，水解产物的衍射峰强度基本保持不变。

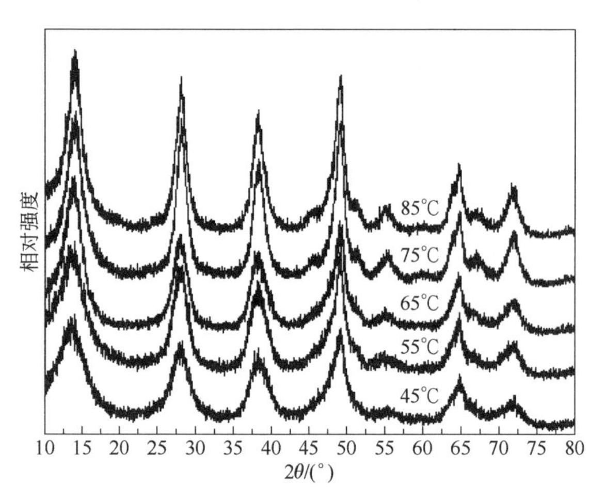

图 2.11 水解温度对产物晶型的影响

表 2.14 是不同水解温度下制备的拟薄水铝石的孔结构数据，可以看出，随着水解温度的升高，水解产物拟薄水铝石的孔结构变化不大，表明水解温度对产物孔结构影响不大。

表 2.14 不同水解温度与产物孔结构的关系

水解温度/℃	孔结构			
	比表面积/（m^2/g）	孔容/（mL/g）	平均孔径/nm	最概然孔径/nm
85	332.1	0.37	4.6	3.9
75	323.6	0.38	4.8	3.9
65	326.4	0.37	4.5	3.9
55	321.2	0.35	4.4	3.8
45	316.5	0.36	4.5	3.8

b．水解液组成对产物的影响。选择水解温度为55℃，控制异丙醇铝和异丙醇的摩尔比0.28不变，使水解液中异丙醇和水的摩尔比分别为3、1、0.5和0.1，考察水解液不同组成对产物性能的影响。图2.12给出了异丙醇和水不同摩尔比条件下水解产物的XRD，由图看出，随着水解介质中异丙醇量逐渐增多，水解产物拟薄水铝石结晶度逐渐降低，直至为无定形，并且水解产物体系固液分离变得越来越困难。根据相似相溶原理，水解液中异丙醇的含量越高，水解液极性越小，越不利于无定形产物向拟薄水铝石晶相的转化。

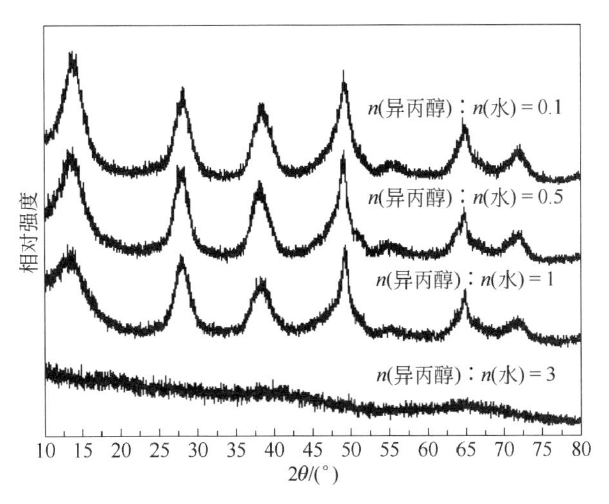

图2.12　水解液组成对产物晶型的影响

表2.15是异丙醇和水不同摩尔比条件下水解产物的孔结构，可以看出，当水解液中异丙醇和水的摩尔比分别为1和0.5时，水解产物拟薄水铝石的比表面积和孔容较大；随着水解液中异丙醇和水的摩尔比增大到3，此时样品的比表面积最大，孔容和平均孔径最小；当水解液中异丙醇和水的摩尔比为0.1时，比表面积降为356.4m^2/g，孔容减小到0.37mL/g。

表2.15　不同水解液组成与水解产物孔结构的关系

异丙醇和水的摩尔比	孔结构			
	比表面积/（m^2/g）	孔容/（mL/g）	平均孔径/nm	最概然孔径/nm
3	590.4	0.41	2.7	1.5
1	413.4	0.96	9.3	8
0.5	395.1	1.00	10.1	8
0.1	356.4	0.37	4.2	4

c．水解时间对产物的影响。选择水解温度为55℃，异丙醇铝和异丙醇的

摩尔比为 0.28，水解液中异丙醇和水的摩尔比为 0.5，考察水解时间对产物性能的影响。图 2.13 是不同水解时间水解产物的 XRD，从图中可以看出，产物均为拟薄水铝石的晶相，水解 3h 内，产物的衍射峰强度随着水解时间的延长而增强，说明样品的晶粒会随着时间延长而变大；当水解时间超过 3h 后，样品衍射峰的强度基本没有变化。

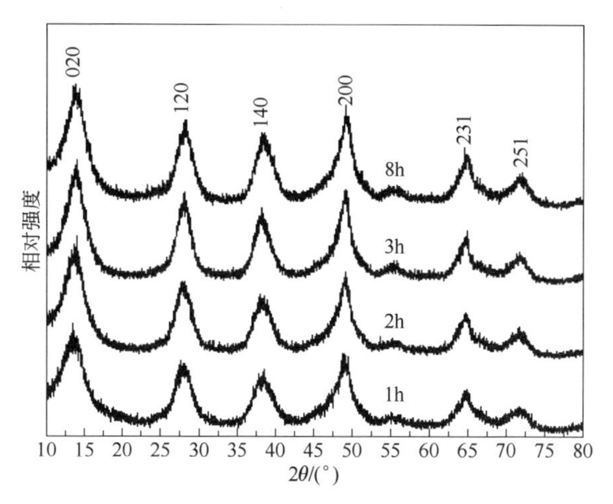

图 2.13 水解时间对产物晶型的影响

表 2.16 给出了不同水解时间产物的孔结构，可以看出，随着水解时间的延长，产物的比表面积减小，平均孔径增大，最概然孔径基本不变。这可能是由于随着水解时间延长，样品的结晶性变好，晶粒尺寸变大，相应的晶粒的数量变少，比表面积下降，堆积形成的孔道数量减少，孔尺寸变大，孔容呈现不规则变化。

表 2.16 不同水解时间与水解产物孔结构的关系

水解时间/h	孔结构			
	比表面积/（m^2/g）	孔容/（mL/g）	平均孔径/nm	最概然孔径/nm
8	330.7	0.98	11.9	8
3	376.5	0.96	10.2	8
2	395.1	1.00	10.1	8
1	396.4	0.97	9.8	8

（4）主要设备

异丙醇铝水解法制备拟薄水铝石的生产装置主要由异丙醇铝合成装置、水解装置、老化装置、过滤洗涤装置、干燥装置和异丙醇回收装置组成。其中水解装置与无机法中和装置类似，老化、过滤洗涤装置与无机法合成拟薄水铝石所用设备一致，异丙醇回收装置采用常规精馏装置，不再赘述，这里主要对异丙醇铝的合成与产物的干燥装置进行详细说明。

① 异丙醇铝的合成装置。异丙醇铝的生产过程涉及的原料和副产品均是易燃、易爆的危险品，其放热的自由基反应机理可能引发系列副反应，且产品有毒，使异丙醇铝生产成为易燃易爆有毒危化品生产，存在重大的安全风险。为防止发生爆炸燃烧时造成重大人员伤亡及财产损失，该生产装置不宜放在密闭体系，且应远离明火及人员较多的地方，做好易燃易爆有毒化学品的防护。

图 2.14 给出了多功能连续合成异丙醇铝的装置示意图[54]，包括冷凝回流器、反应釜、搅拌机、合成接收罐以及真空系统。反应釜设置有热油夹套、冷却水夹套、进料口和排渣口，合成接收罐中下部设置有冷却水夹套，在合成接收罐上部设置有出口冷凝器、底部设置有放料口，反应釜与冷凝回流器通过法兰连接，反应釜与合成接收罐通过冷凝管连接，合成接收罐通过上部出口冷凝器与真空系统以真空软管相连接。该装置结构简单合理，可有效控制合成过程温和、高效进行，并且以管道连接，密闭无泄漏，避免二次污染。

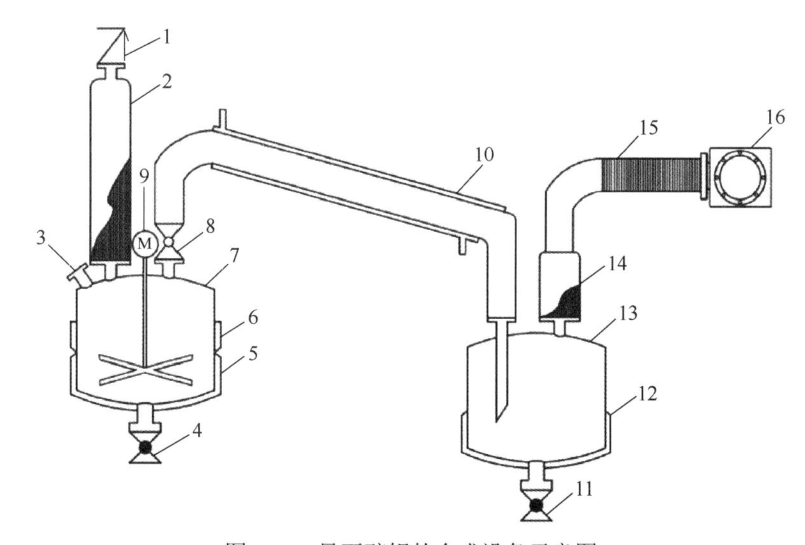

图 2.14 异丙醇铝的合成设备示意图

1—单向止回阀；2—冷凝回流器；3—进料口；4—排渣口；5—热油夹套；6—冷却水夹套；7—反应釜；8—阀门；9—搅拌机；10—冷凝管；11—放料口；12—冷却水夹套；13—合成接收罐；14—冷凝器；15—真空软管；16—真空系统

② 干燥装置。异丙醇铝水解制备的拟薄水铝石，滤饼含有少量的异丙醇，一般采用有机溶剂喷雾干燥机来进行产品的干燥，装置特别采用封闭式循环氮气气体介质取代通常的空气介质，进行喷雾干燥，并对有机溶剂进行回收

利用。图 2.15 给出了一种新型循环式干燥装置示意图[55]，该装置既能处理以水作为溶剂的物料，又能对以有机溶剂作为溶剂的物料进行喷雾干燥处理。装置含有氮气罐、喷淋回收塔、冷冻机和循环风机。氮气罐与加热装置相连，旋风分离器与喷淋回收塔相连，喷淋回收塔通过循环风机、阀门及管道与加热装置相连通。使加热装置与干燥塔间、干燥塔与旋风分离器间、旋风分离器与喷淋回收塔间、喷淋回收塔与循环风机间、循环风机与加热装置间形成一个封闭的循环系统。利用氮气作为循环气体。并通过控制系统的氧气浓度和压力，使循环气体在低氧及低压情况下运行，可避免有机溶剂的外泄、燃烧和爆炸情况发生。

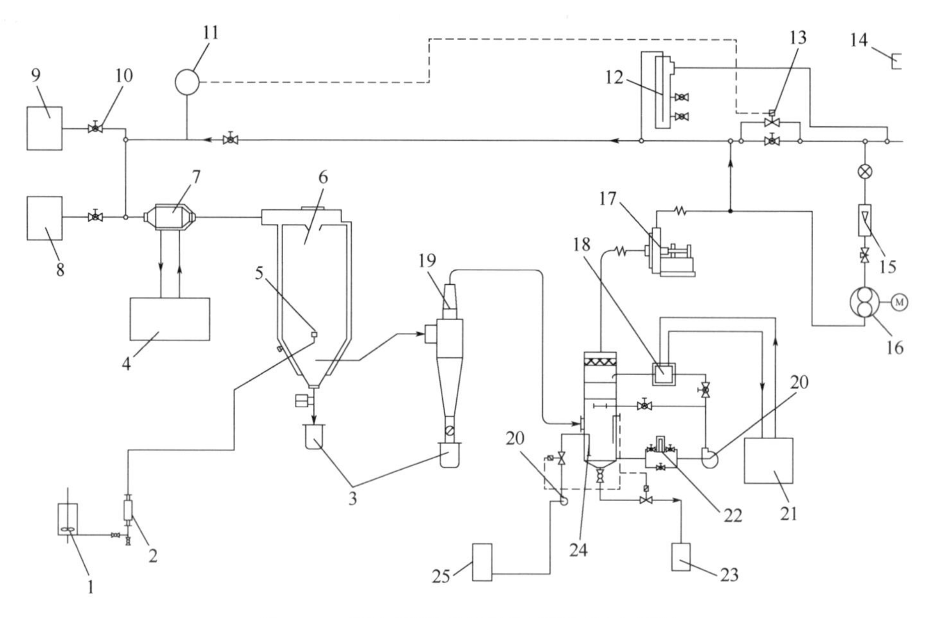

图 2.15 异丙醇铝的循环干燥设备示意图

1—供料罐；2—供料泵；3—接料罐；4—导热油炉；5—喷嘴；6—干燥塔；7—热交换器；8—氮气罐；9—空气过滤器；10—阀门；11—压力开关；12—防泄密封管；13—电磁阀；14—排空口；15—氧气浓度计；16—抽样泵；17—循环风机；18—板式换热器；19—旋风分离器；20—循环泵；21—冷冻机；22—过滤器；23—溶剂回收罐；24—喷淋回收塔；25—溶剂补充罐

（5）典型产品指标

通过生产过程的控制，异丙醇铝水解法可制备多种性能的拟薄水铝石。生产的拟薄水铝石具有晶型好、孔结构容易控制、比表面积大和纯度高的特点，主要应用方向为氧化铝黏结剂、丙烷脱氢催化剂载体、重整催化剂载体原料等。典型产品指标如表 2.17 所示，分别为异丙醇铝水解法制备的小孔高纯拟薄水铝石和大孔高纯拟薄水铝石产品。

表 2.17 异丙醇铝水解法制备典型产品指标

项目		小孔高纯拟薄水铝石	大孔高纯拟薄水铝石
Si 含量/（mg/kg）	≤	100	100
Na 含量/（mg/kg）	≤	50	50
Fe 含量/（mg/kg）	≤	50	50
比表面积/（m^2/g）	≥	260～290	370～410
孔容/（mL/g）		0.30～0.40	0.90～1.10
平均孔径/nm		5～6	9～11

2.2.3 水热法

2.2.3.1 水热法分类与机理研究

水热法是指在特制的密闭反应器（高压釜）中，采用水溶液作为反应体系，通过对反应体系加热、加压（或自生蒸气压），创造一个相对高温、高压的反应环境，使得通常难溶或不溶的物质溶解并且重结晶进行无机合成与材料处理的一种有效方法。水热法合成以其设备简单、能有效控制产物并无污染等特性被广泛关注，被认为在绿色合成道路上非常有应用前景。由于水热法可制备结晶度良好、分散性能佳的粉体，直接调变粉体晶粒物相和形貌，因此，水热法合成拟薄水铝石已经引起国内外科研工作者们的广泛关注。

目前，水热法制备拟薄水铝石工艺路线主要有两条，一条是以廉价的无机铝盐或偏铝酸钠为原料水热合成拟薄水铝石。借鉴分子筛的合成方法，在无机铝盐水热反应过程中通过添加模板剂或其他助剂来实现对产物尺寸和形貌的调控，进而控制产物的结构。下面对以硫酸铝和尿素为原料水热制备拟薄水铝石的机理进行探讨。苏爱平等[56]研究人员以尿素和硫酸铝为原料，采用水热均匀沉淀法合成拟薄水铝石，考察了水热反应温度、时间对产物拟薄水铝石的影响。研究表明，不同的水热处理温度和时间均会对拟薄水铝石的晶粒形貌变化产生很大影响：①以硫酸铝和尿素为原料合成的拟薄水铝石结晶度较高，在水热反应时间为 12h，水热反应温度由 100℃升高到 140℃时，拟薄水铝石晶粒由球状变为纤维状，继续升温至 160℃时，纤维状粒子变粗、变长；②较高水热处理温度下生成拟薄水铝石的比表面积和孔结构性质较好，当水热处理温度为 140℃，反应时间为 12h 时，拟薄水铝石比表面积较大，孔体积和平均孔径也较大，分别为 $190m^2/g$、0.36mL/g 和 8.3nm，孔径分布较集中；③当水热反应温度为 140℃，延长反应时间至 16h 时，生成的拟薄水铝石比表面积为 $201m^2/g$，孔体积为 0.44mL/g，平均孔径为 8.7nm。由此可见，适当延长水热处理时间，能够使纳米粒子间堆积更为松散，起到扩大纳米孔的作用。

Ramanathan 等[57]认为其过程机理可能如下：随着高压釜内温度的升高，尿素逐渐水解产生 $NH_3 \cdot H_2O$，使反应体系的 pH 值逐渐增大，直到有氧化铝水合物析出，SO_4^{2-} 与 Al^{3+}经络合转化为羟基-硫酸盐，也使溶液的 pH 值增大，反应体系内还可能有中间体 $Al_4(OH)_{10}SO_4$ 的生成，但该化合物很快消失，主要反应方程式如下：

$$CO(NH_2)_2+4H_2O \longrightarrow 2NH_3 \cdot H_2O+H_2CO_3 \quad (2.23)$$

$$Al_2(SO_4)_3+6NH_3 \cdot H_2O \longrightarrow 3(NH_4)_2SO_4+2AlOOH \cdot H_2O \quad (2.24)$$

$$Al_2(SO_4)_3+6H_2O+2CO(NH_2)_2 \longrightarrow Al_2(SO_4)(OH)_4+2(NH_4)_2SO_4+2CO_2 \quad (2.25)$$

随着水热反应体系温度逐渐升高，产物形貌从球状粒子转变为有极少量的纤维状晶粒出现，继续升高反应温度，产物全部转变为纤维状，直至纤维状粒子变粗、变长。水合氧化铝形成沉淀的过程中，OH^-和 $A1^{3+}$的一次碰撞不一定排列在晶格中，可能会先形成松散的团簇，在整个溶液中局部过饱和度较小的地方可能会消失，在局部过饱和度较大的地方再不断碰撞聚集。经过多次反复的有效碰撞，逐渐聚集成一定数量的分子，形成胚芽，当胚芽大小达到临界半径时，发展成新晶核。形成晶核后，溶质在新晶核上不断沉积，晶粒不断长大。新生成的沉淀粒子为球形，使表面自由能最小。提高温度，晶核的生成速率及晶粒的长大速率提高。但由于温度升高后溶液过饱和度降低，使晶核生成速率的增加相应受到削弱，而晶核长大速率受到的削弱要小一些，所以提高温度更有利于晶粒长大[58]。另外，提高温度能促进小晶粒晶种溶解并重新沉积在大颗粒的表面上，因此，温度由 100℃提高到 120℃时粒径变大。由于晶核在温度较高时，特定轴方向上的生长速率较其他两个轴方向的生长速率快，故它常发育成细长的柱状、针状的粒子[59]。在较高的水热处理温度下，晶粒长大速度高于晶粒生成速度，促使纤维状结构晶粒变粗、变长。

另一条水热法制备拟薄水铝石的路线是以无定形氧化铝（特指由氢氧化铝快速脱水制得的 ρ-Al_2O_3 或 χ-Al_2O_3）为原料水热转晶生成拟薄水铝石。该方法最早由美国的格雷斯公司在专利中报道[60]，通过添加作为晶体生长抑制剂的硅酸盐和/或磷酸盐，可制备出晶粒为 2～20nm 的拟薄水铝石，通过控制各物料比例可调整产品的比表面积、孔容和平均孔径。中海油天津院[61]以无定形氧化铝为原料，采用水热法制备拟薄水铝石，研究了酸碱的加入对反应的影响。通过调节反应体系的 pH 值，在水热条件下制备了 3 种性能差异较大的拟薄水铝石。酸性条件可制得中等比表面积（$137.9m^2/g$）的针状团簇体粉末状拟薄水铝石，碱性条件可制得高比表面积（$242.8m^2/g$）的片状拟薄水铝石，不添加酸碱的情况下制得较低比表面积（$47.5m^2/g$）的颗粒状聚集体拟薄水铝石，提供了一条低成本生产拟薄水铝石的路线。该团队研究人员[62]以氢氧化铝、快脱粉、尿素和稀的氨水溶液为原料，球磨处理至一定的粒度后，进行高温高压水热反应，随后经老化、过滤、洗涤、干燥等制得比表面积为205～$365m^2/g$、孔容为0.65～1.5mL/g 的大孔容、高比表面积的拟薄水铝石。以该拟薄水铝石制备的氧化铝载体具有高的比表面积和大的孔容，非常适用于渣油和重油的处理。无定形氧化铝水热法制备拟薄水铝石可能的机理为：首先高活性的无定形氧化铝在水热条件下快速发生二次水合反应，起引发反应的作用；然后加入结构助剂，多羟基铝离子与氢氧化铝生成具有丰富孔道结构的无定形铝胶；最后在形貌助剂的辅助下进行水热结晶，形成拟薄水铝石。

$$Al_2O_3+H_2O+OH^- \longrightarrow Al(OH)_4^- \tag{2.26}$$

$$Al(OH)_4^- +Al(OH)_3 \longrightarrow Al_x(OH)_y \tag{2.27}$$

$$Al_x(OH)_y \longrightarrow AlOOH\cdot xH_2O \tag{2.28}$$

通过表面活性剂与晶体生长抑制剂的匹配控制无定形氧化铝水合反应及水热转晶过程中产物晶粒大小的均匀度，从而达到精确控制产物孔结构的效果。加入结构助剂起晶体导向的作用，控制拟薄水铝石产品微观形貌，可生成纤维状、绒球状或片状表观形貌。

2.2.3.2 无定形氧化铝/氢氧化铝水热法生产拟薄水铝石技术

（1）工艺流程

主要的步骤是：把无定形氧化铝等原料配成浆液，然后把浆液用球磨机处理至一定的粒度，再加入高压釜内进行水热反应，反应完后在一定的温度下老化，随后对浆液进行过滤、洗涤和干燥，最后得到成品拟薄水铝石。图 2.16 为无定形氧化铝/氢氧化铝水热法生产拟薄水铝石工艺流程。

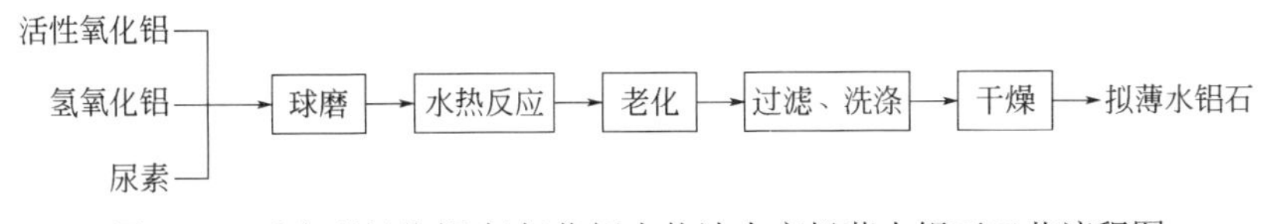

图 2.16 无定形氧化铝/氢氧化铝水热法生产拟薄水铝石工艺流程图

（2）原料要求

无定形氧化铝和氢氧化铝是水热法生产拟薄水铝石的主要原料，其主要杂质包括 SiO_2、Fe_2O_3 和 Na_2O，通常要求杂质含量越低越好。拟薄水铝石生产过程中除无定形氧化铝、氢氧化铝外，还需要氨水、硫酸等辅助材料。氨水和硫酸的质量分别符合现行的“工业用氨水”与“工业硫酸”国家标准要求。

本工艺使用的主要原料要求如表2.18所示。

表2.18 无定形氧化铝/氢氧化铝水热法主要原料规格

原料名称	规格/指标
无定形氧化铝	Al_2O_3≥86.0% SiO_2≤0.05% Fe_2O_3≤0.03% Na_2O≤0.45% SO_3≤0.05% 800℃灼失≤10%
氢氧化铝	Al_2O_3≥64.0% SiO_2≤0.03% Fe_2O_3≤0.03% Na_2O≤0.45% 800℃灼失≤35%

（3）生产过程控制

① 浆液粒度的影响。原料预处理工艺对产品最终孔结构有较大影响。各种原材料混合成浆料后采用球磨处理，通过控制不同的球磨时间、球磨球尺寸和球料比可得到一系列粒度不同的浆液，进一步转晶可制得不同性能的拟薄水铝石。表2.19列出了不同原料粒度对产物孔结构和晶相的影响。从表中可以看出，随着原料粒度的减小，合成产物的比表面积、孔容和平均孔径都逐渐增大，当原料粒径降至0.38μm及以下时，比表面积和孔容分别达到349m^2/g和1.52mL/g左右，进一步降低原料粒度后对产物孔结构影响不大。

表2.19 原料粒度对产物孔结构和晶相的影响

粒度/μm	比表面积/（m^2/g）	孔容/（mL/g）	平均孔径/nm	晶相
1.20～1.40	167.0	0.45	10.8	拟薄水铝石
0.90～1.10	220.5	0.58	10.5	拟薄水铝石
0.60～0.86	270.7	0.77	11.4	拟薄水铝石
0.40～0.55	322.4	0.92	11.4	拟薄水铝石
0.20～0.38	349.0	1.52	17.4	拟薄水铝石
0.10～0.20	347.5	1.51	17.4	拟薄水铝石
<0.10	348.0	1.50	17.2	拟薄水铝石

② 浆液固含量的影响。浆液固含量提高，有利于得到大孔容、大比表面积拟薄水铝石，并且对生产而言，高固含量意味着高的生产效率。从表 2.20 生成数据可以看出，随着浆液固含量的升高，产物拟薄水铝石的比表面积、孔容和平均孔径均呈现先增大后减小的趋势。固含量在 16.3%～22.6%范围内，产物的比表面积、孔容和平均孔径最大；当固含量为 24.3%时，不仅反应后生成的浆料流动性变差，容易发生干结，而且其产物的比表面积、孔容和平均孔径均偏小。因此，较优的固含量确定在 16.3%～22.6%，考虑到工业生产的效率及浆料出釜的收率，最佳的浆料固含量在 18.5%～22.4%。

表 2.20　浆液固含量对产物孔结构和晶相的影响

固含量 /%	比表面积 /（m^2/g）	孔容 /（mL/g）	平均孔径 /nm	晶相
7.5	214.0	0.65	12.1	拟薄水铝石
8.7	251.2	0.74	11.8	拟薄水铝石
10.3	264.7	0.91	13.9	拟薄水铝石
12.5	274.9	1.02	14.8	拟薄水铝石
14.8	310.5	1.31	16.9	拟薄水铝石
16.3	348.0	1.47	16.9	拟薄水铝石
18.5	342.3	1.51	17.6	拟薄水铝石
20.4	351.5	1.49	17.0	拟薄水铝石
22.6	344.8	1.48	17.2	拟薄水铝石
24.3	300.1	1.10	14.7	拟薄水铝石

③ 反应温度的影响。氢氧化铝、无定形氧化铝从三水铝石、ρ-或 χ-氧化铝到拟薄水铝石晶相的转变与反应温度密切相关。如表 2.21 所示，当反应温度低于基准温度 10℃或者更多时，氢氧化铝无法转变为拟薄水铝石，产物主要为三水铝石晶相；当反应温度低于基准温度 5℃时，产物中出现了拟薄水铝石相；当反应温度为基准温度时，产物为纯的拟薄水铝石晶相；继续升高反应温度，当温度高于基准温度 10℃或者更多时，产物虽然是拟薄水铝石，但其比表面积、孔容均减小。因此，优选的反应温度应控制在基准温度附近。

表 2.21　反应温度对产物孔结构和晶相的影响

反应温度 /℃	比表面积 /（m^2/g）	孔容 /（mL/g）	平均孔径 /nm	晶相
基准温度−40	105.0	0.25	9.8	三水铝石
基准温度−30	108.7	0.24	9.3	三水铝石
基准温度−20	118.4	0.29	10.2	三水铝石

续表

反应温度/℃	比表面积/（m^2/g）	孔容/（mL/g）	平均孔径/nm	晶相
基准温度−10	151.8	0.43	11.7	三水铝石
基准温度−5	196.3	0.64	13.1	三水铝石＆拟薄水铝石
基准温度	349.0	1.48	17.0	拟薄水铝石
基准温度+10	302.3	1.21	16.0	拟薄水铝石
基准温度+20	284.6	1.15	16.2	拟薄水铝石

图 2.17 是不同温度所得产物的 XRD 谱图，随着反应温度的升高，三水铝石晶相逐渐减少，拟薄水铝石晶相比例逐渐增加，当反应温度从基准温度升至高于基准温度 20℃时，拟薄水铝石结晶度增加，意味着晶粒长大，与 BET 表征结果一致，伴随着比表面积、孔容的减小。

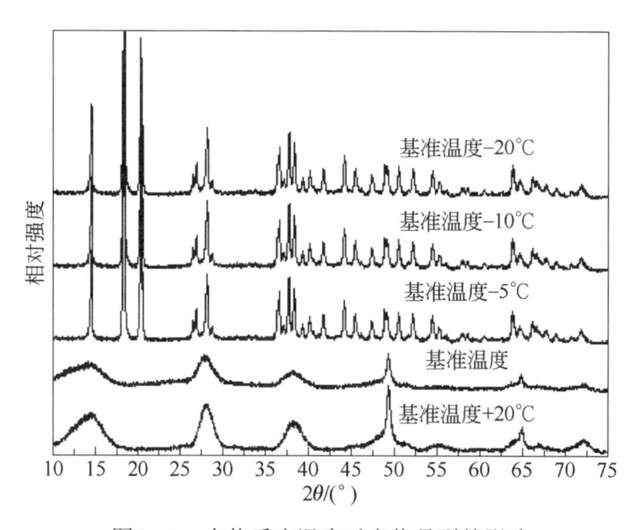

图 2.17　水热反应温度对产物晶型的影响

④ 搅拌速率的影响。水热反应过程，搅拌主要起均质、传热的作用，主要选择锚式桨考察搅拌的效果。对于无定形氧化铝、氢氧化铝的转晶反应，采用锚式桨控制搅拌速率，既可满足均质的作用，也不会产生太强的剪切力而破坏转晶过程，是一种适宜的搅拌形式。表 2.22 给出了搅拌速率对产物的影响。当搅拌转速为 60r/min 时，转速太慢，未达到均质的效果，在反应釜内壁上有大量的物料结块；当搅拌转速为 120r/min 时，传热传质均受到限制，导致氢氧化铝无法全部转晶为拟薄水铝石；转速达到 180r/min 及更高时，搅拌效果较好，可得到纯的拟薄水铝石产品，且产品孔结构较好。

表 2.22　不同搅拌速率对产物孔结构和晶相的影响

搅拌转速 /（r/min）	比表面积 /（m^2/g）	孔容 /（mL/g）	平均孔径 /nm	晶相
60	大量结壁，未能达到均质效果			—
120	285.5	1.24	17.4	三水铝石&拟薄水铝石
180	348.3	1.47	16.8	拟薄水铝石
240	351.0	1.48	16.9	拟薄水铝石
300	347.7	1.50	17.3	拟薄水铝石

（4）主要设备

无定形氧化铝/氢氧化铝水热生产拟薄水铝石的装置主要由原料预处理装置、高压反应装置、老化装置、过滤洗涤装置、干燥装置组成。其中老化、过滤洗涤装置与无机中和法合成拟薄水铝石所用设备一致，不再赘述。这里主要对原料预处理装置与高压反应装置进行详细说明。

① 原料预处理装置。原料预处理装置可以采用球磨机或砂磨机，每种设备都有各自的特点，需要选择适合原料预处理工艺的设备，下面对两种设备分别进行简要的介绍。

第一种是球磨机，由给料部、出料部、回转部、传动部（减速机、小传动齿轮、电机、电控）等主要部分组成。中空轴采用铸钢件，内衬可拆换，回转大齿轮采用铸件滚齿加工，筒体内镶有耐磨衬板，具有良好的耐磨性。研磨体一般为钢制圆球、氧化铝瓷球和氧化锆球等，并按不同直径和一定比例装入筒中，根据研磨物料的粒度加以选择。球磨机中研磨体的主要作用是对物料进行冲击破碎，同时也起到一定的研磨作用。研磨体的级配主要包括研磨球大小、球径级数、各种规格球所占比例等，级配的目的就是要满足这上述两方面的要求。级配是否合理，直接影响球磨机的研磨效率，并最终影响球磨机产量。

物料由球磨机进料端空心轴装入筒体内，当球磨机筒体绕水平轴线以一定的转速回转时，由于惯性、离心力和摩擦力的作用，装在筒内级配好的研磨体附在筒体衬板上被筒体带到一定的高度时，当自身的重力大于离心力时，便脱离筒体内壁抛射下落或滚下，下落的研磨体像抛射体一样将筒体内的物料击碎。同时在筒体转动过程中，研磨体相互间的滑动运动对原料也产生研磨作用。磨碎后的物料通过空心轴颈排出。球磨机球磨处理的优势是操作简单，设备成本低。

第二种是砂磨机，又称珠磨机，主要用于化工液体产品的湿法研磨，根据使用性能大体可分为卧式砂磨机、篮式砂磨机、立式砂磨机等。由机体、磨筒、砂磨盘（拨杆）、研磨介质、电机和送料泵组成，进料的快慢由进料泵控制。该设备的研磨介质一般为氧化锆珠、氧化铝球、硅酸锆珠等，可单独或混合使用。

砂磨机是一种物料适应性强、处理效率较高的研磨设备。其研磨腔最为狭窄，拨杆间隙最小，研磨能量最密集，同时配备高性能的冷却系统和自动控制系统，可实现进料、研磨、出料同时进行的连续化生产，极大地提高了生产效率。研磨系统采用盘式或棒销式，封闭内腔式设计，研磨盘按照一定顺序安装在搅拌轴上，克服了传统卧式砂磨机研磨介质分布不均、研磨后粒度分布差的缺点，使研磨介质能够得到最大的能量传递，研磨效率高；密封系统采用双端面带强制冷却机械密封，密封效果好，运行可靠，使用寿命长；分离系统采用大流量 LDC 动态栅缝式分离器，在大流量状况下不会发生出料口堵塞，过流面积大，缝隙范围 0.05～2.0mm，可以使用 0.1mm 以上研磨介质。物料在进料泵的作用下进入研磨腔，在搅拌轴偏心盘高速运转中，物料和研磨介质的混合物发生高效相对运动，其结果，物料固体颗粒被有效分散、剪切研磨，经动态大流量转子缝隙分离过滤器后，得到最终产品。视产品研磨工艺不同，可采用独立批次循环研磨、串联研磨等。

② 高压反应釜。高压釜是指在高压条件下操作的一种反应器，高压釜由釜体、釜盖、搅拌器、夹套、支承及传动装置、轴封装置等组成，材质及开孔可根据用户的工艺要求确定。其结构特点是：a.釜体为高压筒体，壳体较厚，为了耐高温和耐腐蚀常用不锈钢制造，也有用碳钢或低合金钢做外壳的，不锈钢为内层材料，可直接用复合板或用衬里制成；b.釜体上一般不开孔，接管、接口及附件均设在釜盖上；c.釜顶装有安全泄放装置，如安全阀、爆破片装置或两者的组合装置等。加热形式有电加热、油加热、气加热、水加热（或冷却）等。夹套形式分为：夹套型和外半管型。夹套油加热型都设有导流装置。搅拌形式一般有桨式、锚式、框式、螺条式、刮壁式等。

在无定形氧化铝/氢氧化铝水热生产拟薄水铝石工艺中，高压反应釜材质通常选用 304 或 316L 不锈钢，加热系统采用导热油或蒸汽加热，为消除搅拌时罐釜中央的“圆柱状回转区”增设了 4 块竖式挡板，并沿罐釜四周均匀分布，直立安装。

2.2.4 主要生产厂家介绍

国内 90%以上的拟薄水铝石生产均采用无机中和法，主要生产厂家包括：中铝山东新材料有限公司，年产 2.5 万吨；中铝山西新材料有限公司，年产 1.5

万吨；山西炬华新材料科技有限公司，年产 1.5 万吨；江苏晶晶新材料有限公司，年产 1.8 万吨；山东允能催化技术有限公司，年产 0.8 万吨。此外，规模较大的拟薄水铝石生产厂家还包括山西中海炬华催化材料有限公司、苏州贝尔德新材料科技有限公司、安徽宣城晶瑞新材料有限公司以及岳阳长科化工有限公司等。在国内销售产品较多的国外公司主要有日本住友化学株式会社、南非 Sasol 公司等。各公司产品均有各自特点，适用于多种催化剂领域。

① 中铝山东新材料有限公司是中国第一个氧化铝生产基地，被誉为“中国铝工业的摇篮”，为首批 40 家国家级企业技术中心之一及重点扶持的 512 家大中型企业之一，被中国铝业公司定位为“化学品氧化铝研发、生产和营销基地”。公司依据独特的烧结法氧化铝工艺优势，采用碳化法生产拟薄水铝石，产品原料供应稳定、技术先进、质量卓越、环境友好。

② 中铝山西新材料有限公司是中国铝业股份有限公司重要的氧化铝生产企业，位于山西省河津市，主要采用碳化法工艺生产拟薄水铝石。近年来，该公司以提高拟薄水铝石分解槽单槽体积为重点，持续优化生产工艺，破解生产瓶颈，提高了产品质量和产量。

③ 山西炬华新材料科技有限公司主要生产大孔拟薄水铝石产品，该公司共计 5 条中和法拟薄水铝石生产线，总产能 1.5 万吨以上，利用其特有的连续中和法技术生产拟薄水铝石。产品具有比表面积大、孔容大、批次稳定性高等特点，广泛应用于渣油加氢处理催化剂、汽柴油加氢处理催化剂等。

④ 江苏晶晶新材料有限公司（原名温州精晶氧化铝有限公司）具有快脱法氧化铝、拟薄水铝胶等生产线 8 条，生产能力达 1.8×10^4t/a。主要产品有干燥剂、除氟剂、吸附剂、双氧水专用吸附剂、吸附脱色专用氧化铝、硫黄回收催化剂、催化剂载体、拟薄水铝胶粉、纳米氧化铝粉、高纯氧化铝粉、氧化锌脱硫剂、惰性瓷球、电工级氢氧化铝、分子筛等。

⑤ 山东允能催化技术有限公司主导产品拟薄水铝石、高纯氧化铝和改性氧化铝，采用硫酸铝法、碳化法、硝酸法、醇铝法等生产工艺生产，每年产量可达到 8000t 以上，现有拟薄水铝石生产线五条，其中两条硫酸铝法生产线（5000t/a）、一条碳化法生产线（1000t/a）、一条硝酸法生产线（1000t/a）、一条醇铝法生产线（1000t/a）。

⑥ 山西中海炬华催化材料有限公司以水热法生产超大孔拟薄水铝石、硅改性氧化铝为主要产品，现有一条超大孔拟薄水铝石生产线（3000t/a）和一条硅改性氧化铝生产线（2000t/a），每年产量可达 5000t 以上。超大孔拟薄水铝石产品具有比表面积大、孔容大、孔径大、批次稳定性高、无硫和水热稳定性好等特点，广泛应用于渣油加氢保护剂、煤焦油加氢催化剂等。

⑦ 苏州贝尔德新材料科技有限公司位于苏州工业园区，是专业从事纳米高纯材料研发、生产、销售与服务的高科技企业。采用醇铝盐法生产高纯氧化铝、5N 高纯氧化铝、4N 高纯氧化铝及制品、锂电隔膜涂层用氧化铝粉及浆料、铝溶胶等，生产线产能达到 3000t/a。

⑧ 安徽宣城晶瑞新材料有限公司位于安徽省宣城市高新区，是一家专业从事纳米新材料技术研究、生产以及应用的企业，采用醇铝盐水解法制备高纯氧化铝，拥有年产 2000t 的生产线，其中 5N 高纯三氧化二铝 1200t/a，纳米三氧化二铝 800t/a。

⑨ 日本住友化学株式会社是日本具有代表性的综合化学企业之一，是住友集团旗下的主要公司之一，拥有基础化学、石油化学、精密化学、农业化学 4 个部门和 10 家研究所，采用醇铝法在爱媛县设立的工厂生产线产能为 3200t，在韩国工厂的产能为 1600t，共计 4800t。采用的工艺是异丙醇和高纯铝生成异丙醇铝，然后对异丙醇铝进行提纯和水解，水解产物进行干燥和焙烧得到高纯氧化铝。

⑩ 南非 Sasol 公司成功开发了一种以高纯铝屑和高碳醇（正戊醇、正己醇）为原料生产优质拟薄水铝石（SB 粉）的工艺，生产的高纯度及超高纯度氧化铝产品广泛应用于催化与非催化领域。

2.3 快脱法

快脱法是制备活性氧化铝重要的工业化方法之一，由氢氧化铝脱水制得以 ρ-Al_2O_3 为主并含有部分 χ-Al_2O_3 的无定形氧化铝，进一步滚动成型、焙烧制备球形活性氧化铝。该法工艺流程短，产品可广泛用作催化剂、催化剂载体、吸附剂及干燥剂等，受到众多氧化铝材料制造商的青睐。

由于 ρ-Al_2O_3 和 χ-Al_2O_3 是用快速脱水生产的氧化铝粉，所以国内形象地称之为快脱粉，国外称为 FCA。美国 ASTM 于 1960 年对 20 世纪 50 年代发现的 ρ-Al_2O_3 与 χ-Al_2O_3 进行了认证。20 世纪 70 年代，欧美研究者们发表了较多的关于快脱粉的专利[63-66]。国内最早开展快脱法生产氧化铝技术研究的单位是化工部天津化工研究院，该院于 1975～1980 年成功开发出具有中国技术特点的悬浮加热快脱法生产技术，即采用锥形反应器，从侧向加入干燥、粉碎后的氢氧化铝，在快速脱水炉内闪速焙烧 0.1～1.0s，制得 ρ-Al_2O_3 与 χ-Al_2O_3。该院多年来一直致力于快脱法生产技术的改进创新和产品质量提高，2017 年以来又将新技术成果进行转化，陆续建成多条生产线，单套装置规模从 5000t/a 大幅度提高到 5×10^4t/a。与前期技术相比较，新技术在快脱炉和活化炉等设备结构及节能方面做了改进与优化，可降低天然气消耗 30%～40%，不但装置运行良好，产品性能也得到提升。

快脱粉结晶度低、吸湿性强，一般制成球状产品出售，工业上俗称“快脱球”。快脱球在石油化工、纺织化工、制氧工业的气液相干燥、自动化仪表风的干燥、空分行业的变压吸附等应用中用作干燥剂。因快脱球在水中稳定性好，且具有较强的选择性吸附能力，使其广泛用于饮用水除氟，或工业原料的除氟；在有机液体中用作脱色净化吸附剂，用于脱除烃类物质中的金属离子、金属有机化合物、HCl 和 SO_2 等气体；快脱球也常用于含 H_2S 酸性气体的炼油厂、天然气净化脱硫厂、城市煤气厂、石化厂、化工厂的克劳斯（Claus）脱硫等工艺中；在蒽醌法双氧水生产中，用作蒽醌降解物的吸附剂。由于快脱球的平均孔径在 2.5~-3.5nm，因此，还常用作中小分子反应的催化剂载体或催化剂，包括甲醇转化催化剂、耐硫变换催化剂、有机硫水解剂、乙醇脱水制乙烯催化剂、三聚氰胺催化剂等。

2.3.1 快脱法机理研究

氢氧化铝在真空条件或粉碎至 1μm 以下，在 300℃即可热解形成无定形氧化铝，但真空热解与微粉热解均无商业价值。工业上采用氢氧化铝快速脱水的方式制备快脱粉，通常是在流化床反应器中进行，用燃烧气体控制床层温度，进而实现产品性能的调变。氢氧化铝经干燥、研磨后进入快速脱水工序，在 600～900℃高速湍流的热气体中停留 0.1s 至几秒即可形成快脱粉。快脱工序中，氢氧化铝颗粒遇热气脱水，同时热气从其外部快速流过，颗粒内部形成真空负压，可快速转变成快脱粉。表 2.23[67]给出了不同快脱温度得到的快脱粉的物化指标。

表 2.23 不同快脱温度得到的快脱粉的物化指标

快脱温度 /℃	比表面积 /（m^2/g）	孔容 /（mL/g）	灼减 /%
750	160.18	0.192	8.68
800	209.50	0.198	8.34
900	242.60	0.193	7.95

关于快脱粉的晶型，X 射线衍射 ASTM 标准卡片给出了 χ-Al_2O_3 的特征谱图，但并未颁布 ρ-Al_2O_3 的特征谱图。通常认为[68]，两者均在铜靶衍射角 2θ

数值为 60°～70°处出现宽峰，区别仅是 χ-Al_2O_3 的谱线峰高/峰底比值较大，较尖锐，ρ-Al_2O_3 的谱线峰高/峰底比值较小，底部较宽，需凭识谱经验来鉴别。由于两者谱图与无定形铝胶干粉的 X 射线衍射谱图类似，因此又称快脱粉为无定形氧化铝，称为 ρ-Al_2O_3 和 χ-Al_2O_3 的越来越少。

由于快脱粉是所有氧化铝变体中唯一具有水化胶凝特性的氧化铝，且具有高自由能而不稳定，呈高反应性。ρ-Al_2O_3 和 χ-Al_2O_3 与其他晶型的氧化铝相比，形成温度与破坏温度更低，在空气中极易吸潮，生成氧化铝水合物。ρ-Al_2O_3 和 χ-Al_2O_3 易与水反应放出热量，形成高强度的一水软铝石胶凝物质，该特点使其成为滚动成型制备球形氧化铝优良的前驱体。由于 ρ-Al_2O_3 和 χ-Al_2O_3 性能接近，且快脱粉通常以 ρ-Al_2O_3 为主，因此，常用 ρ-Al_2O_3 泛指快脱粉。将快脱粉与黏结剂在盘式造粒机等设备中滚动成型，可得到所需粒径的氧化铝湿球。经成球制得的含氧化铝水合物的氧化铝球需经熟化（工业上又称养生）工艺进一步使 ρ-Al_2O_3 水化，使具有水合能力的过渡态氧化铝水化形成拟薄水铝石、三水铝石，同时也使水化产物的晶体进一步生长，形成更多的具有胶凝性的氧化铝水合物，也进一步提高生料球的强度。进一步经活化焙烧可制得球形氧化铝。根据用途不同，选择不同的活化温度，产物晶型不同，通常 450℃以下活化，产物晶型仍以拟薄水铝石为主，提高活化温度至 500℃，产物晶型为 γ-Al_2O_3。

不同温度快脱得到的原料按相同工艺成球及后处理，产品指标略有差别，表 2.23 中所述快脱粉成型制得的球形氧化铝指标如表 2.24 所示。

表 2.24　不同快脱温度得到的快脱粉成型制得的球形氧化铝指标

快脱温度/℃	比表面积/（m^2/g）	孔容/（mL/g）	灼减/%
750	287.12	0.425	7.31
800	302.10	0.421	7.28
900	311.70	0.416	7.21

快脱粉直接滚球成型制得的氧化铝球孔容通常低于 0.45mL/g，为获得更高孔容的产品，常用的办法是在成型过程中加入一定比例的大孔容拟薄水铝石。王玉玲[69]在 ρ-Al_2O_3 中加入适量大孔容拟薄水铝石（比表面积 300.1m^2/g、孔容 0.84mL/g），可使球形活性氧化铝孔容提高至 0.76mL/g，如表 2.25 所示。添加大孔容的拟薄水铝石能使活性氧化铝扩孔，但可能会增加生产成本；若刻意追求增大孔容，增大拟薄水铝石的添加量，也会导致活性氧化铝强度下降。

表 2.25 添加拟薄水铝石扩大孔容的实验结果

添加拟薄水铝石质量分数 /%	比表面积 /（m^2/g）	孔容 /（mL/g）	强度 /（N/颗）
0	235	0.45	190
5	231	0.49	170
10	230	0.61	152
15	225	0.70	133
20	240	0.76	98

2.3.2 快脱法生产技术

（1）工艺流程

快脱法生产活性氧化铝球的流程图如图 2.18 所示，由于工业三水铝石通常含有一定量的附着水，流动性差，易团聚，使用前需干燥处理，随后粉碎到合适的粒度，然后进入快脱炉进行脱水处理，经布袋除尘收集可得到 ρ-Al_2O_3。通常 ρ-Al_2O_3 作为中间体进一步经滚球造粒、养生、活化得到目标产品活性氧化铝球。

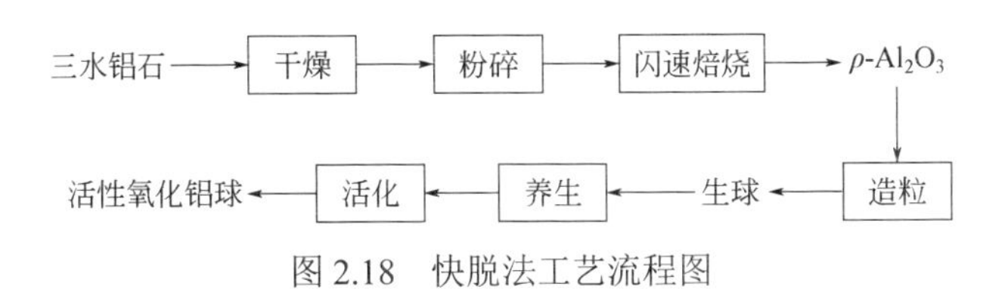

图 2.18 快脱法工艺流程图

（2）原料要求

不同晶型的氢氧化铝均可用于生产快脱粉，工业上使用最广的是便宜易得的三水铝石与拜耳石。典型的快脱法原料为三水铝石，具体指标要求如表 2.26 所示。

表 2.26 工业氢氧化铝（三水铝石）指标

项目		指标
晶型		三水铝石
Al_2O_3/%	≥	64
SiO_2/%	≤	0.03
Fe_2O_3/%	≥	0.5
灼减/%	≤	35

（3）生产过程控制

快脱法生产氧化铝的主要工序包括干燥、粉碎、快脱、造粒、养生、活化六个步骤。

① 干燥。工业生产氢氧化铝时，为防止粒子粒径增大、发生硬团聚等，通常保留3%～5%的附着水，俗称氢氧化铝湿粉。为便于粉碎工段的正常运行，需对湿粉进行干燥，经干燥得到的物料俗称干粉。通常要求将干粉中游离水含量降至 0.5%以下。干燥过程需保证物料受热均匀，防止局部过热，造成部分氢氧化铝分解而带入后续流程，影响产品的纯度。

② 粉碎。干粉进入粉碎工序粉碎至一定目数，以满足下一工序闪速焙烧的要求。该工序所得物料俗称粉碎粉，通常要求粉碎粉粒度 D_{50} 为 8～12μm，D_{90} 不大于 20μm。

③ 快脱。粉碎粉随后进入快脱炉进行快速脱水，从而得到快脱粉。该技术的关键在于快脱步骤，通常控制脱水温度为 700～1000℃，快脱粉的灼烧（800℃）减量通常控制在 14%以下，部分品种需控制在 5%～9%。图 2.19 给出了快脱工序的生产设备示意图。由燃烧炉 1 调控的高温气体将进料漏斗 2 的粉碎粉输进快脱炉 3 进行快速脱水得到快脱粉，携带快脱粉微粒的气流经旋风收集器 4 分离后，气体排空。快脱炉 3 与旋风收集器收集的快脱粉经螺旋进料器均匀地送入强制冷却器 6，冷却后包装得到的产品或收集后供造粒工序使用。

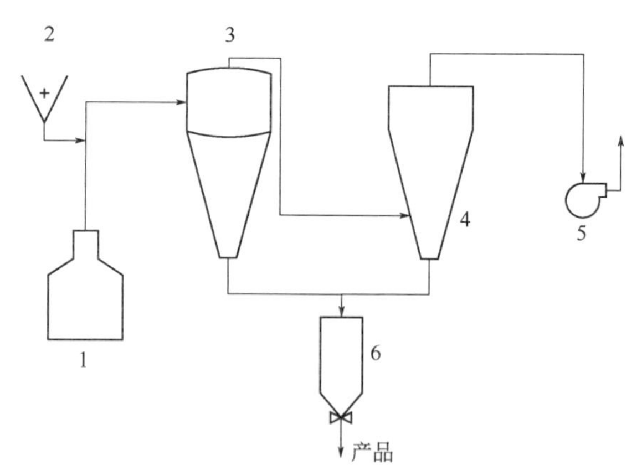

图 2.19　快脱工序生产设备示意图

1—燃烧炉；2—进料漏斗；3—快脱炉；4—旋风收集器；5—风机；6—强制冷却器

由此可见，粉碎粉的快速脱水在两步完成：在高温热气输送过程受热脱水与快脱炉内旋风分离过程受热脱水。实际上，输送脱水与旋风分离均在短时间内完成，且气流温度可有效调控。

④ 造粒。造粒是将快脱粉加入黏结剂在转鼓中转动造粒，制得的小球俗

称生球。无特殊要求，用水作黏结剂即可成型，加水量为粉体量的 30%～50%，转动滚涂至指定尺寸，即可将生球转移至下一工序。

⑤ 养生。养生是将生球在密闭养生室中自然养生 24h 或更长时间，可得到养生球，也称为熟球。通常，为提高产品强度，或缩短养生时间，可将干燥尾气或其他热源通入养生室，以提高养生温度。

⑥ 活化。活化是将熟球加入活化炉进行活化，根据用途不同，控制活化温度为 300～700℃，得到目标产品。

（4）主要设备

快脱法生产活性氧化铝球主要生产装置包括快脱炉、转鼓造粒机、活化炉，辅助装置包括干燥器、粉碎机、收尘器等。

① 快脱炉。快脱炉为快脱法的核心设备，将湿含量及粒度符合要求的氢氧化铝经高温快速脱水，生成活泼的、不稳定的 ρ-Al_2O_3（通常含一定比例的 χ-Al_2O_3）。快脱炉入口温度控制在 700～1000℃，出口温度在 300～450℃，可通过调节加料量、鼓风量、引风量等来控制出口温度的高低。

② 造粒机。造粒工序最常用的设备是盘式造粒机，又称糖衣机、荸荠式包衣机等。通常将一定量快脱粉放入盘式造粒机，边转动边将雾化水均匀喷洒在粉料上，用刷子和手轻轻搓动喷淋后的物料，不使其成团，如此间隔搓动与喷加雾化水，待雾化水加到几乎完全湿润时，再加入适量快脱粉，此时可得到具有一定粒度的母球。将母球用雾化水喷淋至完全湿润时，停加雾化水，按少量多次的原则加入适量快脱粉，使沾有粉料的母球在成球机中滚动，以雾化水与快脱粉交替加入，待其达到所需粒径范围时，调节使其自动流出，必要时振动筛分，小球和破碎后的大球可作为母球继续使用，符合要求的小球作为生球可进入后续的养生工序。

③ 活化炉。活化可在立式窑炉、网带窑、转窑、箱式炉等各种活化焙烧炉内进行，但快脱球的活化通常选用立式活化炉。该设备具有能耗低、占地小、操作简单、劳动强度低等优势。通常直径 1m 左右，高 5m 以内的活化炉，产能可达到 2000t/a。根据不同品种，在不同的活化温度下，脱去部分结合水，得到晶型及孔结构达到氧化铝质量要求的产品。

④ 辅助装置。辅助装置包括干燥器、粉碎机等。干燥器常采用气流干燥器，氢氧化铝湿粉被来自预热旋风分离器的热风吹起，并迅速干燥，再进入干燥旋风分离器进行气固分离，一般控制出口温度为 102～105℃。粉碎机选用常规的粉体粉碎设备，使得粉碎后物料达到粒度要求即可。

（5）典型产品指标

氧化铝球是快脱法生产氧化铝的终端产品，而快脱粉通常是生产氧化铝球的中间产物，但也有个别厂家直接销售快脱粉。表 2.27 是典型的快脱粉指标，表 2.28 给出了典型的催化剂载体用氧化铝球的指标。

表 2.27 典型快脱粉指标

项目		指标
灼减/%		6～9
Na_2O 含量/%	≤	0.4
Al_2O_3 含量/%	≥	90
松装密度/（g/mL）		0.5～0.7
粒度（D_{50}）/μm		6～12
比表面积/（m^2/g）	≥	190
孔容/（mL/g）	≥	0.25
晶型		ρ-或 χ-Al_2O_3，无氢氧化铝物相残留

表 2.28 典型催化剂载体用氧化铝球指标

项目		指标
灼减/%	≤	8
SiO_2 含量/%	≤	0.3
Na_2O 含量/%	≤	0.4
Fe_2O_3 含量/%	≤	0.03
Al_2O_3 含量/%	≥	93
SO_3 含量/%	≤	0.1
比表面积/（m^2/g）	≥	240
孔容/（mL/g）	≥	0.35
振实密度/（g/mL）	≥	0.6
吸水率/%	≥	40
磨耗/%	≤	0.6
粒径/mm		1.8～2.4
强度/（N/颗）	≥	70

2.3.3 主要生产厂家介绍

目前国内快脱法生产活性氧化铝的厂家技术全部源于中海油天津院，其中，中铝集团下属的山东铝业、山西铝业、贵州铝业均有生产装置，初始设计产能 3000t/a、5000t/a、1000t/a，近些年根据市场需求及技术进步，均有不同程度的扩产、减产或停产。其余厂家全部为民营企业，规模较大的包括江苏晶晶新材料有限公司、山东博洋新材料科技股份有限公司、萍乡市环球新材料科技有限公司等。

1980 年江苏晶晶新材料有限公司（原名温州精晶氧化铝有限公司）引入化工部天津化工研究院的快脱法生产技术建立 300t/a 工业生产装置。四十多年来，江苏晶晶新材料有限公司不断改造、创新快脱法生产技术，目前快脱法活性氧化铝产能已达到 1×10^4t/a。

中国铝业山东分公司 1997 年首次引入化工部天津化工研究院的快脱法技术生产活性氧化铝，随后不断进行扩产与改进，并于 2018 年引入中海油天津院新开发的单套 5×10^4t/a 的世界规模最大的快脱法技术，一次开车成功，大幅降低了单位产品生产成本，提高了产品稳定性。目前中国铝业山东分公司（现为中铝山东新材料有限公司）的活性氧化铝总产能已达到 10×10^4t/a，产能为国内最大。

2.4 小结

氧化铝催化材料的制备方法主要为拟薄水铝石法和快脱法，这两种方法是目前研究最为深入、应用最广并早已实现大规模工业化生产的成熟方法。

拟薄水铝石法包括酸碱中和法、有机醇铝水解法、水热法等，通过制备不同性能的拟薄水铝石可以达到制备有特定结构性能的活性氧化铝催化材料的目的。但拟薄水铝石的宏观结构性质（如比表面积、孔容、孔径、密度等）随制备方法、制备条件的不同有很大差异，其形态的多样性和结构的复杂性决定了它具有的性能更丰富、应用范围更广、影响也更为复杂。尽管对拟薄水铝石的制备技术已进行了数十年的研究，并创新了如水热法等许多新的制备技术，但目前科研人员仍无法完全掌握拟薄水铝石的生成规律，只能在一定程度上认识、了解其特点等并加以运用。今后还需从反应机理等方面做更深入的研究、掌握其规律，从而实现可定制生产孔道结构（比表面积、孔容、平均孔径）和表面特性（羟基、B 酸与 L 酸）可控的拟薄水铝石产品。

快脱法是一种特殊的氧化铝制备技术，通过中海油天津院的不断创新使得单套生产能力已超过 5×10^4t/a，能源消耗大大降低，产品纯度大大提高，并仍在不断改进完善中。近些年来中海油天津院开发的快脱粉水合制备特定指标的拟薄水铝石技术，为快脱法的应用提供了新的发展思路。

氧化铝

催化材料的

生产与应用

第 3 章
氧化铝基催化材料的制备技术

3.1 概述

随着炼油、煤化工、精细化工、化学医药、环境催化等领域对催化剂性能要求的逐渐提高，单纯的氧化铝载体已不能满足催化剂的要求，越来越多的研究者开始关注于活性氧化铝基复合材料制备技术的研究[70]。本文将氧化铝基催化材料分为氧化铝基改性材料和氧化铝基复合材料，前者没有改变 Al_2O_3 骨架结构而后者改变了骨架结构。所谓氧化铝基改性材料，主要是通过引入少量二氧化硅（SiO_2）、二氧化钛（TiO_2）、稀土元素、磷等助剂来改变 Al_2O_3 的表面性质，改性后的材料仍以氧化铝为主体骨架结构，改性元素含量一般不超过10%；所谓氧化铝基复合材料，则是通过特定的制备方法，引入较高含量的二氧化硅（SiO_2）、二氧化钛（TiO_2）、稀土元素等助剂，氧化铝材料的骨架结构和单一的氧化铝材料有着较大区别，发生了比较大的变化。

无论是氧化铝基改性材料还是氧化铝基复合材料均具备许多独特的物理化学性质，如可以调变载体与活性组分之间的相互作用、改变活性中心的形态、提高催化剂的活性或者选择性等。

3.2 氧化铝基改性材料

3.2.1 TiO_2 改性对氧化铝物性的影响

TiO_2 作为一种 n 型半导体材料，近些年在催化领域内越来越受到广大学者们的重视。TiO_2 带来的特殊物理化学性质源于其特殊的结构特点，价层电子构型为 $3d^24s^2$，含钛的化合物中，氧化值为+4 的化合物比较稳定，且应用较广。钛的化合物一般具有 d^0 空轨道，与不同反应物直接或者间接作用后，由于 d 轨道与 s 轨道或者 p 轨道杂化形成的轨道具有方向性，相比于 s-p 杂化形成的方向性要弱，导致钛和配位体之间形成的键能较弱[71]。因此，在氧化铝载体中引入 TiO_2，不仅能够影响载体的孔结构、表面酸性等，同时还会影响负载后活性组分的电子结构、活性组分与载体之间的相互作用以及催化剂活性等。

3.2.1.1 TiO_2改性对孔结构的影响

在氧化铝材料中引入钛元素进行改性，由于引入的钛原子会占据氧化铝的孔道位，因而宏观上体现出改性材料的比表面积和孔容随着钛引入量的增大而呈现降低的趋势。Pophal 等[72]报道了二氧化钛负载量（TiO_2 质量分数低于 15%）对 γ-Al_2O_3 材料孔结构的影响规律（气相沉积法制备），如表 3.1 所示。从表中数据可以看出，随着改性二氧化钛的负载量提高，氧化铝材料的比表面积和孔容均呈下降趋势。典型的钛改性氧化铝材料的孔分布情况如图 3.1 所示。

表 3.1 不同二氧化钛含量的氧化铝材料的孔结构特征

TiO_2 质量分数 /%	孔容 /（mL/g）	比表面积 /（m^2/g）
0	0.44	186
2.53	0.42	182
4.86	0.41	177
6.64	0.40	174
8.94	0.36	168
11.15	0.37	162
13.69	0.35	154

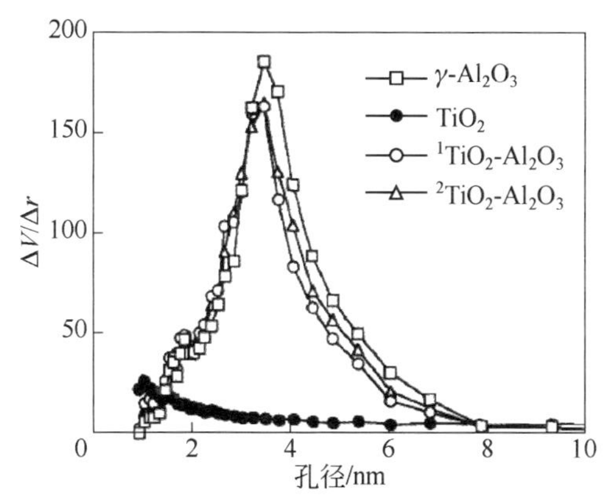

图 3.1 不同二氧化钛负载量氧化铝材料的孔分布图[72]

[1]TiO_2 表示 TiO_2-Al_2O_3 中钛的质量分数为 6.64%，
[2]TiO_2 表示 TiO_2-Al_2O_3 中钛的质量分数为 11.15%。

3.2.1.2 TiO_2改性的结构效应

早在 1992 年，北京大学的 Yang 等[73]就通过化学分析正电子湮没谱（PASCA）技术研究了正电子素（o-Ps）在 TiO_2-Al_2O_3 材料上的湮没速率 λ_3，发现随着二氧化钛引入量增大到质量分数为 4%时，λ_3 值出现拐点（图 3.2），这说明

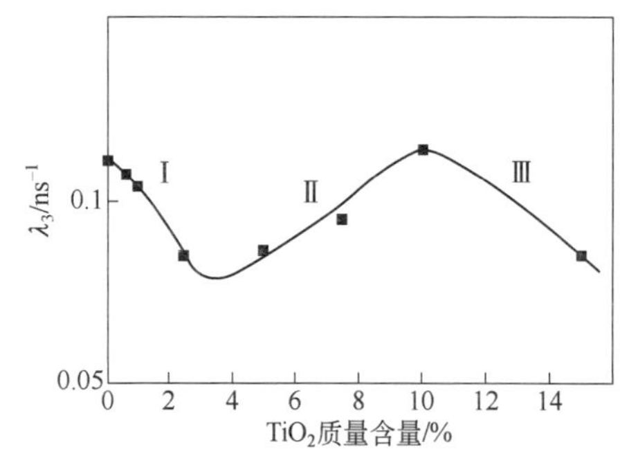

图 3.2 TiO_2 含量对湮没速率 λ_3 的影响[73]

开始引入的 TiO_2 与 Al_2O_3 表面的扭折位（kink site）发生作用。随着二氧化钛质量分数继续增大至 10%，TiO_2 与 Al_2O_3 表面的负电子中心相作用，此时 XRD 谱图只能看到 γ-Al_2O_3 的结晶峰，TiO_2 只是单层分散在 Al_2O_3 表面。随着二氧化钛质量分数继续增加，TiO_2 在 o-Ps 上的强作用使 λ_3 值降低，同时锐钛矿晶相开始显现。通过对动力学 f 值的计算，验证了二氧化钛含量低于 5%和高于 5%时，Ti 与氧化铝表面 O 的结合是不同的。

TiO_2 的这种结构效应，会明显改善金属活性组分和载体之间的相互作用。中国科学院大连化物所辛勤课题组[74]研究发现，对 Al_2O_3 载体进行 TiO_2 改性可削弱活性组分 MoO_3 与载体 Al_2O_3 之间的相互作用，抑制 $Al_2(MoO_4)_3$ 的生成和增加表面钼物种浓度。通过激光拉曼光谱仪（LRS）对 MoO_3 在载体上的分散状态进行深入研究，谱图中 950～960cm^{-1} 处出现的宽化峰被认为是和 Al_2O_3 相互作用的钼物种，$Al_2(MoO_4)_3$ 物种的出峰位置在 310～370cm^{-1} 和 1004cm^{-1} 处，而体相 MoO_3 的出峰位置在 822cm^{-1}。随着钼含量的增加，TiO_2-Al_2O_3 载体表面上的 MoO_3 浓度较 Al_2O_3 上要高出很多，如图 3.3 所示，说明 TiO_2 有效地削弱了活性组分 Mo 和载体 Al_2O_3 之间的相互作用。

刘佳等[75]也有类似的发现，他们通过 XPS 和 TPR 表征分析，证明了 TiO_2 的引入降低了活性组分 CuO 和载体 Al_2O_3 的相互作用。CuO-ZnO/Al_2O_3 催化剂中 Al 的结合能 E_b 有两个值，分别为 E_{b_1}=74.5eV 和 E_{b_2}=77.6eV，前者对应于 γ-Al_2O_3 中 Al 的 E_b 值，而 E_{b_2} 则对应于和 CuO 发生强相互作用的 Al_2O_3 或和 CuO 作用生成的尖晶石 $CuAl_2O_4$ 中 Al 的 E_b 值。而 CuO-ZnO/TiO_2-Al_2O_3 催化剂中 Al 的结合能只有一个 E_b 值，即 74.5eV，这表明引入 TiO_2 后，催化剂中只存在一种状态的 Al，不再存在和 CuO 发生强相互作用或与 CuO 作用生成尖晶石 $CuAl_2O_4$ 的 Al 中心。同时，采用 TPR 手段进行催化剂的表征工作，发现 CuO-ZnO/Al_2O_3 催化剂中 CuO 的 TPR 呈现两个峰，分别为对应于处于良好分散状态的 CuO 的低温峰和与 Al_2O_3 发生强相互作用或和 Al_2O_3 作用生成 $CuAl_2O_4$ 的 CuO 的高温还原峰。引入 TiO_2 后，催化剂中不再出现高温峰，可归结为 TiO_2 削弱了 Al_2O_3 的表面能，使得负载的 CuO 与 Al_2O_3 表面的作用减弱，更易被还原。TPR 的分析结论和 XPS 结果相一致。

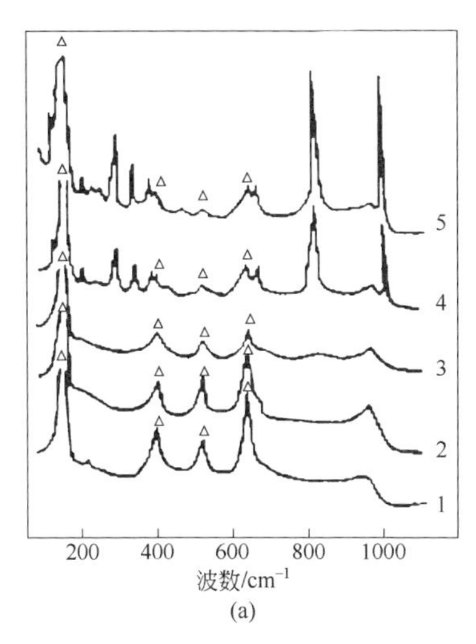

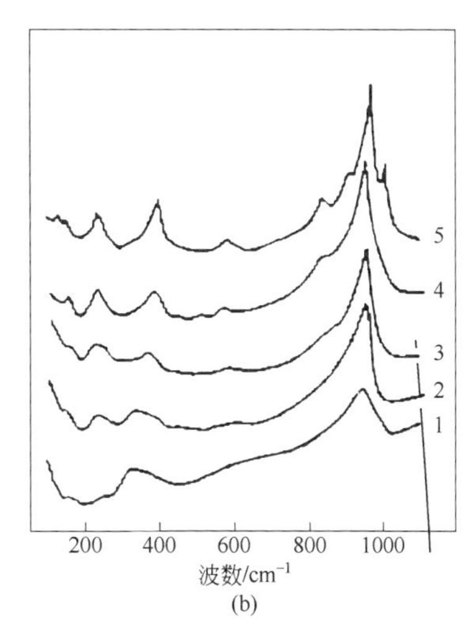

图 3.3　Mo/TiO_2-Al_2O_3（a）和 Mo/Al_2O_3（b）催化剂的拉曼光谱图[75]

MoO_3（%）：1—4；2—8；3—12；4—18；5—24；△为 TiO_2 的特征峰。

3.2.1.3　TiO_2改性的电子效应

Pophal 等[72]通过 XPS 表征手段考察了引入 TiO_2 对活性组分 Mo 还原性能的影响，如图 3.4 所示。通常来讲，高价态金属具有更大的结合能。

单独的 MoO_3 结合能为 236.5eV 和 233.5eV（曲线 A），在不同载体上氧化态的 Mo 催化剂的结合能按由小到大的排列顺序为 MoO_3/Al_2O_3＜MoO_3/TiO_2-Al_2O_3＜MoO_3/TiO_2。硫化后，由于 Mo（Ⅵ）物种减少，MoS_2（H）结合能为 233.0eV($3d_{3/2}$)和 229.9eV($3d_{5/2}$)；不同载体上硫化态 Mo 催化剂的结合能按由小到大排列顺序为 MoO_3/Al_2O_3＜MoO_3/TiO_2-Al_2O_3=MoO_3/TiO_2。同时考察了在不同载体上 Mo 催化剂硫化后 S(2p)/Mo(3d)和 $MoS_2/(MoO_2+MoS_2)$的比例，如表 3.2 所示，发现硫化后不同载体催化剂中 S/Mo 比例为：Al_2O_3＜TiO_2-Al_2O_3＜TiO_2，且随着二氧化钛含量的增加，硫化后催化剂的 S/Mo 比例也逐渐变

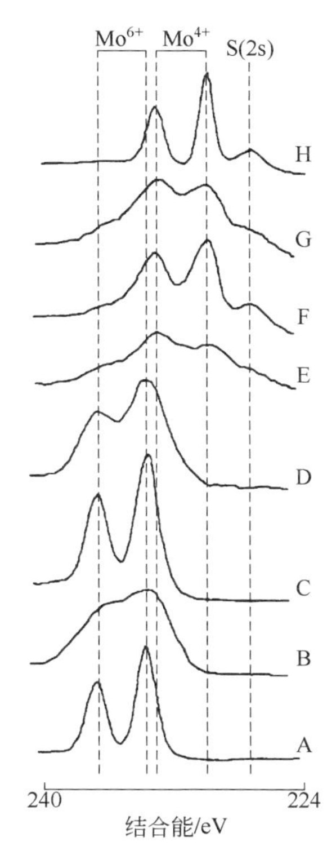

图 3.4　Mo(3d)的 XPS 谱图

A、B、C、D 为氧化态，E、F、G、H 为硫化态
MoO_3（A）；MoO_3/Al_2O_3（B，E）；MoO_3/TiO_2（C，F）；MoO_3/TiO_2-Al_2O_3（10%TiO_2 D，G）；晶体 MoS_2（H）

大。从这些 XPS 表征数据可以看出，在 TiO_2-Al_2O_3 载体上 MoO_3 催化剂的还原性明显高于在 Al_2O_3 载体上的 MoO_3 催化剂。

表 3.2　不同 Mo 催化剂硫化后 Mo(3d)的 XPS 谱数据比较

催化剂	S/Mo	$[MoS_2]^n$
MoO_3/Al_2O_3	1.3	0.63
MoO_3/TiO_2-Al_2O_3（3.54）	1.26	0.63
MoO_3/TiO_2-Al_2O_3（6.05）	1.47	0.68
MoO_3/TiO_2-Al_2O_3（8.85）	1.54	0.71
MoO_3/TiO_2-Al_2O_3（10.2）	1.63	0.71
MoO_3/TiO_2-Al_2O_3（13.22）	1.65	0.79
MoO_3/TiO_2	1.74	0.82

注：Mo 负载量为 6%，括号中的数据为 TiO_2 负载量（%），$[MoS_2]^n$ 为 $MoS_2/(MoO_2+MoS_2)$。

中科院大连化物所、北京大学等研究机构[73,75,76]采用 XPS 表征手段，也都有类似的发现，并指出 TiO_2 对 Al_2O_3 的调变能促进活性金属组分（MoO_3、CuO 等）还原的主要原因是，在还原气氛中，TiO_2 能够生成具有电子传递作用的低价态 Ti（Ⅲ）。见图 3.5。

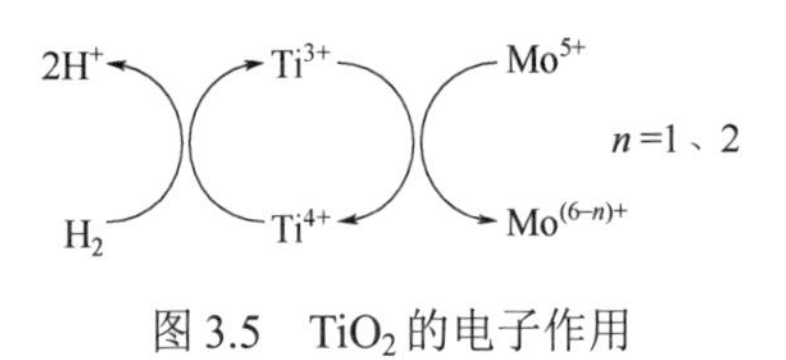

图 3.5　TiO_2 的电子作用

Ramírez 等[77]研究也表明，TiO_2 在加氢反应中可作为一种电子促进剂，可促进电子从载体向 Mo 的 3d 轨道转移，从而能够削弱 Mo—S 键强度，并有助于产生更多的配位不饱和位（CUS），提高催化剂加氢活性。

3.2.1.4　常见 TiO_2 改性方式

TiO_2 改性通常情况下是以类似助剂或者金属离子的方法引入，典型的制备方法有共沉淀法（在 γ-Al_2O_3、铝胶等氧化铝上沉淀 TiO_2）、气相沉积法、浸渍法等。

共沉淀法制备钛改性的氧化铝载体材料借鉴了酸碱中和法制备氧化铝材料中双铝法制备工艺，即十分成熟的硫酸铝-偏铝酸钠生产拟薄水铝石工艺，制备原理基本相同。如采用酸性原料 $Ti(SO_4)_2$、$TiOSO_4$、$TiCl_4$、$AlCl_3$ 和碱性原料 $NH_3 \cdot H_2O$、$(NH_4)_2CO_3$、NaOH 中的一种或几种全部或部分替代硫酸铝和偏铝酸钠原料进行酸碱中和共沉淀反应[78-80]。也有学者引入异丙醇铝、钛酸丁酯等有机金属化合物进行钛改性氧化铝材料的制备[81,82]。针对国内多家催化剂生产厂家的需求，国内较多铝厂都已经具备生产钛改性拟薄水铝石材料的生产技术。工业上较常见的钛改性氧化铝载体材料均为低二氧化钛含量的改性载体材料，制备出的钛改性氧化铝载体材料的总酸量差别不大，主要以 L 酸为主，适用于不同油品的加氢预处理、加氢精制等催化过程并获得较好的效果。

通过沉积或浸渍的方式将含钛的盐类前驱体负载到 γ-Al_2O_3 载体上，以达到引入 TiO_2 对 γ-Al_2O_3 载体进行改性的目的。按照负载的方式不同分为气相沉积法和浸渍法等。通过这种负载方式引入 TiO_2 是为了利用其结构效应和电子效应，提高该改性氧化铝载体制备的催化剂的催化活性。

气相沉积法是一种最为常见的引入 TiO_2 的改性方法，该方法主要采用 $TiCl_4$ 为钛源前驱体，在一定的温度和压力下，用 N_2 为载气携带 $TiCl_4$，以气体形式沉积在 γ-Al_2O_3 上，再经过充分水解-干燥-焙烧，得到钛改性的氧化铝材料。通过气相沉积法引入二氧化钛可形成很明显的 Ti—O—Al 键桥[72]，如图 3.6 所示。该方法制备的改性载体较其他方法制备的载体在加氢脱硫中对 Ni-Mo 系催化剂性能有明显的改善作用[83]。

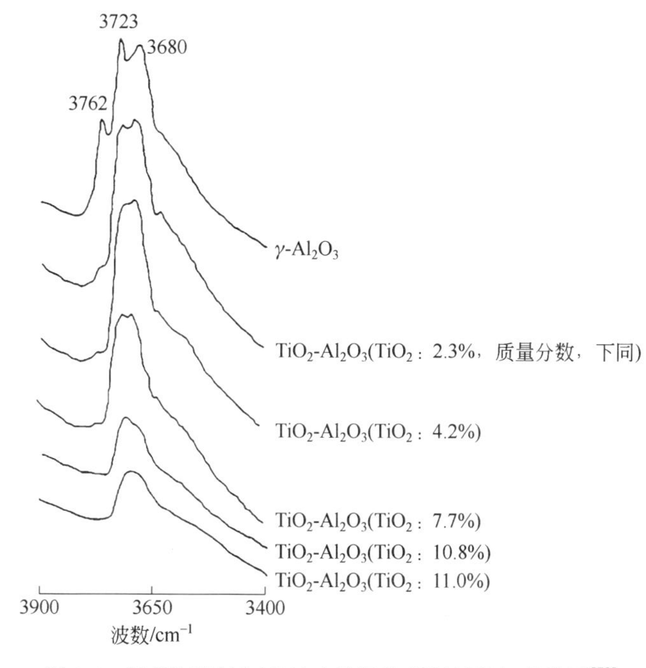

图 3.6　气相沉积法制备钛改性氧化铝材料的红外谱图[72]

浸渍法制备钛改性氧化铝的工艺相对比较简单：将有机、无机钛源按照比例进行溶解，然后在 γ-Al_2O_3 上进行等体积或者过体积浸渍，再经过晾晒-烘干-焙烧得到钛改性氧化铝。然而，当采用无机钛盐作为原料时，在浸渍后阴离子也会存在于氧化铝上。因此，采用浸渍法制备钛改性的氧化铝，通常还需考察阴离子的引入是否会对催化剂性能产生影响。也可使用有机钛源作为原料，通过浸渍的方式制备钛改性氧化铝载体[84]，但生产成本较高。

另外，在氧化铝的成型过程中引入钛也是一种非常简单、有效的钛改性方法，通常用一定比例的拟薄水铝石、黏结剂、扩孔剂和适当比例的偏钛酸或者杂质含量较低的钛胶一起捏合、挤条成型，再经干燥、焙烧处理，得到钛改性氧化铝。这种方法常用于各种含钛催化剂的制备[85,86]。

3.2.2 SiO_2改性对氧化铝物性的影响

SiO_2是最常用的氧化铝改性助剂，它本身几乎没有酸性，但将其作为助剂与 Al_2O_3 结合对 Al_2O_3 进行改性或形成 SiO_2-Al_2O_3 复合氧化物后，可使酸性较弱的 Al_2O_3 表面酸性大幅增强，且有 B 酸生成。除此之外，还可以改善载体与活性金属组分的相互作用。

与 Al_2O_3 材料相比，SiO_2 材料具有比表面积大、与金属活性组分的相互作用较弱的特点，引入 SiO_2 对 Al_2O_3 进行改性，有助于提高活性组分在载体上的分散度。在 Al_2O_3 中引入适量的 SiO_2 能有效减小 Al_2O_3 表面 Al^{3+}，可减弱催化剂中活性组分与载体之间较强的相互作用。

3.2.2.1 SiO_2改性对孔结构的影响

向氧化铝中引入 SiO_2 可以显著增大氧化铝材料的孔容和孔径。Sasol 公司制备的 SiO_2 改性的系列拟薄水铝石材料，随着 SiO_2 含量从 1%增加至 10%，改性材料的孔容及比表面积逐渐增大，如表 3.3 所示。

表 3.3 Sasol 公司 Siral 系列产品比表面积和孔容

物性特征	Siral 1	Siral 5	Siral 10
Al_2O_3/SiO_2	99∶1	95∶5	90∶10
比表面积/（m^2/g）	280	370	400
孔容/（mL/g）	0.50	0.70	0.75

3.2.2.2 SiO_2改性对表面酸性的影响

不同的酸碱催化反应所需要材料的酸性质各不相同：在异构化、氢交换等反应中，催化活性位集中在强酸部位；在正辛烷裂化、丙烯聚合等反应中，催化活性位则集中在较弱的酸性位上；而在脱水反应中，强酸部位和弱酸部位都能起到作用。因此，选择酸强度、分布、种类合适的载体是保证催化剂活性的关键。

通过吡啶-红外分析仪检测到，SiO_2-Al_2O_3 材料中不仅有 L 酸中心，还存在 B 酸中心。

Tanabe 等[87]早在 1974 年就提出了氧化物中 L 酸和 B 酸的产生机理，他们认为，酸性中心是氧化物中的正电荷和负电荷形成的，其中，正电荷形成 L 酸中心，负电荷形成 B 酸中心。有学者认为，二元复合氧化物的酸中心主要在焙烧过程中产生，随着改性氧化物表面结晶水的脱除，产生了质子酸中心。Bokhoven 等[88]提出了一种硅铝材料中可能存在的 B 酸中心结构，为四配位 Al 与 Si 相结合时产生，如图 3.7 所示。Daniell 等[89]通过对 Sasol 公司不同硅含量的硅铝材料进行 CO 探针吸附，并用傅里叶红外光谱仪进行分析，也发现向 γ-Al_2O_3 材料中引入 SiO_2 后可产生更强的 L 酸中心和 B 酸中心活性位，前者的产生是由于 Si^{4+} 在四面体晶格上同晶型取代 Al^{3+} 而形成，而后者的产生则是由于桥羟基团的形成，和 Bokhoven 等的研究结论一致。

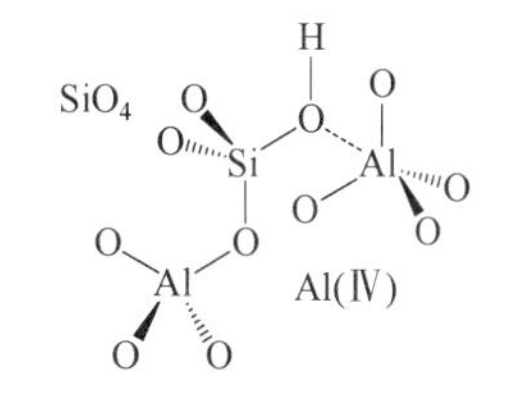

图 3.7　一种 SiO_2-Al_2O_3 材料中存在的 B 酸中心结构特征

3.2.2.3　常见 SiO_2 改性方式

SiO_2 的改性主要是指在拟薄水铝石的制备或者成型过程中引入硅源制得硅改性氧化铝材料。通常情况下，采用这种方式引入 SiO_2 是为了实现在拟薄水铝石中引入 B 酸或者进行弱酸/中强酸的酸量调节等目的，以提高使用该载体制备催化剂的活性。在拟薄水铝石的制备过程中引入 SiO_2，可以在老化过程中引入硅酸钠等无机盐作为硅源，或者在老化前引入。由于在老化前拟薄水铝石的孔道结构已经形成，所以无论是在老化前还是老化过程中引入，硅酸钠等无机盐均容易以胶团的形式与拟薄水铝石接触，造成 SiO_2 和 Al_2O_3 的接触较不均匀，从而影响 SiO_2-Al_2O_3 材料的表面性质。为此，引入 SiO_2 进行改性的方式，大多在成型过程中引入，即将拟薄水铝石和无定形硅铝进行混捏、成型，或者对市售拟薄水铝石进行处理后成型。

郑金玉等[90]通过酸催化反应使正硅酸乙酯（TEOS）在拟薄水铝石上发生水解，实现了对氧化铝材料的硅改性。同时发现，这种改性方式能使氧化铝材料的相对结晶度降低，形成部分 Si—O—Al 键。但是由于 TEOS 会在氧化铝表面富集，造成表面 SiO_2 含量偏高，而相对结晶度低的拟薄水铝石由于其结构中存在缺陷，能使硅的改性更加充分，在表面和体相中均形成 Si—O—Al 键，其推测的氧化铝材料硅改性原理示意图如图 3.8 所示，这种方式的改性也能形成一定的 B 酸中心，且同时能提高材料中的总酸量。

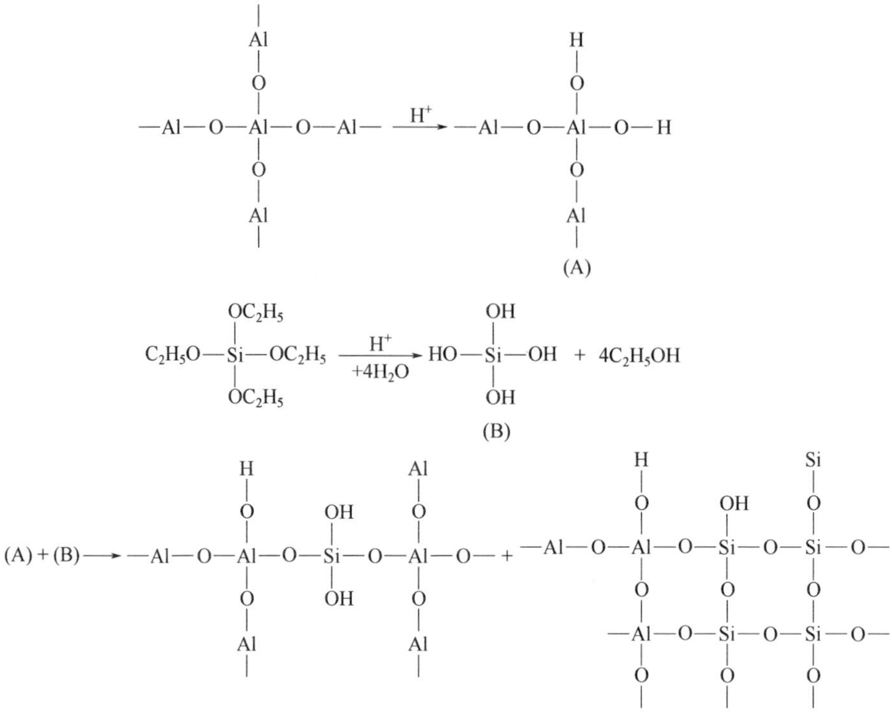

图 3.8　氧化铝材料 SiO_2 改性反应原理示意图

中石油化工研究院兰州化工研究中心研究发现，在重整预加氢催化剂载体成型过程中采用无定形硅铝对氧化铝进行改性[91,92]，可以显著提高载体及催化剂的比表面积和表面酸性，且硅改性氧化铝载体制备的催化剂，其加氢脱硫活性也得到了明显提高。

3.2.3　其他改性对氧化铝物性的影响

为了改善氧化铝的热稳定性、机械强度、孔结构、表面性质，常用的无机化合物改性还包括氧化镁改性、稀土氧化物改性、氧化钡改性、硼酸改性、磷酸改性、表面活性剂改性、炭黑改性及分子筛改性等。

3.2.3.1　稀土氧化物改性

氧化铝有至少八种晶型，这些同质异晶体，有些呈分散相，有些呈过渡态。但当温度高于 1200℃，它们又都转变为同一种稳定的最终产物 α-Al_2O_3。在催化领域，为了提高活性氧化铝的热稳定性和催化活性，就需要抑制氧化铝在高温下的相转变。稀土元素具有特殊的外层电子分布、较大的离子半径、较高的熔点及较高的化学活性等性能，少量加入氧化铝中就可以显著提高氧化铝的热稳定性。因此，经常在氧化铝前驱体或活性氧化铝中添加稀土金属氧化物来提高氧化铝的热稳定性。Oudet 等[93,94]提出了一种稀土金属氧化物提高氧化铝热稳定性的模型，他们认为，加入氧化铝中的稀土金属氧化物与氧化铝反应，生成的钙钛矿型复合氧化物 $LnAlO_3$（Ln=La，Pr，Nd）可以提高氧化铝的稳定性。Schaper 等[95,96]等研究发现，在氧化铝中引入 La^{3+}，高温下镧的氧化物与氧化铝反应，在氧化铝表面形成 $LaAlO_3$ 层，并覆盖在其表面，可以在一定程度上保护四面体铝向稳定态氧化铝的转化，抑制 γ-Al_2O_3 因表面 Al^{3+}的扩散而引起的烧结和相变，从而提高氧化铝在高温下的热稳定性。研究发现，大部分的稀土元素对氧化铝的结构均有稳定作用，尽管改性的机理或有不同，但总的来看，La 的改性效果最好，Yb、Sm、Y、Gd 等次之，Ce 的效果最差，这一顺序基本上与稀土元素的离子半径大小顺序相一致。

稀土金属氧化物改性氧化铝研究表明，要根据具体需要，选择合适的稀土元素、合适的添加量和合适的添加方式。目前，稀土金属氧化物改性可以在氧化铝载体制备过程中加入，也可以在氧化铝载体制备完成后进行改性，如通过浸渍改性或者通过涂覆改性等。

3.2.3.2 磷改性

磷作为加氢催化剂的重要助剂，可以改善催化剂的表面电化学性质和表面酸性，降低催化剂上的积炭速率，有利于催化剂的长周期稳定运行。在氧化铝中引入磷，不仅可以改变加氢催化剂的活性，还可以改变载体的孔结构、表面酸性以及提高其热稳定性。磷的作用包括改善活性组分的分散度，调变酸性质，减弱金属与载体之间的相互作用，以及增加活性相堆叠层数，形成更多Ⅱ类活性中心等[97]。磷酸与 γ-Al_2O_3 载体表面铝羟基的相互作用见图 3.9，磷主要以 $AlPO_4$ 的形式存在于氧化铝表面。载体表面的强酸量随磷含量的增加而逐渐降低；弱酸量随磷含量的增加呈现先减少后增加的趋势；中强酸量先增加而后逐渐减少。

赵琰[98]研究了硫酸法制备氢氧化铝干胶时磷改性剂对氧化铝孔结构的影响，发现加入磷酸和磷酸盐可对氧化铝起到扩孔的作用。刘铁斌等[99]研究了不同含磷物种对氧化铝性质的影响，发现在合成拟薄水铝石过程中适当引入助剂磷，能够制备出大孔容、大孔径的拟薄水铝石。磷改性拟薄水铝石的孔容、孔径与磷源前驱物的分子结构有关，其中，以单斜晶系晶体的磷酸氢二铵为磷源合成的拟薄水铝石的孔容、孔径最大，而以磷酸二氢铵为磷源的拟薄水铝石耐高温性能最强，酸性最高。

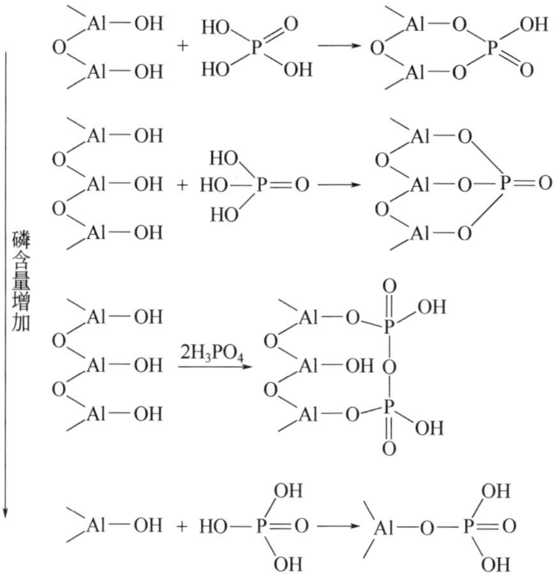

图 3.9　磷酸与 γ-Al_2O_3 载体表面铝羟基的相互作用[97]

3.2.3.3　分子筛改性

分子筛具有规整的晶体结构、尺寸均匀的微孔结构、巨大的比表面积、平衡骨架负电荷的阳离子可被一些具有催化特性的金属离子所交换以及可能存在于晶体结构的非骨架组分等特殊的结构性质，使得分子筛成为有效的催化剂及催化剂载体。相对于分子筛，氧化铝作为催化剂载体的重要组分之一，具有高比表面积、大孔容和孔径分布更宽的特性。将分子筛嵌入氧化铝结构中，该载体制备的催化剂可发挥更佳的催化性能。中海油天津院南军等[100]研究发现，在拟薄水铝石中引入分子筛后，制备的载体负载 Ni、Mo 等活性组分后，制得的加氢催化剂具有更高的酸量和酸强度，调变了载体表面的羟基分布，削弱了载体与活性金属之间的作用力，提高了催化剂的催化活性。分子筛类型不同，其对催化剂的酸性与金属形貌影响程度也有所差异。

3.2.3.4　硼改性

硼对 Al_2O_3 载体的影响主要体现在两个方面[101]：①降低催化剂的强酸中心数量，增加弱酸和中强酸中心数量；②改变 Al_2O_3 载体的结构和形貌，影响活性组分在载体上的分散和堆垛情况。Kibar 等[102]研究了 B 改性 Al_2O_3 载体的结构性质变化，其中以硼酸为硼源分别制备了 B_2O_3 质量分数为 1%、3%、5%的改性 Al_2O_3 催化剂，结果表明，四硼酸根离子的存在能够形成更多的纳米尺寸颗粒，从而生成更多高比表面积且孔径分布集中在 7～12nm 的介孔含硼 Al_2O_3，这一孔径分布对重质油中氮化合物分子的加氢脱氮反应更加有利（见 6.2.2 节）。另有研究显示[103]，B 改性的 Al_2O_3 载体可提高催化剂的酸性，尤其是中强酸中心数量，同时也提高了活性金属组分的硫化度。

另外，氧化钡、氢氟酸、矾土水泥、表面活性剂、炭黑、环氧树脂和酚醛树脂等都可用于改善氧化铝的热稳定性及孔结构，本章就不再一一介绍。

3.3 氧化铝基复合材料

随着向氧化铝材料中引入改性元素含量的进一步增加，掺杂后氧化铝材料的结构将会发生变化，形成新的复合氧化物结构。较常见的氧化铝基复合氧化物材料有无定形硅铝、镁铝水滑石、分子筛材料等。其中，分子筛材料具有规整的晶体结构、尺寸均匀的微孔结构、大的比表面积以及平衡骨架的阳离子的可被交换性等特点，使得分子筛成为一种有效的催化剂及催化剂载体，尤其在择形催化和酸催化剂中起着重要作用。分子筛材料的种类、命名、结构组成、合成方法、性质等均有相关书籍介绍，本书不再赘述。本章节主要介绍无定形硅铝和镁铝水滑石等材料。

3.3.1 无定形硅铝复合氧化物

无定形硅铝又称硅酸铝，是由 Al_2O_3 和 SiO_2 相结合而形成的复合氧化物，含有少量的结合水。在无定形硅铝中，Si 通常情况下呈+4 价，与 4 个 O 原子相结合，如 3.2.2.2 节所述，由 Si 四面体和 Al 四面体互相连接而形成，其表面也存在着 B 酸和 L 酸，L 酸吸水后能转化为 B 酸中心。正是这种性质，含有无定形硅铝的载体在高温下可以提供质子，成为原料油能不断发生裂化反应的条件。

无定形硅铝是一种具有非晶状结构的无定形的复合材料。当其中 Al_2O_3 含量较高时，通过 XRD 检测分析显示，晶相为拟薄水铝石；当其中 SiO_2 含量较高时，通过 XRD 检测分析显示，晶相呈现为无定形 SiO_2。无定形硅铝从表面结构看，酸中心都位于 Al 的部位，是主要的活性中心，Si 起使 Al 均匀分散的作用。

无定形硅铝材料具有较大的孔容，较强的表面酸性，较好的抗积炭和抗烧结性能，并且在较宽的温度处理范围内具有较强的热稳定性[104]，作为固体酸催化剂、催化剂载体等已经广泛应用于加氢处理等催化反应，发挥着越来越重要的作用。一般对于加氢裂化反应来说，无定形硅铝材料的比表面积越大，酸性越高，催化剂的活性越好。

3.3.1.1 无定形硅铝的结构及性质

对于无定形硅铝材料，硅和铝之间界面性质及催化活性位的原子结构等一直存在争论。

瑞士学者 Bokhoven 等[88]认为，分子态的铝和硅源前驱体分别优先嫁接以形成四配位的 Al（Ⅳ）和 Si（Ⅳ）界面态。在 Al_2O_3/SiO_2 界面，铝和硅优先以四配位的形态经氧桥键相结合。随着硅铝材料中的 Al 含量的提高，界面结合形态更接近八面体 Al 的形态，如图 3.10 所示。肖丽萍等[104]的研究也表明，当 Al 含量达到 80%以后，才会出现六配位的 Al 原子。

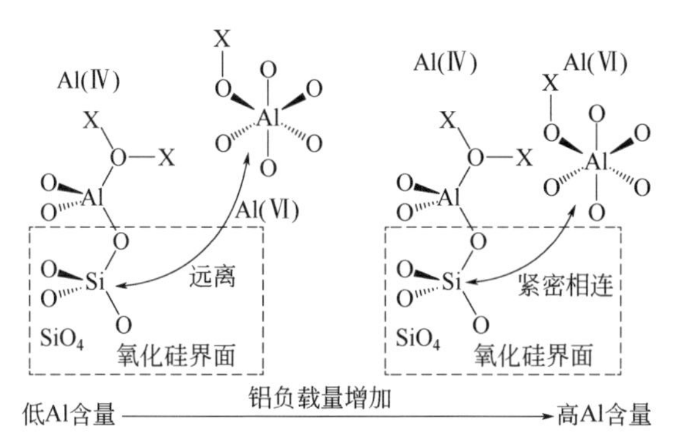

图 3.10 Al_2O_3/SiO_2 界面结合方式（其中 X 为 Al、Si 或 H[104]）

Leonard 等[105]的研究认为，较低 Al_2O_3 含量的硅铝材料中，主要存在的是四配位的 Al 四面体结构（图 3.11 结构 A），随着 Al 含量的增加，Al（Ⅳ）的数量减少，当 Al 含量增加到 30%左右时，开始出现由四配位的 Al 四面体结构向六配位的 Al 八面体转变，如图 3.11 结构 C 所示，脱水后转变为结构 D。

在 SiO_2/Al_2O_3 界面，Si 无论与 Al（Ⅳ）、Al（Ⅴ）还是 Al（Ⅵ）结合，都主要以四配位的形态相结合，并且随着硅铝材料中的 Si 含量的提高，界面结合方式不发生变化，如图 3.12 所示。

近些年，有学者[106]通过对制备工艺的改进，在硅铝材料中制备出五配位的 Al（Ⅴ）物种，并发现复合材料中五配位的 Al（Ⅴ）物种越多，其 B 酸含量越大。

Sasol 公司制备不同含量的 Siral SiO_2-Al_2O_3 系列材料时，改变硅含量，可制备出含 SiO_2 质量分数为 1%～70%的产品。由表 3.4 可以看出，随着 SiO_2 含量从 10%增加至 40%，孔容及比表面积增大；但当 SiO_2 含量＞40%时，孔容继续增大，但比表面积开始下降，如表 3.4 所示。

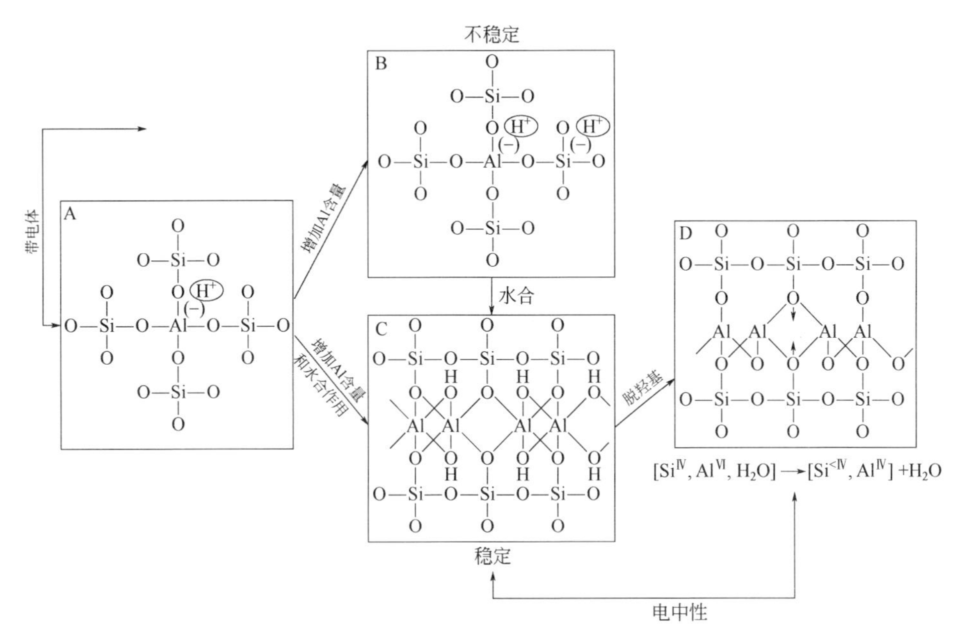

图 3.11　SiO_2-Al_2O_3 材料中 Al 的化学环境[105]

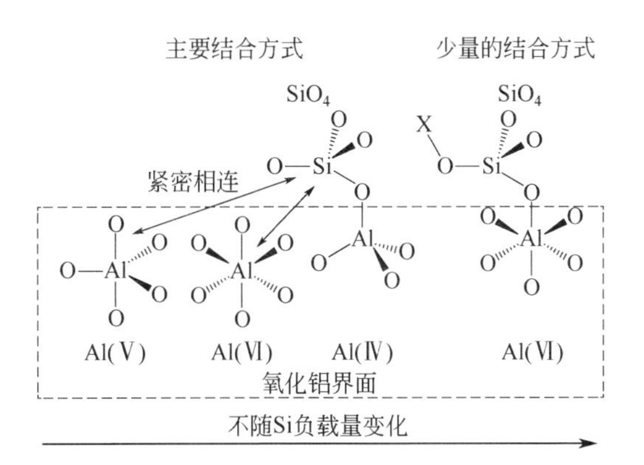

图 3.12　SiO_2/Al_2O_3 界面结合方式（其中 X 为 Al、Si 或 H[105]）

表 3.4　Sasol 公司 Siral 系列产品比表面积和孔容

物性特征	Siral 10	Siral 20	Siral 30	Siral 40	Siral 70
（Al_2O_3/SiO_2）/%	90：10	80：20	70：30	60：40	30：70
比表面积/（m^2/g）	400	420	470	500	360
孔容/（mL/g）	0.75	0.75	0.8	0.9	1.2

中海油天津院开发出系列不同含量的 SiO_2-Al_2O_3 材料，SiO_2 质量分数从 20%～85%可控，如表 3.5 所示。

表 3.5 中海油天津院 SA 系列样品比表面积和孔容

物性特征	SA 20	SA 35	SA 40	SA 50	SA 65	SA 85
（Al_2O_3/SiO_2）/%	80∶20	65∶35	60∶40	50∶50	35∶65	15∶85
比表面积/（m^2/g）	410	430	450	420	380	350
孔容/（mL/g）	1.00	1.05	1.05	1.10	1.15	1.30

从表 3.5 中可以发现相同的规律：随着 SiO_2 含量从 20%增加至 40%，孔容及比表面积增大；但当 SiO_2 含量高于 40%时，孔容继续增大，比表面积开始下降。

Sasol 对其不同硅含量的硅铝系列产品进行检测分析，发现 SiO_2 含量在 30%～40%之间的硅铝材料中 B 酸含量最高；SiO_2 含量在 5%～10%之间的硅铝材料中 B 酸+L 酸和 L 酸的含量最高。采用 NH_3 程序升温脱附（NH_3-TPD）实验来表征其 Siral 系列硅铝材料的酸性，发现硅含量为 5%～10%的材料的总酸量最高。Daniell 等[89]对 Sasol 公司不同硅含量的硅铝材料进行研究发现，硅含量为 40%的材料的 B 酸和 L 酸总酸量最大，如图 3.13 所示。

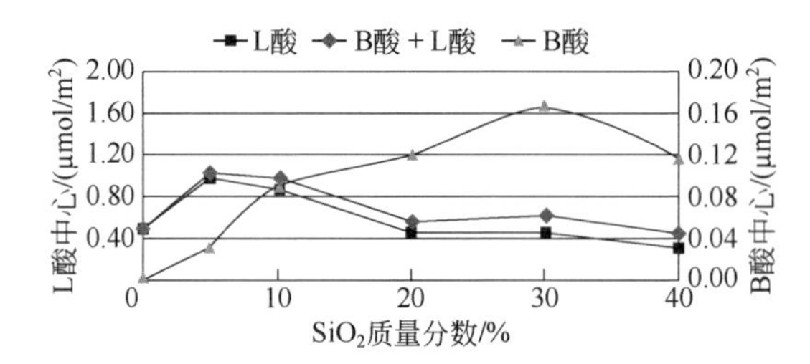

图 3.13 Sasol 公司 Siral 系列产品的吡啶-红外表征[89]

采用 NH_3-TPD 对中海油天津院的系列 SA 产品进行研究表明，硅含量为 20%～35%的材料总酸量最高，所有样品在 200℃处都有一个较强的弱酸中心的脱附峰，仅硅含量为 65%的样品在大于 300℃处还有一个较宽的强酸中心的脱附峰，详见图 3.14 和表 3.6。

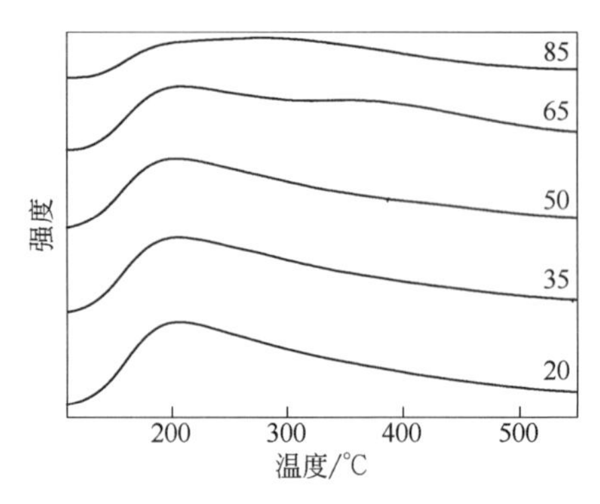

图 3.14 SA 系列硅铝产品的 NH_3-TPD 表征

表 3.6　SA 系列硅铝产品表面酸量分布

编号	脱附温度/℃	酸量/（mmol/g）
20	204.9	0.67
35	204.3	0.72
50	201.0	0.67
65	205.6（315.3）	0.40（0.21）
85	278.3	0.48

3.3.1.2　无定形硅铝的常见制备方法

无定形硅铝材料最典型的制备方法有溶胶凝胶法和沉淀法等。

（1）溶胶凝胶法

溶胶凝胶法是合成硅铝复合材料最经典的方法。它采用水解、缩聚等方式制备硅铝凝胶，再通过后续的热处理、老化等步骤制备物理化学性质在一定范围内可调变的硅铝复合氧化物，也称无定形硅铝或硅酸铝。金属醇盐热处理-水解-缩聚和无机盐-滴加-水解-缩聚为当前溶胶凝胶法制备无定形硅铝材料最常采用的工艺途径，其中水解反应和缩聚反应则是溶胶凝胶法中最核心的两大主要反应。

① 水解反应。在水解反应过程中，反应物在不同的处理条件下，水解成为氢氧化物或含羟基的金属醇化物：

$$(OR)_{n-2}—M—OR+HOH \longrightarrow (OR)_{n-1}—M—OH+ROH \qquad (3.1)$$

M 为金属元素，n 为 M 元素的化学价，R 为烷基或 H。水解机理即水中的 O 原子对金属原子的亲核取代。

② 缩聚反应。水解后的单体再经过缩聚反应会形成以氧桥键连接的长链，缩聚反应有失水缩聚和失醇缩聚：

失水缩聚：$—M—OH+OH—M— \longrightarrow —M—O—M—+H_2O \qquad (3.2)$

失醇缩聚：$—M—OR+OH—M— \longrightarrow —M—O—M—+ROH \qquad (3.3)$

M 为金属元素，R 为烷基或 H。长链之间可以互相交联，形成二维或者三维网状结构。一般情况下，水解反应和缩聚反应是交织在一起发生的，可通过改变制备条件来控制反应速率。

在溶胶凝胶合成体系中，湿凝胶在凝胶形成和老化过程中水解或者聚合的是否完全，会直接影响所得的湿凝胶骨架交联程度。骨架强度较高的硅铝凝胶在干燥和焙烧过程中，由于溶剂挥发产生的巨大内应力造成的凝胶骨架发生收缩和变形程度相对较小，最终材料骨架的孔容保持率较高，孔容相对更大。在碱性条件下进行硅铝材料的老化，更有利于合成出孔容相对较大的材料。对这种孔结构的变化规律一般有两种解释[107]：①随着酸碱中和或者水解反应的进行，凝胶骨架逐渐致密化，最终形成强度较高的凝胶骨架，在随后的热处理过程中能够更好地抵抗干燥应力和焙烧应力，孔容能更多地保留下来；②凝胶在碱性环境下老化，凝胶骨架更容易发生溶解-再沉淀过程：微小颗粒的溶解度要比大颗粒的大，造成物质会由小颗粒转移到大颗粒表面上，使沉淀粒子成长，从而缩小网架结构，粒子间的结合更加牢固，凝胶骨架强度得到加强，这一过程又称 Ostwald 老化。

采用溶胶凝胶法制备的硅铝材料，由于在水凝胶中发生脱水缩合的同时分子会均匀重排，Si 和 Al 之间均以原子形式结合，复合均匀，体现在复合材料的晶相以较高含量的氧化物为主。图 3.15 为不同硅含量的硅铝复合氧化物的 XRD 图。从图中可以看出，高铝含量的复合氧化物以拟薄水铝石的特征衍射峰为主。随着硅含量提高，拟薄水铝石晶相的衍射峰逐渐减弱，晶相逐渐向无定形 SiO_2 转变。

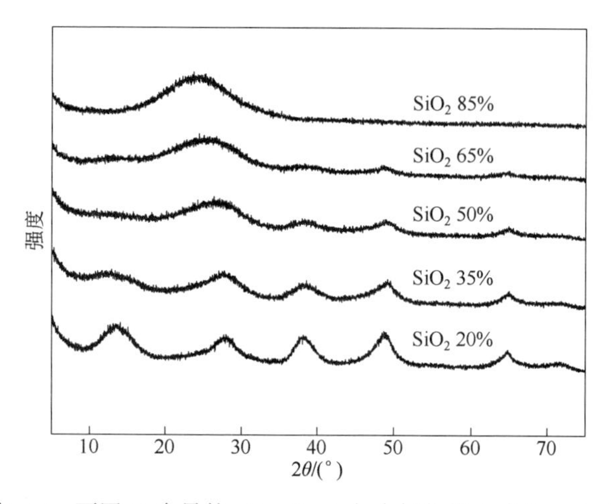

图 3.15　不同 Si 含量的 SiO_2-Al_2O_3 复合氧化物干胶的 XRD 图

硅铝复合氧化物经焙烧后，拟薄水铝石晶相转变为 γ-Al_2O_3，无定形 SiO_2 焙烧后晶相不发生变化，焙烧后的硅铝材料的 XRD 图如图 3.16 所示。

Toba 等[108]比较了不同方法制备硅铝材料的物化性质，发现溶胶凝胶过程形成的硅铝材料更容易形成 Al—O—Si 结构，硅铝复合得更均匀，且有更高的酸量。

Lopez 等[109]对金属醇盐水解法制无定形硅铝材料做了大量研究，典型的合成路线为：以正硅酸乙酯、叔丁醇铝、乙醇和水的混合体系水解、老化制备大比表面积的无定形硅铝材料，如表 3.7 所示。

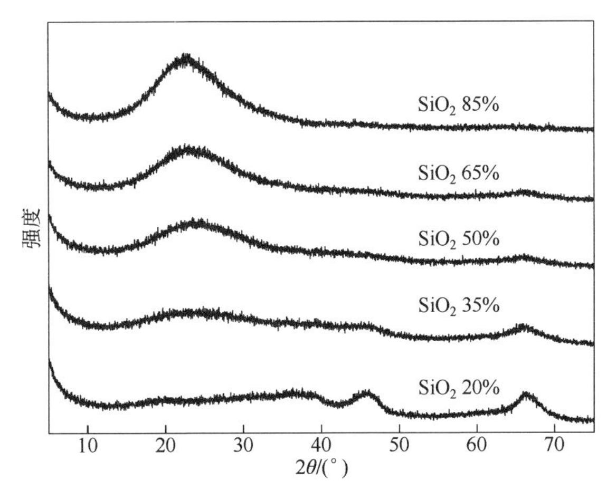

图 3.16 焙烧后不同 Si 含量的 SiO_2-Al_2O_3 复合氧化物的 XRD 图

表 3.7 不同混合比对复合氧化物比表面积的影响

样品	H_2O /mol	叔丁醇铝 /mol	Al_2O_3 /%	温度 /℃	比表面积 /（m^2/g）
SiAl-0	0.05	0.019	—	—	—
SiAl-1	1.36	0.039	16	70	665
SiAl-2	1.36	0.058	24	70	533
SiAl-3	1.36	0.078	32	70	401
SiAl-4	0.27	0.019	8	70	783
SiAl-5	0.55	0.019	8	70	621
SiAl-6	1.36	0.019	8	70	501

金属醇盐水解制备的硅铝材料具有较高的比表面积。随着水量的增加，更容易形成具有羟基结构（Al—OH 和 Si—OH）的中间体，这是因为水作为一个反应物在水解过程中起凝结作用，脱水后颗粒较小，比表面积较大；相反，少量的水形成的凝胶分子则趋向于形成线型的多孔结构，脱水后比表面积大。Pozarnsky 等[110]在仲丁醇铝和正硅酸乙酯混合水解的过程中发现，在水量较低时，Al 被四个 Si—O—基团保护，前驱体中的硅羟基优先发生缩聚，延缓了铝的配位、膨胀和成胶；当水含量较高时，铝被硅羟基进攻时配位膨胀加快，可能会导致凝胶不均匀。

相比于金属醇盐水解溶胶-凝胶法制备的硅铝材料，采用无机盐为原料经溶胶-凝胶过程制备的硅铝材料制备成本要更低。与金属醇盐水解法相比，其最主要的差别则是增加了杂质离子的去除步骤。Snel[111]以无机金属盐水玻璃为原料，采用溶胶-凝胶法制备硅铝材料，发现硅铝材料中杂质钠离子的含量越高，其比表面积下降越多，平均孔径相应变大。但是，当钠离子质量含量低

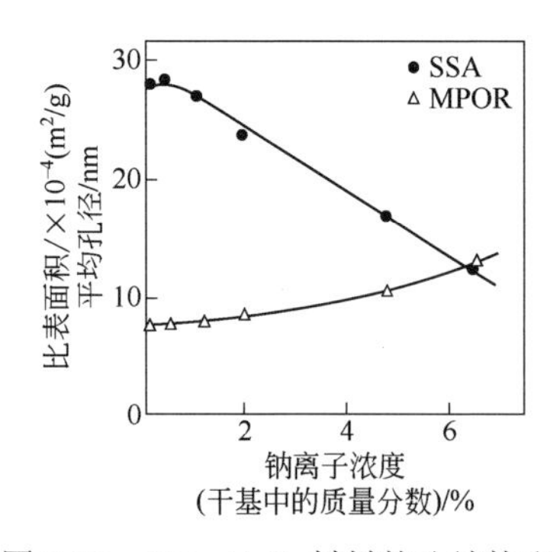

图 3.17　SiO_2-Al_2O_3 材料的孔结构和杂质钠离子浓度变化曲线[111]

（SSA 表示比表面积；MPOR 表示平均孔径）

于 0.5%时，这种下降趋势可以忽略不计，如图 3.17 所示。

Snel[111]的研究还表明，这种溶胶-凝胶缩合反应是一种分子内和分子间一次重排，其反应速率受体系 pH 值影响很大，体系 pH 值越高，反应速率越快。Reymond 等[112]详细考察了成胶 pH 值和滴加时间对硅铝材料孔结构的影响（表 3.8），发现相比于一次性投入的加料方式而言，采用滴加的加料方式，成胶 pH 值较高时，随着加料时间的延长，硅铝材料的平均孔径提高；成胶 pH 值较低时，硅铝材料的比表面积更高。成胶时间在 600s 时，制备的硅铝材料的孔容相对较大，且成胶时间不宜超过 600s。

表 3.8　成胶时间和 pH 值对硅铝材料孔结构的影响规律

成胶 pH 值	反应物添加时间 /s	比表面积 /（m^2/g）	孔容 /（mL/g）（p/p_0=0.95）	平均孔径 /nm
9.5	30（一次投入）	448	0.552	4.7
	30	487	0.681	5.7
	300	479	0.1008	10.6
	600	461	0.845	11.4
	1200	462	0.985	12.2
	1800	411	0.970	12.3
5.5	30	597	0.889	6.6
	300	599	0.900	9.6
	600	565	0.936	12.1
	1200	539	0.903	9.6
	1800	612	0.858	6.8

（2）沉淀法

沉淀法是制备复合氧化物最常采用的方法，其工艺较为简单。通常谈到的共沉淀法、分步沉淀法以及碳化法其本质均可归结为沉淀法。

共沉淀法是将含铝溶液与含硅溶液直接进行混合沉淀，再经老化、洗涤、干燥等工序制备出硅铝复合氧化物。与无机盐溶胶凝胶法制备硅铝复合氧化物的过程不同，共沉淀法不经过溶胶-凝胶过程，因而这种方法会存在本相滞留问题，其 XRD 衍射峰中会同时出现无定形 SiO_2 和拟薄水铝石的衍射峰，使 SiO_2 对 Al_2O_3 的促进作用不能得到充分发挥。该方法适合高铝含量 SiO_2-Al_2O_3 复合材料的制备。

分步沉淀法是当前国内生产厂家较多采用的硅铝复合氧化物的制备方法，主要过程是先制备 SiO_2 凝胶，再将氧化铝以水合物的形式沉淀到 SiO_2 凝胶中，形成硅铝凝胶，然后经老化、洗涤、干燥后得到硅铝复合氧化物。与共沉淀法相比，分步沉淀法制备硅铝材料的工艺相对复杂，但是也明显克服了共沉淀法的缺点，优化了硅铝材料物化性质（孔结构、酸量、酸强度等），尤其适合高硅含量 SiO_2-Al_2O_3 复合材料的制备。

碳化法制备硅铝复合氧化物从机理上看也是沉淀法中的一种，通常是往碱性铝酸盐中通入 CO_2 发生沉淀反应，反应过程中引入 SiO_2，生成硅铝沉淀，再经过老化、洗涤、干燥后，得到硅铝复合氧化物。碳化法工艺路线简单，对设备要求低，缺点是反应物浓度较低，使得产品产率较低。中石化抚顺石油研究院[113]对碳化法制备无定形硅铝材料做过较全面的研究，发现滴加顺序、pH 值、反应温度、老化时间等均对复合氧化物的孔结构及比表面积等产生影响。

3.3.2 镁铝水滑石复合氧化物

水滑石复合氧化物又叫层状双金属氢氧化物（layered double hydrotalcites，LDHs），是一类具有层状结构的阴离子黏土，包括水滑石（hydrotalcite，HT）和类水滑石（hydrotalcite-like compounds，HTLCs）。水滑石最早于 1842 年由瑞典 Circa 发现，属于一种双羟基金属氧化物，而且也是一种比较典型的阴离子型层状化合物。由于其具有比较特殊的层状结构，使得其具有了碱性、阴离子可交换性、微孔结构及一些特殊性能[114]。水滑石复合氧化物具有酸碱双中心，且其层间距可通过离子交换进行控制，故层内空间对目标反应表现出优异的选择性催化作用，可作为加氢、重整、裂解、缩聚、加聚及醇类转化等许多有机反应的催化剂。此外，焙烧的或未焙烧的水滑石类阴离子黏土可作为催化剂载体，使其担载的催化材料具有更高的催化活性和选择性。镁铝水滑石材料已经规模化应用于重油加氢催化剂、催化裂化助剂、固体碱催化剂、污染物催化降解[115]等领域，表现出优异的催化特性。

3.3.2.1 镁铝水滑石的结构

镁铝水滑石是一类典型的水滑石化合物，它是由带正电荷的 Mg^{2+}和 Al^{3+}的复合氢氧化物及层间填充带负电荷的阴离子构成的层柱状化合物，典型的化学式为$[Mg_6Al_2(OH)_{16}CO_3]\cdot 4H_2O$。其结构非常类似于水镁石$[Mg(OH)_2]$，由 MgO_6 八面体共用棱形成单元层，位于层上的 Mg^{2+}可在一定的范围内被半径相

似的 Al^{3+}同晶取代，使得 Mg、Al、OH 离子层带正电荷，这些正电荷被位于层间的CO_3^{2-}中和，CO_3^{2-}与层板以静电引力及通过层间 H_2O 或层板上的 OH，以氢键 OH……An……HO 的方式结合起来，使 LDHs 结构保持电中性[116]，如图 3.18 所示。

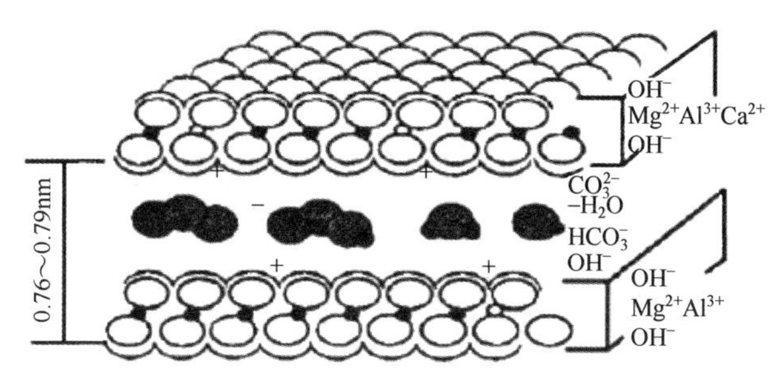

图 3.18　镁铝水滑石的层状结构示意图[116]

3.3.2.2　镁铝水滑石的性质

① 特殊的层状结构。水滑石晶体场严重不对称，阳离子在层板上的晶格中，阴离子不在晶格中，而在晶格外的层间。水滑石层间阴离子具有可交换性，因而层间阴离子可与各种阴离子进行交换，包括无机离子、有机离子、同多离子和杂多离子，从而获得多种具有不同层间距和特殊性能的柱撑水滑石。镁铝水滑石阴离子的交换能力与其层间阴离子种类有关。

② 表面弱碱弱酸性。水滑石的分解产物中存在酸碱中心，故可用作酸碱催化剂。镁铝水滑石类层状化合物的层板由镁氧八面体和铝氧八面体组成，二价金属氢氧化物有较强的碱性，三价金属氢氧化物有较弱的酸性，层间阴离子为弱酸酸根，导致整个水滑石分子呈碱性。碱性位可与其他化合物反应接枝，改变其化学或物理性质，赋予水滑石以新的性能。镁铝水滑石比表面积（5～20m^2/g）较小，表观碱性较小，其较强的碱性往往在其焙烧产物中表现出来。经焙烧的产物一般具有较高的比表面积（200～300m^2/g），三种强度不同的碱中心和不同的酸中心，其结构中碱中心充分暴露，使其具有比水滑石更强的碱性。焙烧后的镁铝混合氧化物碱性介于 MgO 与 Al_2O_3之间，同时具有弱酸性质，这个特性对同时需要酸碱中心的反应很重要[117]。镁铝水滑石的酸性不仅与层板上金属离子的酸性有关，而且还与层间阴离子有关。总体来讲，镁铝水滑石为弱碱性化合物，在碱性环境下比酸性环境下稳定。

③ 组成和结构的可调变性。水滑石类化合物其主体层板的元素种类及组成比例、层间阴离子的种类及数量、二维孔道结构可以根据需要在宽范围调变，从而获得具有特殊结构和性能的材料。LDHs 组成和结构的可调变性以及由此

所导致的多功能性，使 LDHs 成为一类极具研究潜力和应用前景的新型材料。

④ 记忆效应。在一定温度下将焙烧一定时间得到的水滑石样品加入含某种阴离子的溶液中，就可部分恢复到原来的有序层状结构，这就是水滑石的记忆效应。一般当焙烧温度超过 600℃后，焙烧产物就无法恢复到原来的水滑石结构。以镁铝水滑石为例，温度在 500℃内的焙烧产物接触到水以后，其结构可以部分恢复到具有有序层状结构的水滑石；当焙烧温度在 600℃以上时生成具有尖晶石结构的焙烧产物，则导致结构无法恢复。

⑤ 阻燃性能。水滑石在受热时，其结构水和层板羟基及层间离子以水和 CO_2 的形式脱出，起到降低燃烧气体温度、阻隔 O_2 的阻燃作用[118]。水滑石的结构水、层板羟基以及层间离子在不同的温度内脱离层板，从而可在较低的温度范围（200～800℃）内释放阻燃物质。在阻燃过程中，吸热量大，有利于降低燃烧时产生的高温。

3.3.2.3 镁铝水滑石的常见制备方法

常见的制备镁铝水滑石的方法包括：共沉淀法、水热合成法和离子交换法等[119]。

（1）共沉淀法

共沉淀法是合成镁铝水滑石最常用的方法，工艺简单，易于操作，在国内外得到了广泛的应用。早在 1942 年，Feitknecht 等首先用这种方法制备了水滑石，典型的制备流程见图 3.19。在一定温度和 pH 值下，将可溶性铝盐和镁盐的混合溶液与碱液或碳酸盐溶液混合，反应生成胶状沉淀物，然后静置、晶化、过滤、洗涤得到目标产物。其中碱液采用氢氧化钾、氢氧化钠、氨水等，碳酸盐采用碳酸钠、碳酸钾等，金属盐采用硫酸盐、硝酸盐、氯化物等，也可用尿素代替碱和碳酸盐。共沉淀的基本条件是达到过饱和条件，通常采用 pH 值调节法，沉淀反应时 pH 值必须高于或至少等于最可溶金属氢氧化物沉淀的 pH 值。根据具体的实施手段不同，共沉淀法又可分为低过饱和度法（又称恒定 pH 值法或双滴法）和高过饱和度法（又称变化 pH 值法或单滴法）[120]。

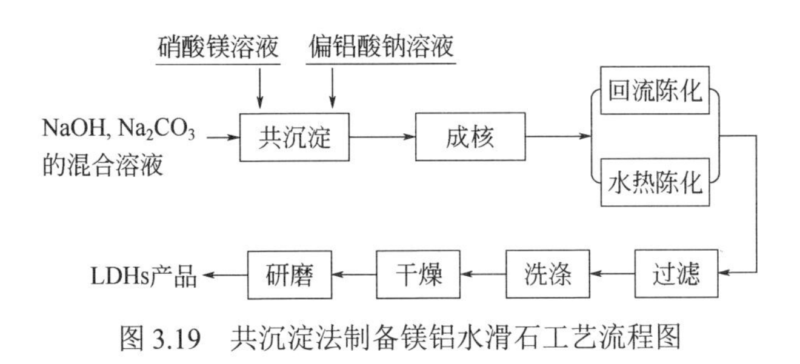

图 3.19 共沉淀法制备镁铝水滑石工艺流程图

低过饱和度法是将含有镁铝金属离子的混合盐溶液和碱溶液通过控制滴加速度同时缓慢滴加到搅拌容器中，反应体系的pH值一般通过调节碱溶液的滴加速度来控制。该方法通过调节溶液浓度和控制滴加速度使LDHs的成核和生长过程始终处于低过饱和状态下，所以也称恒定pH值法或双滴法。该方法的pH值可得到较严格的控制，制备的镁铝水滑石具有更高的结晶度。高过饱和度法是将混合金属盐溶液在剧烈搅拌下快速加入碱液中，高过饱和度条件下往往由于搅拌速度跟不上沉淀速度，常会伴有氢氧化物杂相生成。

要得到纯净和结晶度良好的镁铝水滑石样品，过程控制至关重要，包括：

① pH值的严格控制。pH值的有效控制是避免氢氧化物杂相生成的最重要因素。合适的pH值范围对合成纯净的水滑石也是必要的。pH值过高会造成Al及其他离子的溶解，而低的pH值会使合成按更复杂的路线进行，并且合成不完全。

② 晶化后处理。为得到结晶度良好的产品，在共沉淀发生后，必须经过一段时间的晶化。晶化过程可是静态的，也可以是动态的，必要时加压晶化。

在制备非CO_3^{2-}型阴离子水滑石时，应特别注意隔绝空气，防止空气中CO_2的干扰，一般可以在N_2气氛中制备。

（2）水热合成法

高温高压水热合成是一种重要的无机合成和晶体制备方法，其利用作为反应介质的水在超临界状态的性质和反应物质在高温高压水热条件下的特殊性质进行合成反应。高温高压下水热反应具有三个特征：使复杂离子间的反应加速；使水解还原电势反应加剧；使其氧化-还原电势发生明显变化。

水热法合成镁铝水滑石是在密闭体系中将含有镁铝金属离子的混合溶液与碱溶液缓慢地加在一起或快速混合，然后将得到的沉淀稍加过滤并立即将得到的浆状液转移至高压釜中，在一定温度和压力下陈化（通常大于100℃）较长时间，最后经过滤、洗涤、烘干、研磨，得到目标的水滑石产物。水热法制备镁铝水滑石在国内外的应用非常广泛。该方法使水滑石的成核和晶化过程隔离开，通过提高陈化温度和压力来促进晶化过程。这种方法的反应条件是高温高压，使得非结晶的沉淀物质由无定形状态转变为高结晶度的镁铝水滑石晶体，提高了晶体的完整度。此方法对环境污染少，工艺简单，成本较低，是一种具有较强竞争力的合成方法[121]。

（3）离子交换法

离子交换法是制备具有较大阴离子基团柱撑水滑石的重要方法，依据交换过程的不同又可分为加热交换法和微波交换法。通过控制离子交换的反应条件，不仅可以保持水滑石原有的层状结构，还可以对层间阴离子的种类和数量进行设计和组装，从而得到具有不同结构和功能的阴离子插层结构材料。

离子交换法合成镁铝水滑石是以易于合成的 Mg/Al-LDHs 为前驱体，并利用 Mg/Al-LDHs 层间阴离子的可交换性，将所需插入的阴离子与 Mg/Al-LDHs 层间的阴离子在一定条件下进行交换，将目标阴离子引入层间置换原有的阴离子，得到相应的 Mg/Al-LDHs。通过控制离子交换的反应条件，不仅可以保持水滑石原有的层状结构，还可以对层间阴离子的种类和数量进行设计和组装，从而得到具有不同结构和功能的阴离子插层结构材料。

离子交换反应进行的程度与下列因素有关：阴离子的交换能力、水滑石的层板溶胀和交换过程的 pH 值。此外，在某些情况下，Mg/Al-LDHs 组成对离子交换反应也产生一定影响；同时，层板电荷密度也对交换反应产生影响。李素锋等[122]先制备碳酸根水滑石前驱体，然后以水为分散剂，用硼酸根离子交换法组装得到完整晶体结构的硼酸根插层 Zn-Mg-Al 水滑石；并且还通过离子交换法得到羧酸根插层水滑石。

3.4 小结

氧化铝基催化材料的制备主要通过改性和复合的方法实现。氧化铝基改性材料可引入的元素较丰富，可根据不同的催化剂需要进行选择，元素引入量通常都不高。氧化铝基复合氧化物材料通常情况下其结构与氧化铝材料不同，形成新的特有的结构和性质，复合材料引入的其他元素含量较高，更适应某些特定催化反应。

氧化铝

催化材料的

生产与应用

第 4 章
氧化铝催化材料的成型技术

4.1 概述

工业催化剂不仅要具备足够的活性、选择性与稳定性，同时还须兼备良好的机械强度、适宜的形状和粒度，以利于反应物分子的扩散及气液的分布。当前石油化工行业中常用催化剂形状有条形、片状、环形、球形、圆柱形及其他异体形状。氧化铝催化材料因具有较大的孔容和比表面积、适宜的机械强度和热稳定性，作为催化剂或催化剂载体广泛应用于石油、化工领域，且一般均要经过成型为不同形状和尺寸的颗粒才能在催化反应器中使用。因此，成型是催化剂制备中的重要工序，成型技术对催化剂的机械强度、活性与稳定性均起着至关重要的作用。氧化铝催化剂材料成型是指粉体、颗粒、溶液、凝胶体或熔融原料在一定外力作用下互相聚集，经过特定的模具制成具有一定形状、大小和强度的固体颗粒的单元过程。

不同的反应工艺与反应器类型，对催化剂形状与粒径均有不同的要求。催化剂颗粒的性质、大小和机械强度需根据反应工艺特点与反应类型的要求来设计。目前，工业上常用的反应器有四种类型，即固定床、流化床、移动床与悬浮床，不同反应器通常使用不同形状和尺寸的催化剂。

① 固定床：工业上大部分催化反应采用固定床反应器。固定床工艺对催化剂的强度与粒度要求范围宽泛，可以在较宽的界限内操作。固定床反应器中催化剂的形状常采用条形与球形。

② 移动床：固定床中的催化剂存在难以进行连续性再生的不足，对这类催化剂易失活的反应过程，常采用移动床进行催化剂的连续再生。由于催化剂需要不断移动，要求催化剂为球形度高的毫米级小球，并具有较高的机械强度与较低的磨耗。

③ 流化床：流化床反应器中，催化剂颗粒在床层内不断处于翻腾状态，为了保持稳定的流化状态，要求催化剂为微米级球形颗粒，并具有似流体的良好流动性。

④ 悬浮床：悬浮床反应器目前主要应用于劣质渣油加氢工艺中。为了在反应时使催化剂颗粒在液体中易悬浮循环流动，通常用微米级球形活性组分颗粒物。

4.2 几何形状对催化剂性能的影响

成型过程是为了使催化剂具有适宜的形状、尺寸和机械强度，从而适用于催化反应和催化装置。氧化铝催化材料经过不同的成型技术制得各类载体或催化剂，其几何形状对催化剂的机械强度、床层压降、扩散性能以及空隙率、堆积密度等均会产生影响。

4.2.1 几何形状对催化剂机械强度的影响

催化剂的机械强度是工业催化剂的重要指标，不同的化工工艺过程对催化剂的机械性能有不同的要求。通常，催化剂必须具备一定的强度，能经受住颗粒与颗粒之间、颗粒与气流之间、颗粒与器壁之间的摩擦，催化剂运输、装填期间的冲击。催化剂只有承受自身的重量负荷，以及在各类活化过程与反应过程中由于温度、体积、物相等变化所产生的内应力等作用而不发生破碎与粉化，才能保证化工反应过程的正常进行。

催化剂的机械强度除与催化材料本身的物性有关外，还与成型方法、设备、成型条件（挤压压力、助剂等）有关。对于同一种物料来讲，挤压成型催化剂的机械强度低于压缩成型，环状催化剂的机械强度低于柱状催化剂。粉末颗粒成型体的强度来源是颗粒表面的粗糙性而产生的颗粒之间的附着力，并且在压缩过程中这种附着力不断加强，这种力可归结为粉末颗粒之间的范德华力。

4.2.2 几何形状对反应器床层压降的影响

催化剂床层中流体动力学特征体现在床层压降、气流、物流分布状况等方面。降低反应器床层压降有助于减少装置动力能耗。工业催化剂要求具有适当的形状与尺寸，使反应器中的流体通过床层时不产生过高的压降或不均匀的流体分布。

流体通过床层的压降与颗粒大小、形状、流体流速、流体的物理性质、床层空隙率及床层高度息息相关，特别是床层空隙率稍有改变，压降会产生明显变化。床层空隙率与颗粒性质、大小、粒度分布、颗粒与床层高径比及其装填方式有关。在固定床反应器中，催化剂的颗粒度与形状不仅影响催化剂的活性发挥，还会影响催化剂床层的压降。催化剂颗粒度愈小，提供的外表面积活性中心数量愈多，然而在相同条件下，催化剂颗粒度越小，对催化剂床层造成的压降越大[123]。从总的发展趋势看，在催化剂自身强度与使用过程中床层压力允许的情况下，催化剂越来越趋向于小粒径异形载体方向发展。

4.2.3 几何形状对催化剂扩散性能的影响

上述从压降角度讨论了催化剂外形和颗粒大小的影响，颗粒愈大，压降愈小。但是从催化剂表面利用率角度来诠释，结果则相反。采用粒径更小的催化剂可以减少内扩散的影响，有利于提高催化剂表面利用率，从而提高催化剂活性。催化剂床层压降与催化剂扩散性能是互为矛盾体，在使用过程中，需要综合考虑，选择最优方案。

多相催化反应多为内部扩散控制过程，减小催化剂颗粒内部传质阻力，增大表面利用率，对消除扩散影响是十分必要的。可采用效率因子（η）来讨论本征动力学参数，η 的大小清楚地显示传质过程对化学反应速率影响的程度。在等温条件下催化剂颗粒内部效率因子 η_2 是颗粒实际反应速率和无内扩散阻力时反应速率的比值。即：

$$\eta_2 = \frac{R}{kc_{es}^n} \tag{4.1}$$

式中，c_{es}^n 为外表面反应浓度；R 为表观反应速率；n 为反应级数；k 为反应速率常数。

4.3 成型过程中的机理

目前，工业上应用较多的催化剂形状是球形、条状（圆柱、三叶草、四叶草等）、片状、异形（车轮形、多齿状、环状、蜂窝状等）。不同形状及尺寸的催化剂，其孔隙率、孔结构、强度、比表面积、外表面积等均有较大差别，适应于不同的催化反应和反应器。这些不同形状的固体催化剂或载体成型前前驱体形态为粉体材料，或者喷雾干燥制微球、催化剂前驱体的胶体或悬浊液。更准确而言，催化剂成型主要取决于这些粉体的基本物性，即粉体的形状、粒径、密度、粒度分布、堆积构造、流动性与孔结构等[124]。

氧化铝催化材料的成型亦是如此，其作为催化剂或载体的性能很大程度上取决于成型前的拟薄水铝石粉体的物性。在此基础上，通过成型过程中采取的成型方式、成型助剂如黏结剂、胶溶剂、扩孔剂、润滑剂、改性剂等调整粉体粒子之间的作用力、黏结力、固体架桥与粒子生长等性能，达到获得预期形状、机械强度、结构性能等目的。

4.3.1 铝粒子间作用力

Rumpf 提出多个粒子聚结形成颗粒时，粒子间的结合力有五种方式。

（1）固体粒子间力

固体粒子间产生的引力来自范德华力、静电力与磁力。这些作用力在多数情况下虽然很小，但粒径小于 50μm 时粉体颗粒聚集现象尤为显著。这些作用力随着粉体粒径的增大或颗粒间距离的增大而显著下降。

（2）可自由流动液体产生界面张力和毛细管力

以可流动液体为架桥剂成型时，粒子间结合力由液体表面张力和毛细管力产生。因此液体的加入量对成型有较大影响。液体加入量可用饱和度表示：

$$S=V_L/V_T \tag{4.2}$$

式中，V_L 为颗粒的空隙中液体架桥剂所占体积；V_T 为总孔隙体积。

液体在粉体粒子间的填充方式由液体加入量决定，见图 4.1。图中（a）为干粉状态；（b）当 $S \leqslant 0.30$ 时，液体在粒子空隙间充填量较少，液体以分散的液桥连接颗粒，空气成连续相，成钟摆状；（c）适当增加液体量，当 $0.30 < S < 0.80$ 时，液体桥相连，液体成连续相，空隙变小，空气成分散相，成索袋状；（d）液体量增加到充满颗粒内部空隙（颗粒表面还没有被液体润湿），当 $0.80 \leqslant S < 1.0$ 时，成毛细管状；（e）当液体充满颗粒内部与表面 $S \geqslant 1.0$ 时，毛细管的凹面变成液滴的凸面，形成的状态成泥浆状。

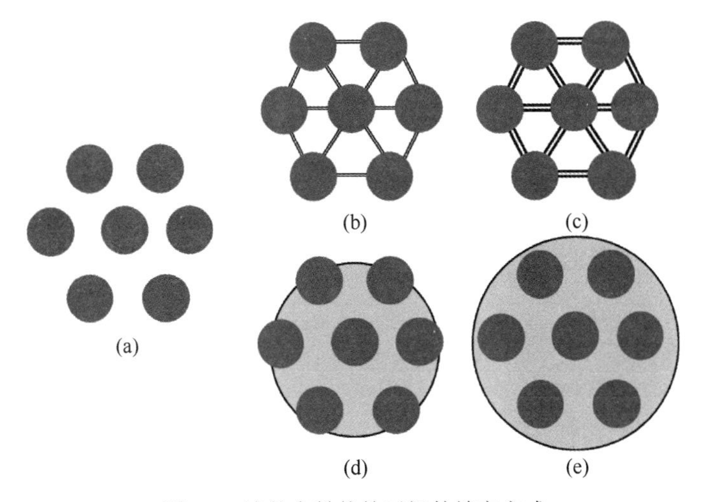

图 4.1　液体在粉体粒子间的填充方式

一般，液体在颗粒内以钟摆状存在时，颗粒分散；以毛细管状存在时，颗粒发黏；以索带状存在时得到较好颗粒。由此可见，液体的加入量对湿法成型起着决定性作用。

（3）不可流动液体产生的黏结力

不可流动液体包括：a.高黏度液体；b.吸附于颗粒表面的少量液体层。高黏度液体的表面张力很小，易涂布于固体表面，靠黏附性产生强大的结合力；吸附于颗粒表面的少量液体层能消除颗粒表面粗糙度，增加颗粒间接触面积或缩小颗粒间间距，从而增加颗粒间引力等。

（4）粒子间固体桥

固体桥形成机理为：a.结晶析出，架桥剂溶液中溶剂蒸发后，析出的结晶起架桥作用；b.黏结剂固化，液体状态的黏结剂干燥固化而形成固体架桥；c.熔融，由加热熔融形成的架桥，经冷却固结成固体桥；d.烧结和化学反应产生的固体桥。成型中常见固体架桥发生在黏结剂固化或结晶析出后，而熔融-冷凝固化架桥发生在压缩成型、挤压成型或喷雾成型等操作中。

（5）粒子间机械镶嵌

机械镶嵌发生在块状颗粒的搅拌和压缩操作中，结合强度较大，但在平常成型过程中所占比例不大。由液体架桥产生的结合力主要影响粒子的成长过程和粒度分布等，而固体桥的结合力直接影响颗粒的强度及颗粒的溶解速度或瓦解能力。

4.3.2 液体的架桥机理

自由液体在两个粒子间附着形成液桥时，由于液体内部的毛细管负压和界面张力作用，使颗粒聚结一起。因此，粒子间结合力不仅与液体的加入量S（饱和度）有关，而且与液体的表面张力、粒子的大小与粒子间距离等参数有关。

水是湿法成型过程中常用液体，成型时，液体首先将粉粒表面润湿，然后聚结成粒。研究结果表明，物料的润湿程度对颗粒的成长非常敏感，相应地影响颗粒的粒度分布。一般情况下，含水量超过60%时，粒度分布均匀，含水量在45%～55%范围时，粒度分布较宽。如采用均匀的球形颗粒，成型所需含水量可根据疏松充填空隙率，以及干、湿条件下振动填充空隙率预测。

4.3.3 粒子的生长机理

粉状粒子在黏结剂的作用下聚结成颗粒时，其成长机理有以下不同方式。

（1）粒子核的形成

一级粉末粒子在液体架桥剂的作用下聚结在一起形成粒子核，此时液体呈钟摆状存在。这一阶段的特点是粒子核的质量和数量随时间变化。

（2）聚合

如果该粒子核表面含有少量多余的湿分，粒子核在随意碰撞时，发生塑性变形并黏结在一起，形成较大颗粒。聚合作用发生时，粒子核的数量明显下降，而总量不变。

（3）破碎

有些颗粒在磨损、破碎、震裂等作用下变成粉末或小碎块。这些粉末或碎块重新分布于残存颗粒表面，重新聚结一起形成大颗粒。成型过程中，经常伴随粉末和碎块的产生和再聚结。

（4）磨蚀传递

由于摩擦和相互作用，某颗粒的一部分掉下后黏附于另一颗粒的表面上，这一过程的发生是随意的，没有选择性。虽然在此过程中颗粒大小不断地发生变化，但颗粒的数量和总质量不发生变化。

（5）层积

粉末层黏附于已形成的核粒子表面，从而促使颗粒成长。加入的粉末干、湿均可，但是粉末粒子必须远小于核粒子的大小，以使粉末有效地黏附于核粒子表面。在这个过程中，虽然颗粒的数量不变，但颗粒尺寸逐渐长大，因此成型系统的总质量发生变化。

任何一种成型过程都伴随着多种成长机理，但是成型方法不同，主导的成型机理也有所不同。如流化成型过程中，粒子的成长以粒子核产生、聚合、破碎为主；在转动成型过程中，则是先形成芯粒子，再以层积、磨蚀传递为主进行成型。

4.4 挤压成型

挤压成型是将氧化铝水合物粉料和适量的助剂、水经充分混捏后，形成待挤物料，输送至挤压设备，在外部挤压力的作用下，以与模具孔板开孔相同的截面形状（圆柱形、三叶草、四叶草、蝶形、中空圆柱等）从另外一端排出，再经过适当的切粒、整形，可获得特制形状、尺寸的催化剂或载体产品。该成型过程要求原料粉体能够与助挤剂充分混合成良好的可塑性体。

4.4.1 挤压成型原理

从理论上来说，挤压成型是压缩成型的特殊形式，都是在外力作用下，原始微粒间重新排列而使其密实化程度有所不同。物料的挤出过程主要有混捏、输送、压缩与挤条、切条四个步骤。其示意过程如图 4.2 所示。该工艺过程一般是将加入成型助剂混捏完成后的物料在螺杆转动挤压作用下经过一定形状孔板挤出，孔板挤出物由切粒装置切割成具有一定长度的条柱形颗粒。黏结剂和助挤剂是挤出成型法中应用较多的助剂，适宜黏结剂的加入可使粉体粒子产生结晶、黏合及表面张力等现象，增加成型原料的塑性，适量助挤剂的加入可降低粉体粒子间及粉体与设备间的摩擦，有利于获得质地均匀的产品。

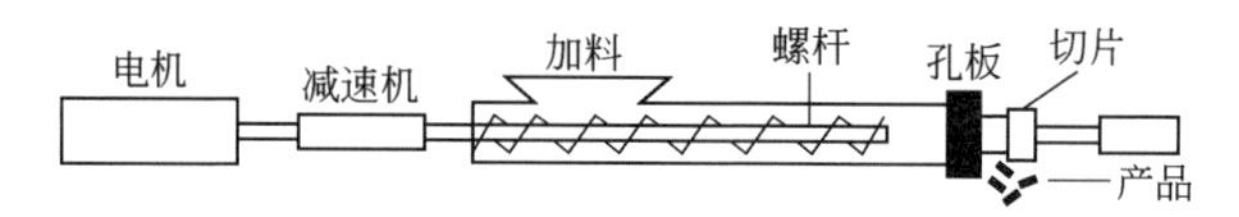

图 4.2　挤条机结构与挤压过程示意图

（1）混捏

混捏一般使用双轴混捏机进行，料槽内装有两根旋转方向相反的扭曲轴，粉体与水、胶溶剂、挤出助剂等进入槽内经又宽又重的双轴不断翻动、敲打、碾压，捏合一定时间后即成为可塑性较好的物料团。

（2）输送

混捏好的物料经料斗送入圆筒后，经旋转螺杆向前推动，其推进速度取决于螺杆转速、螺杆叶片的轴向推力和物料与螺旋叶片间的摩擦力大小，在输送段筒内压力较低且较均匀。

（3）压缩与挤条

随物料向前推进，螺旋叶片对物料产生很强的压缩力。这种压缩力可剪切和推动物料，剪切应力一方面在物料和螺杆间展开，另一方面又在物料和圆筒之间扩大，且后者大于前者，致使物料受到压缩，紧密度增加。这样物料以低于或等于螺杆本身的速度向前推进，筒内压力逐渐增大。为了保证模头四周挤出速度和中心处挤出速度相近，并得到长度和密度均匀的制品，在螺杆及筒体结构上应使物料的压力在模头前有大致相等的均压段。

物料经挤压推进到模头，经多孔板挤出成条状，这时物料所受压力迅速下降，并产生少量的径向膨胀。

（4）切条

从模头挤压而出的条状载体或催化剂半成品，选用特制切条装置将条切成等长的条状。

4.4.2 挤压成型设备

挤出成型设备一般包括螺杆挤条机、柱塞式挤条机、滚轮挤条机等，因其挤出形式、挤出压力不同导致挤出的条强度等有所不同。

（1）螺杆挤条机

螺杆挤条机有水平式、垂直式、单螺杆及双螺杆等型式。双螺杆挤条机的主要部件有：

① 螺杆。螺杆为等外径、等根径、等螺距的连续螺纹，两种螺杆分别为左、右旋，对转。在螺杆向前输送物料的同时，两螺杆根部互相清理，将物料进一步混合，防止物料因混合不均而导致抱杆。螺杆材料选用 3Cr13，设计要求表面辉光粒子氮化处理。

② 筒体。筒体由两个大半圆组对而成，外面有冷却水套。其作用是使物料在较低温度下成型，防止温度高使得挤出的条出现毛刺、不匀整及物料因失水硬化造成孔板堵塞。筒体材料选用 2Cr13，其内表面设计要求辉光氮化处理或喷一层钴基合金，以提高耐磨性。

③ 孔板。孔板的厚度、孔径、开孔面积及材质与生产能力有关。孔板加工很关键，必须达到制造精度要求，采用先进激光加工。孔板材料为 2Cr13。为了降低成本，也可以选择工程塑料材质的组合式孔板。

（2）柱塞式挤条机

柱塞式挤条机由驱动机构推动活塞往复运动，将物料在模槽中向前推进，压实，从前端孔板模具处挤压出圆柱形或环形条状物或蜂窝状等设计形状。

（3）滚轮挤条机

滚轮挤条机是利用两个互相啮合的旋转齿轮，齿轮的齿底设有所需成型状的小孔，当物料从前段送到两个轮辊上后，由于齿轮的啮合力而通过一个齿轮的齿顶将粉体从另一个齿轮的齿底小孔挤出，齿轮既起辊子挤压作用，又起模头作用，在齿轮内侧装有刀具，将条状物切割成一定长度的产品。

4.4.3 挤压成型条件对产品性能的影响

（1）粉体性质与粉体粒度的影响

不同粉体，其胶溶性与可塑性并不相同。硫酸铝法生产的氢氧化铝干胶与醇铝法生产的SB粉，由于生产工艺不同，得到粉体的晶相、化学纯度、孔径、粒度分布、晶粒大小、孔结构参数与表面性质均不相同。在相同挤出条件下，所得挤出物性能有所不同。

粉体粒度对挤出成型产品的性能也有较大影响。李大东[125]考察了氢氧化铝粉颗粒度的影响，结果如图4.3所示。在同一制备条件下，颗粒直径小于40μm的原料粉制备的载体，其强度远远大于颗粒直径100～125μm原位粉制备的载体的强度。其原因可能在于颗粒粒度小的原料粉胶溶效果好，形成载体时颗粒接触点多，有利于提高强度。

（2）水粉比对齿球形载体的影响

在载体成型过程中，通常需加入一定量的去离子水。所用去离子水的质量与物料中所含水的质量之和与干粉料质量的比值通常称为水粉比。一般通过调节拟薄水铝石粉体与凝胶体的比例调节水粉比。下面以中海油天津院研发挤出成型齿球形载体为例进行讨论[126]。

对水粉比分别为1.1、1.2、1.3、1.4、1.5的捏合物料进行出条-切粒试验，在物料胶溶时间、温度和挤出速率基本一致的条件下，考察水粉比对挤出压力的影响，结果见图4.4。从图4.4可以看出，挤出压力随着水粉比的增大而降低，且两者之间存在较好的线性关系，这主要是由于物料的湿度随着水粉比的增大而增大。试验过程中还发现，当水粉比较低时，不仅挤出压力较高，且成型的载体表面较毛糙，在切粒过程中容易断条，还增加了催化剂制备过程中的脱粉量；当水粉比较高时，挤出成型物软且易变形，不利于后续切粒工艺。因此，生产过程中需将水粉比控制在合适的范围内。

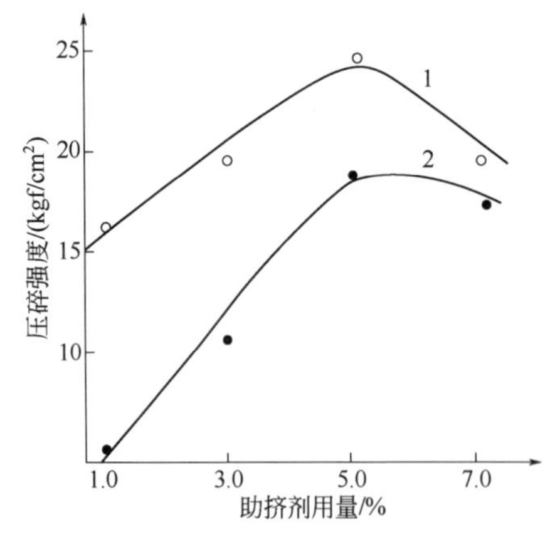

图4.3　原料粉体粒度对成型强度的影响[125]

d/μm：1—<40；2—100～125

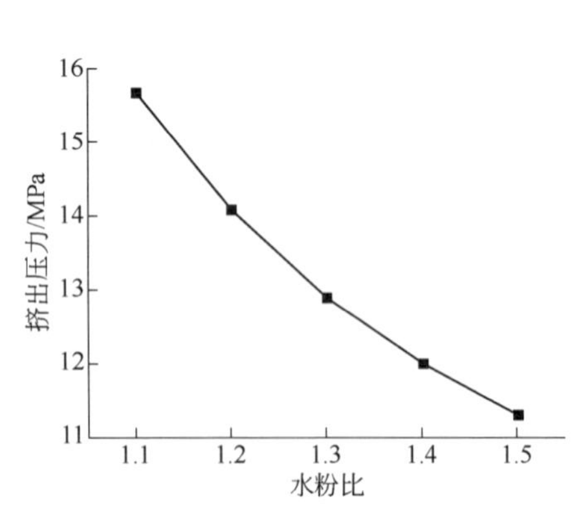

图4.4　水粉比对挤出压力的影响

不同水粉比对五齿球载体成型过程中出条情况、条韧性与切粒情况的影响如表 4.1 所示。水粉比对挤条-切粒效果也会产生较大影响，从表 4.1 试验结果可以看出，当水粉比低时，物料不易被混合均匀，使挤出的条易有毛刺，黏结性能差，不利于切粒，影响催化剂的外观和合格率；当水粉比太高时出条情况良好，碾压后物料固含量低，颗粒间水分多，容易出弯条和丝条，且条易变形，韧性差，不利于切粒。因此，将水粉比控制在 1.30～1.40，出条、条的韧性与切粒才能有效匹配，挤条-切粒的效果最佳。

表 4.1　水粉比对出条情况、条韧性与切粒情况的影响

水粉比	1.1	1.2	1.3	1.4	1.5
出条情况	基准-	基准	基准++	基准+	基准+
条韧性	基准--	基准-	基准	基准+	基准-
切粒情况	基准--	基准-	基准	基准-	基准--

对不同水粉比条件下制备的五齿球形载体在相同的温度下进行干燥与焙烧，所得载体样品进行物性分析，其结果如图 4.5 与表 4.2 所示。

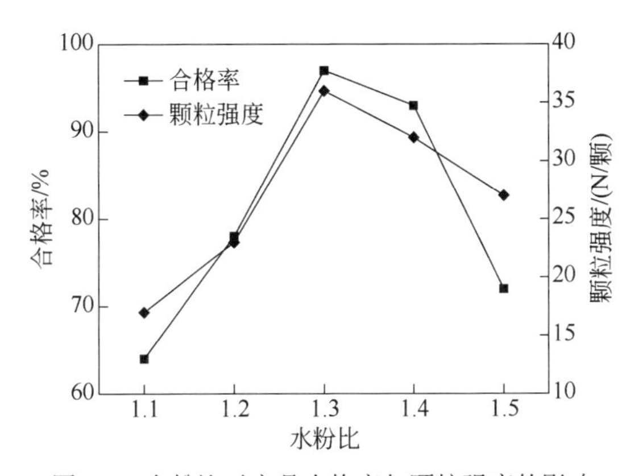

图 4.5　水粉比对产品合格率与颗粒强度的影响

表 4.2　水粉比对载体的物化性质的影响

水粉比	1.1	1.2	1.3	1.4	1.5
堆积密度/（g/mL）	0.54	0.53	0.52	0.52	0.50
孔容/（mL/g）	0.64	0.67	0.71	0.72	0.72
比表面积/（m^2/g）	315	307	300	288	276
4～10nm 孔分布/%	68.4	71.2	81.3	82.1	78.2

成型过程中，在其他条件不变的情况下，不同的水粉比对载体的物化性质有着不同程度的影响。水粉比对载体的孔容和堆积密度影响较大，增加水粉

比，孔容增大，堆积密度下降；反之，孔容减小，堆积密度上升。水粉比还对孔径分布有影响，当水粉比增加时，物料水含量增大，由于干胶粒子表面的水膜变厚，使得粒子之间的距离增大，排列疏松，载体孔分布中大孔所占比例增加；相反，当水粉比降低时，物料湿含量减少，粒子堆积比较致密，大孔所占比例下降。

实验结果显示，当水粉比在1.3～1.4之间时，挤条情况良好，且可有效切粒制备齿球形载体。

（3）胶溶剂对齿球形载体的影响

① 胶溶剂种类的影响。载体成型过程中胶溶剂与拟薄水铝石的晶粒表面发生浅度反应，在酸的作用下，促进氧化铝前驱体拟薄水铝石形成溶胶可塑体，辅助成型。研究四种不同类型的胶溶剂对齿球形载体的成型性能与物化性能的影响，其结果如表4.3所示。

表4.3　胶溶剂类型对齿球形载体成型的影响

胶溶剂	硝酸	无	柠檬酸	乙酸
出条情况	基准	基准--	基准--	基准
条韧性	基准	基准--	基准-	基准+
切粒情况	基准	基准--	基准-	基准
强度/（N/粒）	39	18	24	56
堆积密度/（g/mL）	0.52	0.51	0.52	0.54
孔容/（mL/g）	0.71	0.73	0.72	0.65
比表面积/（m^2/g）	300	323	320	268
4～10nm孔分布/%	81.3	72.2	71.8	74.2

实验结果显示，引入酸性胶溶剂有利于齿球形载体的成型，柠檬酸对齿球形载体的成型性能低于硝酸，乙酸的成型性能超过硝酸。不同酸性胶溶剂的引入对载体的孔结构影响较大，不加入酸性胶溶剂制备的载体比表面积高，但强度太低，不能满足使用要求。柠檬酸作为胶溶剂制备的载体也具有较大的比表面积，但强度也较低。对比硝酸和乙酸，乙酸作为胶溶剂对载体的成型非常有利，但表征结果显示，乙酸制备的载体孔容、比表面积及有效孔分布均不如硝酸制备的载体，且强酸比例较高，因此选择硝酸作为胶溶剂较为合适。

② 胶溶剂加入量的影响。载体成型过程中胶溶剂与拟薄水铝石的晶粒表面发生浅度反应，胶溶剂的加入量会对载体的孔结构和强度等性质产生影响。考察胶溶剂硝酸的加入量对齿球形载体成型性能与载体物化性能的影响，其结果如表4.4所示。

表 4.4 胶溶剂加入量对齿球形载体成型的影响

胶溶剂/粉体/%	基准	0	基准-1.5%	基准+1.5%	基准+3.0%
出条情况	基准	基准--	基准-	基准+	基准-
条韧性	基准	基准--	基准-	基准+	基准++
切粒情况	基准	基准--	基准-	基准-	基准--
强度/（N/粒）	39	18	24	48	50
堆积密度/（g/mL）	0.52	0.51	0.51	0.54	0.58
孔容/（mL/g）	0.71	0.73	0.72	0.66	0.61
比表面积/（m^2/g）	300	323	308	272	253
4～10nm 孔分布/%	81.3	72.2	73.5	67.6	60.3

从表 4.4 数据可以看出，胶溶剂的加入量对载体成型性能影响较大，胶溶剂低加入量时，载体成型性能差，主要表现在条的韧性与粘连性差，影响切粒过程；胶溶剂的加入量增加，可以提高条的韧性与粘连性，但是对条太黏，不利于挤条与切粒过程。胶溶剂的加入明显改善了载体的抗压强度，这是由于加入的酸性胶溶剂与拟薄水铝石在晶粒表面发生浅度反应，打开其微晶之间以及微晶内部氢键，使更多的表面羟基暴露。由于拟薄水铝石表面羟基的增多，黏结性增强，焙烧后载体的抗压强度明显改善，当胶溶剂的加入量达到一定浓度时，胶溶剂用量对载体抗压强度影响较小。载体的比表面积、孔容随着胶溶剂用量的增加而降低。从载体的孔径分布情况看，随着胶溶剂用量的增加，载体中 4～10nm 的孔所占比例先增加后降低。综合载体的成型性能与物化性能，优选最佳的胶溶剂加入量。

（4）助挤剂对齿球形载体的影响

① 助挤剂种类的影响。助挤剂包括润滑剂和改性剂等。润滑剂可起到减小成型摩擦、降低成型难度的作用，在模压成型时又称作脱模剂。润滑剂可分为内润滑剂和外润滑剂，内润滑剂起降低物料颗粒间摩擦的作用，部分黏结剂可同时具有此功能；外润滑剂主要用于提高物料与成型设备间的润滑性，使设备挤压力均匀传送到成型体上，实现物料顺利成型。常用润滑剂分为液体润滑剂和固体润滑剂。液体润滑剂包括水、润滑油、甘油、可溶性油水溶液、硅树脂、聚丙烯酰胺等。常用固体润滑剂包括滑石粉、石墨、硬脂酸及硬脂酸盐、二硫化钼、可溶性淀粉、田菁粉、石蜡、表面活性剂等。

改性剂多为玻璃纤维、SiO_2 纤维、Al_2O_3 纤维等能够在催化剂结构中形成网状支撑结构的物质，其作用类似于混凝土结构中的钢筋，可以显著提高成型体的机械强度，多用于滚动成型和涂层催化剂的制备。

② 助挤剂加入量的影响。助挤剂可以有效提高载体的强度，改善挤出条外观质量，同时改变载体的孔结构，表 4.5 为助挤剂加入量对齿球形载体成型性能与物化性能的影响。

表 4.5　助挤剂加入量对齿球形载体成型的影响

助挤剂/粉体/%	3.0	无	6.0	9.0
出条情况	基准	基准--	基准+	基准-
条韧性	基准	基准--	基准+	基准+
切粒情况	基准	基准--	基准-	基准--
强度/（N/粒）	39	35	27	22
堆积密度/（g/mL）	0.52	0.53	0.51	0.49
孔容/（mL/g）	0.71	0.70	0.72	0.75
比表面积/（m^2/g）	300	303	294	272

当不加助挤剂时，挤出条困难，且条表面毛刺多，不光滑，不利于齿球形载体的成型；随着助挤剂加入量的增加，载体孔容和机械强度都有所增大，相应比表面积减小。但加入量达到 9.0%时，挤出条速度快，表面光滑，弯曲条增多，强度反而降低，孔容增大，比表面积减小。这是因为：助挤剂用量大可以减少物料与成型设备的摩擦，但助挤剂以固体状态存在于物料颗粒之间，在焙烧过程燃烧遗留孔隙，增大了粒子之间的距离，使载体结构疏松，强度反而降低。因此，综合考虑齿球形载体成型性能与载体物化性能，优选助挤剂的加入量为 3%～6%。

（5）捏合时间对齿球形载体的影响

捏合过程不仅是拟薄水铝石和胶溶剂混合碾压的过程，同时还伴随有化学反应。例如，由于黏结剂硝酸和水的加入，硝酸与部分粉料发生反应，生成对应的硝酸盐和水。捏合时间对载体物化性能有着重要影响，不同捏合时间条件下对齿球形载体成型过程与物化性能影响，如表 4.6 所示。

表 4.6　捏合时间对齿球形载体成型的影响

捏合时间/min	10	15	20	25	35	45
出条情况	基准--	基准-	基准	基准	基准+	基准+
条韧性	基准--	基准--	基准-	基准	基准	基准+
切粒情况	基准--	基准--	基准-	基准	基准	基准+
强度/（N/粒）	35	37	39	39	40	40
孔容/（mL/g）	0.70	0.72	0.72	0.71	0.70	0.67
比表面积/（m^2/g）	268	281	296	300	302	290

从表 4.6 可知，当增加捏合时间时，有利于齿球形载体的成型。随着捏合时间的延长，载体孔容有所降低，相应比表面积增加，这是因为在捏合过程中硝酸与拟薄水铝石胶溶时间增加，反应加深，对拟薄水铝石大孔有破坏作用，随着捏合时间的延长，载体强度得到较大提高。

4.4.4 异形载体自动化成型

4.4.4.1 成型设备设计

不同异形载体耐磨性孔板，包括五齿球形状与中空齿轮形状，见图 4.6。

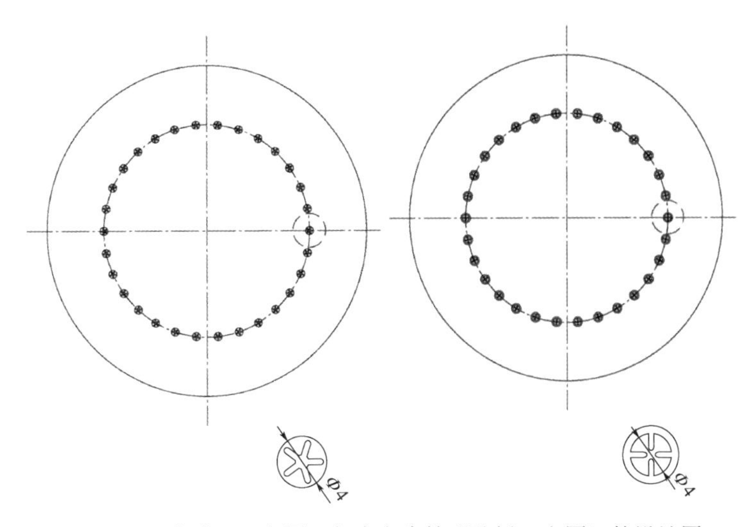

图 4.6 五齿球形（左图）与中空齿轮形孔板（右图）的设计图

自动分配与切粒一体化设备主要核心部件为震动滑翔式分配器与立式旋转切粒机。该一体化设备见图 4.7，包括入口分布器、引线槽、震动滑翔式分配器、立式旋转切粒机、旋转平台、支撑体平台、旋转设备、支撑轴等。

引线槽 2 为垂直滑槽，与震动滑翔式分配器 3、4 相连，震动滑翔式分配器外端设有倾斜滑槽 3 与垂直滑槽 4 的纵向滑槽，滑槽下方设有立式旋转切粒机 5、9。

立式旋转切粒机由切粒辊轴与切辊驱动组成，切辊组件包括两个相对可转动的辊轴，切辊上设有切槽。其中一个切辊上面设有驱动设施，两个切辊一端设有相互啮合的齿轮，切辊电机驱动其中一个切辊转动，齿轮啮合带动两个切辊相对转动。旋转平台上可以设有多组切辊组件，每组切辊组件设置一个切辊驱动装置，也可以多组切辊组件共用一个切辊驱动装置，通过链条传动，实现同步驱动。两个切槽围合成设计的形状。

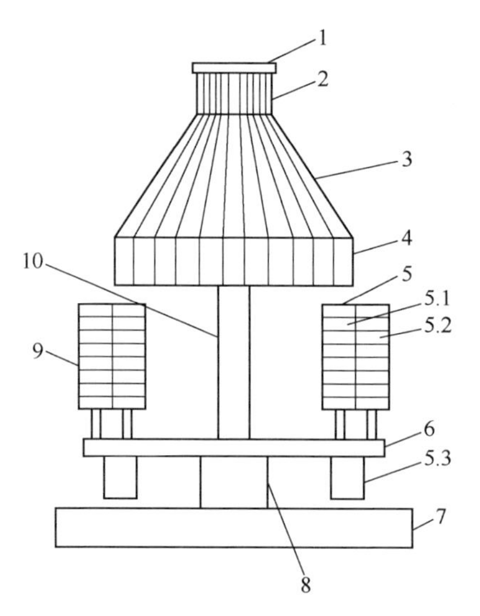

图 4.7　分配与切粒组合设备设计图

1—入口分布器；2—引线槽；3，4—震动滑翔式分配器；5，9—立式旋转切粒机；6—旋转平台；7—支撑体平台；8—旋转设备；10—支撑轴；5.1，5.2—切料辊轴；5.3—切辊驱动

分配与切粒设备的工作流程：挤条机设备挤压的条形物经入口分布器进入引线槽，经分配进入震动滑翔式分配器的倾斜滑槽与垂直滑槽。条形物经垂直滑槽进入切辊组件，旋转平台带动第一切辊组件和第二切辊组件不断转动，同时第一切辊组件和第二切辊组件不停地切断条形物，经切粒后的产品自由落到输送带上。

4.4.4.2　成型过程

在自动化分配与切粒成套设备研发的基础上，设计制造自动化生产线。该生产线主要包括捏合设备、垂直式挤条机、分配与切粒组合设备、传输设备、自动布料器、低温网带式干燥设备与高温网带式焙烧设备等。

自动化生产线的工作流程如图 4.8 所示。

① 催化材料在捏合设备中混捏成可塑状体，然后进入垂直式挤条机进行成型。

② 成型条状物进入分配与切粒组合设备，在震动滑翔式分配器中进行条状物的分配，分配单根条状物进入旋转式切辊组件进行条状物的切粒。

③ 切粒成型的颗粒物经传输设备送至自动布料器中，经布料器自动分配物料送至低温网带式干燥设备进行低温干燥脱水，干燥后的载体进行过筛后进入高温网带式焙烧设备进行高温焙烧，焙烧后的载体经第二遍过筛得到合格的载体产品。

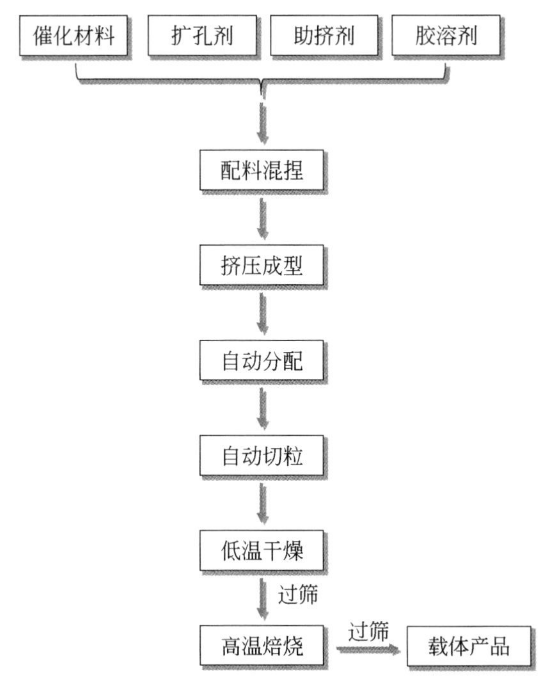

图 4.8　自动化生产线的工作流程

4.4.4.3　成型技术应用

采用自动化成型成套设备，以氧化铝水合物或拟薄水铝石为主要原材料进行了中空齿轮形载体与齿球形载体的生产，对生产的载体进行抽样分析，其结果如表 4.7、表 4.8 所示。

表 4.7　中空齿轮形载体的物性分析

载体编号	合格率 /%	粒径 /mm	堆积密度 /（g/mL）	吸水率 /%	比表面积 /（m^2/g）	孔容 /（mL/g）	强度 /（N/粒）
ZKZT-Ⅰ-1P	99.2	5.4	0.48	120	243	0.91	46
ZKZT-Ⅰ-2P	99.1	5.4	0.47	118	245	0.90	45
ZKZT-Ⅰ-3P	99.3	5.5	0.48	118	244	0.90	47
ZKZT-Ⅰ-4P	99.1	5.5	0.48	120	243	0.91	45
ZKZT-Ⅱ-1P	99.2	3.5	0.44	122	246	0.92	46
ZKZT-Ⅱ-2P	99.2	3.5	0.45	122	246	0.92	45
ZKZT-Ⅱ-3P	99.3	3.5	0.45	122	347	0.92	45
ZKZT-Ⅱ-4P	99.2	3.5	0.45	119	246	0.91	43
技术指标	≥99	3.0～6.0	0.40～0.50	≥110	≥240	≥0.75	≥30

表 4.8　齿球形载体的物性分析

载体编号	合格率/%	粒径/mm	堆积密度/（g/mL）	吸水率/%	比表面积/（m^2/g）	孔容/（mL/g）	强度/（N/粒）
ZT-1P	99.5	2.3	0.54	92	333	0.72	46
ZT-2P	—	2.3	0.53	92	325	0.70	45
ZT-3P	99.6	2.3	0.54	93	321	0.72	47
ZT-4P	—	2.3	0.53	94	330	0.73	45
ZT-5P	99.5	2.3	0.54	93	321	0.73	43
ZT-6P	—	2.3	0.53	94	330	0.74	45
ZT-7P	99.4	2.2	0.54	92	337	0.72	45
ZT-8P	—	2.3	0.54	92	336	0.71	43
技术指标	≥99	2.0～2.5	0.52～0.55	≥90	≥300	≥0.68	≥30

从表 4.7、表 4.8 中分析数据可以看出，异形载体自动化成型设备可以高效、稳定地加工中空齿轮形与齿球形载体。

4.4.4.4　自动化成型与人工成型技术对比

对齿球形载体自动化成型技术与人工成型技术进行对比，其对比结果如表 4.9 所示。

表 4.9　齿球形载体自动化成型与人工成型对比结果

工艺路线	自动化成型技术	人工成型技术
载体形状	齿球形	齿球形
干基产量/（kg/d）	1500	1500
挤条机/台	3	3
切粒设备/台	3	30
操作方式	二班倒连续	二班倒间歇
操作时间/（h/班）	8	8
工人数量/（人/班）	7	35
返料量/%	＜1	20～25

从表 4.9 可以看出，在每天产量相同的基础上，对自动化成型技术与人工成型技术进行对比，从设备配套对比，自动化成型的切粒设备是人工成型的 1/10；从操作方式对比，自动化成型可实现连续性操作，而人工成型仅能间歇性操作，存在着人为因素的不确定性；从工人数量对比，自动化成型每班次工人数量是人工成型的 1/5；从成型过程中的返料量看，自动化成型返料量仅有

1%，而人工成型过程中的返料量可达 20%～25%，自动化成型可将返料量大幅度降低。

对自动化成型技术与人工成型技术生产的氧化铝基与分子筛基齿球形载体物化性质进行分析，其对比结果如表 4.10 所示。从表 4.10 中数据可以看出，采用氧化铝材料与分子筛材料自动化方法生产的齿球形载体的合格率优于手工方法，孔容与比表面积也优于手工方法。

表 4.10　自动化成型与人工成型生产的齿球形载体物性对比

主要原料	氧化铝原料		分子筛原料	
工艺路线	自动方法	人工方法	自动方法	人工方法
比表面积/（m^2/g）	328	312	488	452
孔容/（mL/g）	0.74	0.70	0.57	0.53
强度/（N/颗）	46	49	42	44
产品合格率/%	99.5	86.5	99	84.0

4.5 喷雾干燥成型

喷雾干燥成型[127,128]是利用喷雾干燥原理，进行催化剂成型的一种方法。可用于生产粉状、微球状产品，该类产品适用于流化床反应器。喷雾干燥是喷雾与干燥两者密切结合的工艺过程。

4.5.1 喷雾干燥成型原理

喷雾干燥成型主要由空气加热系统、料液雾化及干燥系统、成型干粉收集及气固分离系统组成。料液通过雾化器的机械作用被分散成细小微粒，与经空气加热系统加热的空气接触后，快速失水，干燥形成粉末。粗品由喷雾成型塔下部收集，较细的微粒则通过旋风分离器下部收集。废气经旋风分离后，由送风机排出。

喷雾干燥是采用雾化器将原料浆液分散成雾滴，并用热风干燥雾滴，从而获得产品的一种干燥方法。其包括空气加热系统、供料系统、干燥塔、雾化器、气固分离系统、卸料及运输系统。图 4.9 示出了喷雾成型的一般工艺流程，由送风机送入的空气经加热炉加热后作为干燥介质送入喷雾成型塔中，需要喷雾成型的浆液由泵送至雾化器，雾化液与进入塔中的热风接触后水分迅速蒸发，经干燥后形成粉状或小颗粒状成品。废气及较细的成品在旋风分离器中得到分离，最后由抽风机将废气排出。主要成型产品由喷雾成型塔下部收集，而较细的成品则由旋风分离器下部集料斗收集。

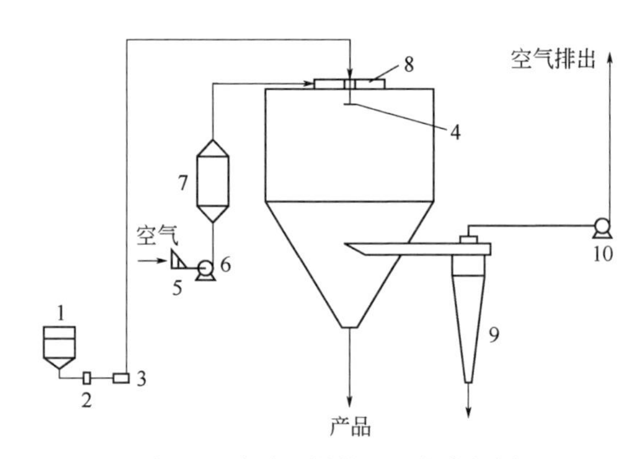

图 4.9　喷雾干燥装置工艺流程图

1—料液槽；2，5—过滤器；3—泵；4—雾化器；6，10—风机；
7—空气加热器；8—空气分布器；9—旋风分离器

（1）空气加热系统

喷雾干燥成型所用干燥介质通常是热空气。将空气加热至所需温度的热风炉可分为烧油式、燃烧式以及烟道气作干燥介质等方式。

烧油式热风炉是用油为燃烧介质的高温预热空气的设备，所用燃油可以是轻柴油或煤油。它又可以分为间接式及直接式两种。间接式是将燃烧气体通入管内，空气在管外，主要通过辐射传热，空气出口最高温度约为 400℃。温度更高时，热损失大且热效率降低。直接式烧油的热风炉由一个耐火材料为衬里的燃烧室及一个混合室组成。烧油喷嘴安在燃烧室内。燃烧柴油时可以获得 200～700℃的热空气。燃烧气体的清洁程度主要取决于柴油质量及油的雾化程度。

燃气式热风炉系统通过燃烧煤气或天然气来加热空气。间接燃气热风炉可将空气温度加热到 200～300℃。直接式燃气热风炉可将空气加热到 800℃，甚至更高。

以烟道气作干燥介质的热风炉是将高温烟道气混合空气后获得高温载热体，它可以节省设备投资。但采用固体燃料煤燃烧时，常含有未烧尽的颗粒和灰分，须尽力除去，避免污染成型物料。

（2）料液雾化系统

料液雾化是喷雾干燥成型的关键，雾化的目的在于将料液分散成平均直径为 20～60μm 的微细雾滴，当雾滴与热空气接触时，雾滴迅速气化而干燥成粉末或颗粒状产品。物料雾化有三种不同的方法：

① 利用高压（10.0～20.0MPa）泵将液体压过细孔喷嘴，使液体分散成雾滴，所用喷嘴称为压力式雾化器或压力式喷嘴。

② 利用压缩空气（0.2～0.5MPa）从喷嘴喷出，将液体分散成雾滴。所用喷嘴称为气流式雾化器或气流式喷嘴。

③ 利用高速旋转的圆盘（圆周速度为 75～150m/s）将料液从转盘中甩出，使料液形成薄膜后再断裂成细丝和雾滴，所用转盘称为旋转式雾化器。

三种雾化方式各有特点，将在第 4.5.2 节进行叙述。

（3）气体-粉末分离系统

料液在喷雾成型塔中经雾化干燥而形成粉末状或颗粒状产品。大部分较大粒子落到塔底部排出，小部分细粉产品则随气体带至旋风分离器中由集料斗排出。经旋风分离器顶部排出的气体还可以通过洗涤器除去尚未除尽的细粉。通常高效旋风分离器能捕集 10～20μm 的细粉。

徐兵等[129]以六水氯化铝和氨水作为原料，采用化学沉淀法制备了一水软铝石，然后加水和聚乙二醇将其溶解、分散，利用喷雾干燥技术进行干燥，再经高温焙烧，得到氧化铝超细粉体。实验表明，通过喷雾干燥所得粉体，外形呈规则且均一的圆盘状或圆钵状，没有团聚，粒径分布范围窄，处于 4～10μm，比表面积为 $391m^2/g$，在 1200℃下处理 2h 后粉体的比表面积仍可达到 $185m^2/g$。

曾双亲等[130]利用并流法制备氧化铝前驱体浆液，而后经喷雾干燥、焙烧，得到氧化铝微球。研究发现，利用氧化铝前驱体浆液直接喷雾得到的不是拟薄水铝石。这是因为氧化铝前驱体浆液是无定形水合氧化铝，晶体未完全生长，需要一定时间老化，老化后的氧化铝前驱体浆液再进行喷雾，便能得到拟薄水铝石。

4.5.2 喷雾干燥成型设备及工艺过程

喷雾干燥成型是采用雾化器将料液分散成雾滴，并用热风干燥雾滴而成型为微球状产品。根据料液及不同的雾化方式可将喷雾干燥成型分为三种类型：气流式、压力式、旋转式。

（1）气流式喷雾干燥

气流式喷雾干燥成型设备的喷嘴有多种结构，以二流式喷嘴为例（图 4.10），中心管走料液，压缩空气走环隙，当气液两相在端面接触时，由于气体从环隙喷出，气体速度很高，一般为200～340m/s，而液体流出速度（一般不超过2m/s）不大，两种流体之间存在着很大的相对速度，从而产生很大的摩擦力，把料液雾化。喷雾所用压缩空气压力一般为200～700kPa。雾化分散度与气流喷射速度、液体和气体的性质、气液比及雾化器结构有关。通常气流流向相对速度越大，雾滴越细，气液质量比就越大，雾滴越均匀。料液黏度越大，越不易得到粉状产品，而得到絮状产品。

另外还有三流式喷嘴（图4.11）等。三流式喷嘴指具有三个流体通道的喷嘴，其中一个为液体通道，另外两个为气体通道。料液夹在两股气流之间而被雾化，雾化效果比二流式喷嘴要好，适用于膏状、糊状或滤饼之类黏稠物料的雾化。由于料液两面受到气流冲击，增加了料膜和气体的接触面积，使能量获得充分利用，因此料膜被拉得很薄而获得较细雾滴。

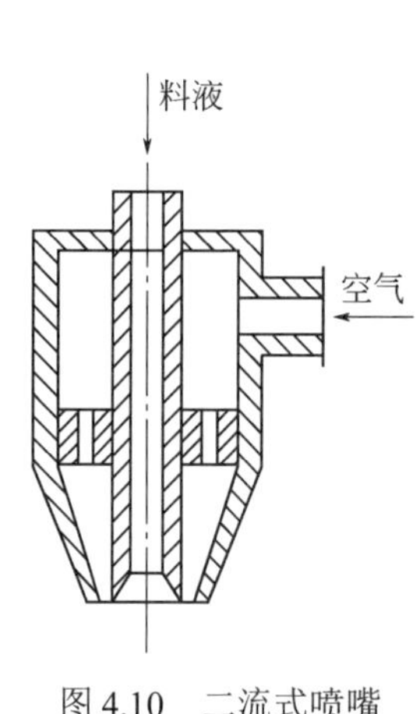

图4.10　二流式喷嘴

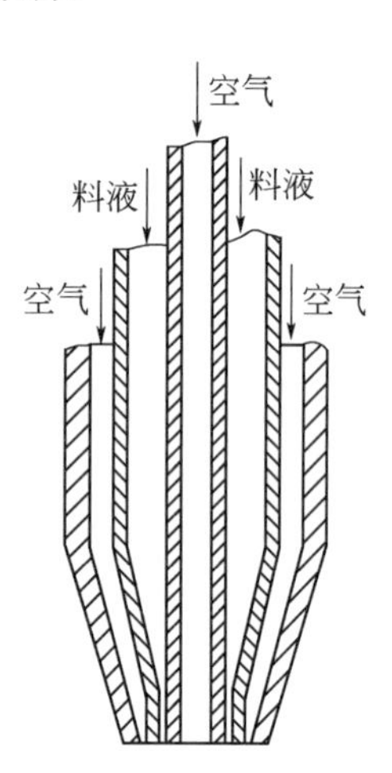

图4.11　三流式喷嘴

（2）压力式喷雾干燥

压力式喷雾干燥成型设备的雾化器也有多种形式，常见的是切线旋涡式和离心式，分别见图4.12和图4.13。利用高压泵使料液获得很高压力（2～20MPa），从切线入口进入喷嘴的旋转室中，产生旋转运动，根据旋转动量矩守恒定律，旋转速度与旋涡半径成反比，越靠近轴心，旋转速度越大，其静压力越小，结果在喷嘴中心形成一股压力等于大气压的空气旋流，而料液则形成绕空气中心旋转的环形薄膜从喷嘴喷出，把液膜伸长，变薄并拉成细丝，最后分裂为细小雾滴。影响液滴尺寸的因素有进料量、操作压力、料液黏度、表面张力及喷嘴几何尺寸等。干燥前液滴尺寸与干燥后产品颗粒尺寸有如下关系：

$$D_w=\beta D_d \tag{4.3}$$

式中，D_w 为干燥前液滴尺寸；D_d 为干燥后产品颗粒尺寸；β 为形状变化因子，表示液滴蒸发时收缩或膨胀情况，由实验测定。

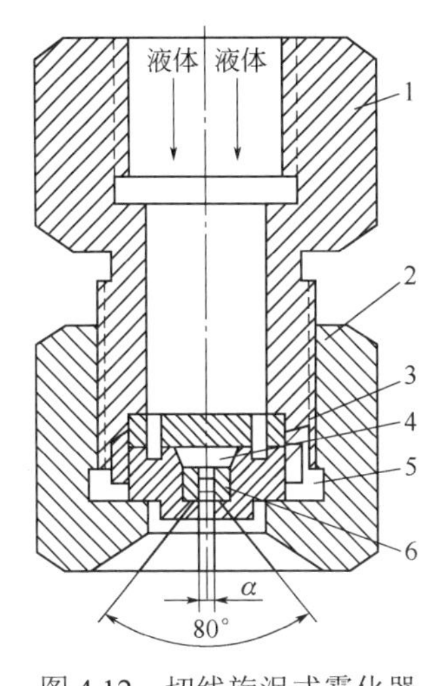

图 4.12　切线旋涡式雾化器

1—管接头；2—螺帽；3—多孔板；4—旋转室；5—喷嘴座；6—碳化钨喷嘴

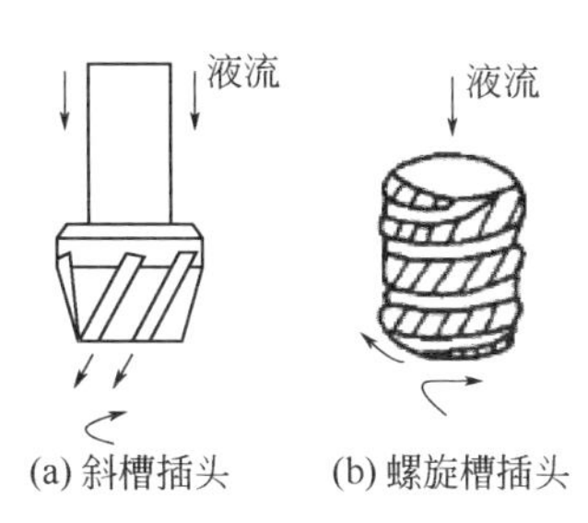

图 4.13　离心式雾化器

由于料液性质、干燥操作条件、雾化器结构不同，这种相关关系十分复杂。对于生产者而言，往往更注重干燥后产品的粒度分布。在生产实践中可以通过不断总结经验，调节操作参数，控制好产品的粒度分布。

（3）旋转式喷雾干燥

当料液被送到高速旋转的盘上时，由于旋转盘离心力的作用，料液在旋转盘面上伸展为薄膜，并以不断加快的速度向盘的边缘运动，离开盘边缘时就使料液雾化。旋转式雾化器分为光滑轮和叶片轮（图 4.14～图 4.16）。

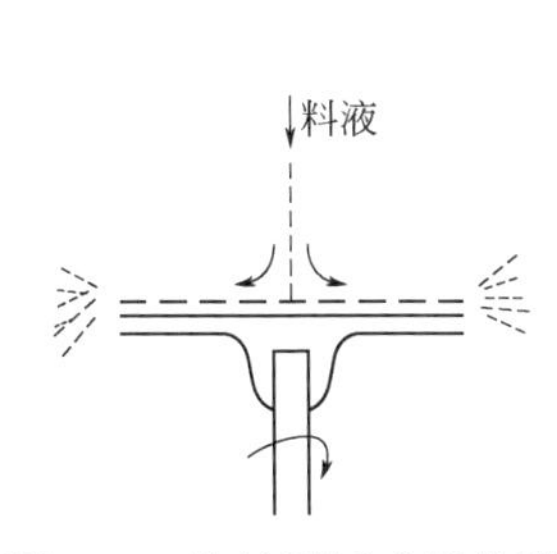

图 4.14　旋转平板式雾化器

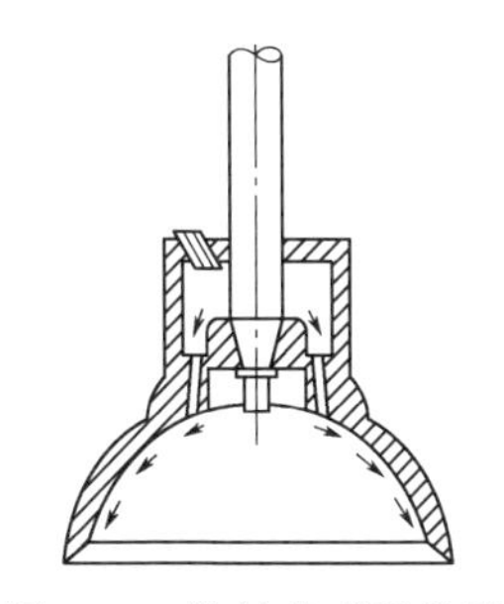

图 4.15　旋转碗式雾化器

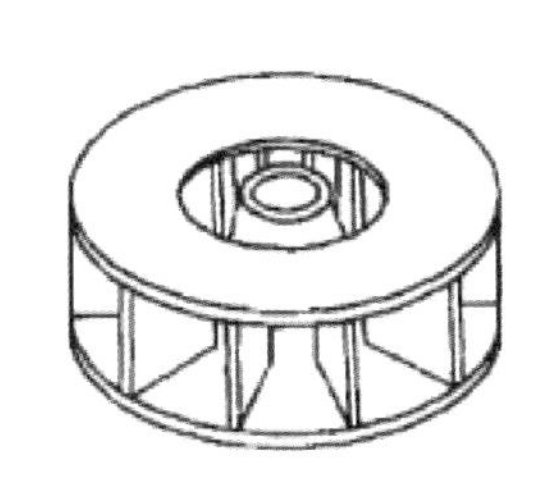

图 4.16　矩形通道雾化器

三类喷雾干燥成型的优缺点比较见表 4.11。关于喷雾干燥系统的设计计算等详见有关专著[131]。

表 4.11　三类喷雾干燥成型的主要优缺点

	气流式	压力式	旋转式
优点	1. 能处理黏度较高物料 2. 可制取小于 5μm 的细颗粒 3. 适用于小型或实验室设备	1. 雾化器价格便宜 2. 大型塔可同时使用几个雾化器 3. 适于逆流操作 4. 适于产品颗粒粗大的操作，也可获得不同粒度分布的产品	1. 操作简单，对不同物料适应性强，操作弹性大 2. 产品粒度分布均匀，颗粒较细 3. 操作压力低 4. 操作时不易堵塞
缺点	1. 动力消耗较大 2. 不适用于大型设备	1. 操作弹性小，供液量随操作压力而变化 2. 喷嘴易磨损，影响雾化效果 3. 需用高压泵，对腐蚀性物质需用特殊材料 4. 制备细颗粒时有一定下限	1. 塔径较大 2. 雾化器加工安装精度要求高，动力机械价格高 3. 不适用于逆流操作 4. 制备大颗粒时有一定上限

4.5.3　喷雾干燥成型条件对产品性能的影响

4.5.3.1　压力式雾化器

催化裂化催化剂采用喷雾干燥成型，要求产品有一定的粒度分布（＜40μm＜20%；40～80μm＞5%）和机械强度，不同于奶粉、洗衣粉的生产。石油化工科学研究院早在 20 世纪 60 年代初就开发出我国第一代催化裂化催化剂，并做了大量细致的工作[132]。中型试验考察了喷嘴、操作条件对产品粒度分布的影响，结果见表 4.12。

表 4.12　旋转体结构尺寸对催化剂粒度分布的影响

喷嘴孔径/mm	旋转室		喷雾压力/MPa	粒度分布/%				平均粒径/μm	标准离差/μm
	孔径/mm	对孔中心距/mm		＜20μm	20～40μm	40～80μm	＞80μm		
0.8	1.3	3.2	7.0	6.3	17.9	50.0	25.8	62.0	27.0
0.8	1.0	3.5	7.0	4.8	23.0	60.9	11.2	53.0	22.0
0.8	1.0	4.7	6.0	8.8	19.8	61.8	8.6	51.0	21.5
0.8	1.0	2.2	6.0	6.8	18.9	48.6	25.7	61.0	29.5

该院经过工业生产长期实践、完善、改进，摸索出一些规律，可供研究和生产借鉴。影响催化裂化催化剂粒度分布的主要因素有：

① 喷雾浆液固含量。在其他条件一定情况下，固含量增大，产品粒度偏粗。

② 喷雾压力。在其他条件一定时，压力升高，产品粒度偏细。

③ 喷嘴结构尺寸。喷嘴孔径：压力一定时，孔径增大，催化剂平均粒度偏粗。喷嘴孔长：孔长减小，粒度偏小。旋转体的切线孔径：孔径越大，旋转室内液体切线速度越小，雾锥角也越小，产品粒度越偏大，粒度分布越不集中。旋转体切线孔对孔距离：距离越小，粒度越大。旋转体切线孔对孔中心线交角：交角越小，特别是小于 90°，产品粒度越大，粒度分布不集中。旋转室的高度和锥度、角度：太低和太小都会影响旋转室内液体的流动状态，从而使粒度偏大。喷嘴和旋转体之间搭配：旋转体孔径/喷嘴孔径之比值越小越利于液滴分散。

此外，喷雾干燥的风量过大，易把细粉带走，影响产品粒度分布。热风温度过高，会影响产品机械强度。

4.5.3.2 旋转式雾化器

国外催化裂化催化剂生产常采用旋转式雾化器。在喷雾塔工业运转中，转速、浆液固含量、雾化轮的结构对某种裂化催化剂粒度分布的影响分别见图 4.17～图 4.21。

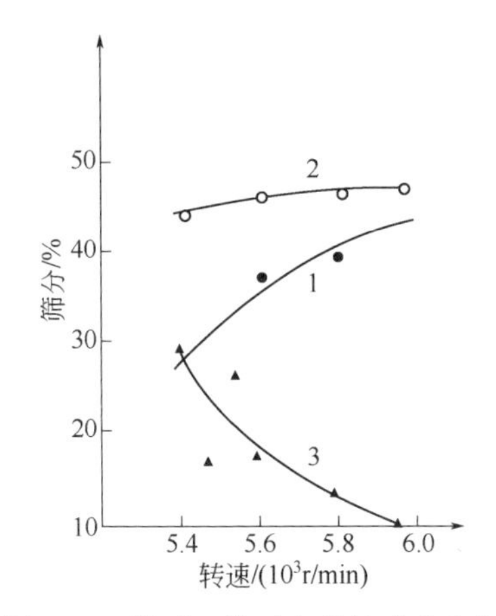

图 4.17　塔下、旋下产品粒度分布与雾化器转速的关系

1—＜40μm；2—40～80μm；3—＞80μm

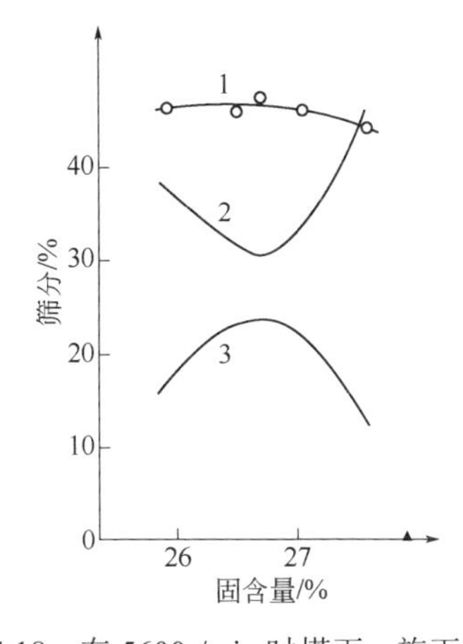

图 4.18　在 5600r/min 时塔下、旋下混合产品粒度分布与浆液固含量的关系

1—＜40μm；2—40～80μm；3—＞80μm

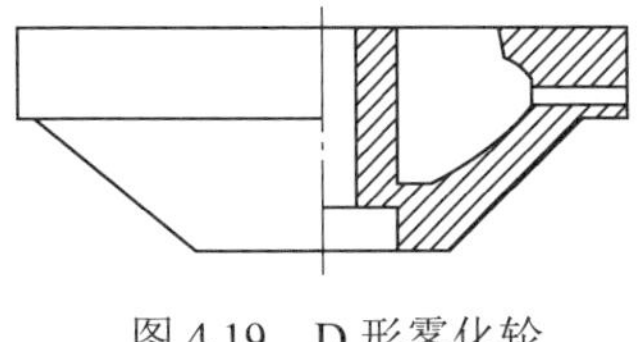

图 4.19　D 形雾化轮

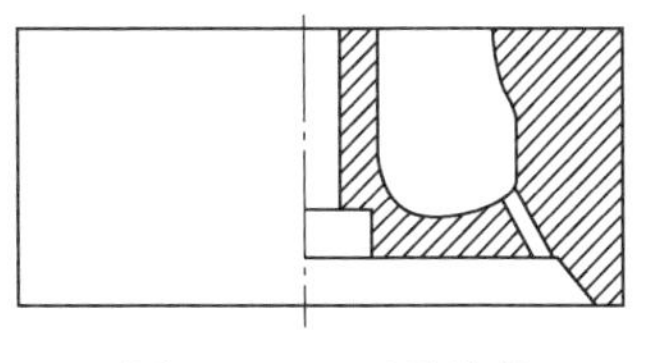

图 4.20　T 形雾化轮

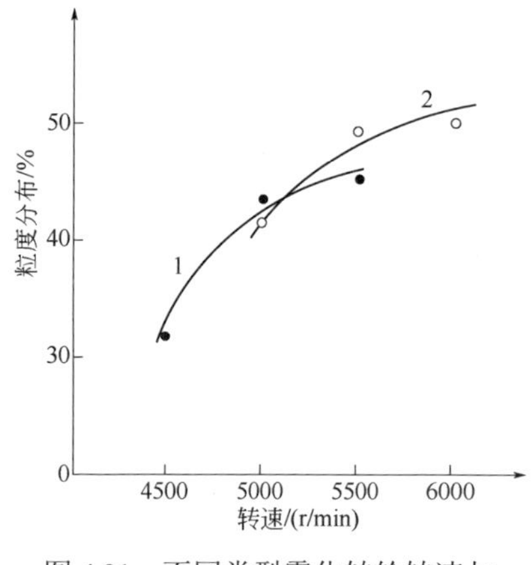

图 4.21　不同类型雾化转轮转速与产品粒度分布（40～80μm）的关系

1—D 形雾化轮；2—T 形雾化轮

由图可见，某种裂化催化剂塔下、旋下产品按一定比例混合的成品粒度分布与雾化器转速有明显的相关关系。随转速提高，成品中＜40μm 组分急剧增加，＞80μm 组分急剧降低，而 40～80μm 组分缓慢增加。而成品中，＜40μm 组分开始随固含量升高而下降；当固含量上升到某值后随固含量上升而增加，40～80μm 组分随固含量升高而缓慢下降，＞80μm 组分随固含量升高而升高，当固含量上升到某值后，该组分又随固含量升高而降低。通道式 D 形雾化轮（叶片轮）放置与装配轴线互相垂直，杯式 T 形雾化轮（光滑轮）与装配轴线成 50° 夹角。在相同转速下，T 形雾化轮生产的成品 40～80μm 组分比 D 形雾化轮的高 4%左右。不同类型雾化轮，对粒度分布的影响也不同。

据报道，在国内某丙烯腈催化剂 Φ1200mm×1800mm 旋转式喷雾干燥成型设备中，采用 Φ210mm 光滑轮雾化，固含量、热风进风量、转速对催化剂粒度分布的影响分别见表 4.13～表 4.15。由表可见，料液固含量提高，大粒子变多；风量增加，粒度变小，选择 300m^3/h 进风量较合适；转速增加，＜44μm 产品也增加，＞74μm 产品相应减少。这些影响趋势与上述对某种裂化催化剂的影响相似。但影响的程度不一样，这是物料性质（黏度、表面张力、粒度等）不同而引起的。

表 4.13　料液固含量对粒度分布的影响

料液固含量/%	粒度分布/%	
	＜44μm	＞74μm
41.3	71.2	1.0
49.4	37.4	6.4
53.4	30.0	13.8

注：试验条件为雾化器转速 9700r/min，进风温度 250℃，加料速度 4L/h。

表 4.14　进风量对粒度分布的影响

进风量/（m^3/h）	粒度分布/%		催化剂表观密度/（g/mL）
	＜44μm	＞74μm	
300	37.4	6.4	1.108
400	46.8	10.0	1.040
500	51.4	10.2	1.012

注：进风温度 200℃，风量 300m^3/h，加料速度 3.8L/h。

表 4.15　雾化器转速对粒度分布的影响

序号	转速 /（r/min）	粒度分布 /%	
		＜44μm	＞74μm
1	12000	86.3	5.7
2	10500～12000	37.6	31.0
3	9700	28.0	14.4

注：进风温度 200℃，风量 300m^3/h，加料速度 3.8L/h。

4.6 转动成型

转动成型是将粉体、适量水或黏结剂送至转动容器内，粉体在液桥和毛细管力作用下团聚一起，形成微核。在容器转动产生的摩擦力和滚动冲击作用下，润湿的物流相互黏结起来，逐渐成为一定大小的球形颗粒。转动成型法是催化剂常用成型方法之一，其特点是处理量大，设备投资少，运转率高，但颗粒粒径大小不均一，难以制备粒径较小的颗粒，操作时粉尘较大。

4.6.1 转动成型原理

（1）核生成

在转动容器内粉体微粒与喷洒液体接触时，液体在粒子的接触点四周形成架桥，在黏结液体表面张力的作用下，局部粒子黏结成松散的聚集体，成为核，见图 4.22（a）。随着容器的转动，粒子相互压紧而空隙减少，形成的聚集体进一步与喷洒液体及粉体粒子接触，进一步生成更大聚集体，见图 4.22(b)，又称“种子”。在载体生产过程中，挤出成型经整形形成细小球粒引入作“种子”。

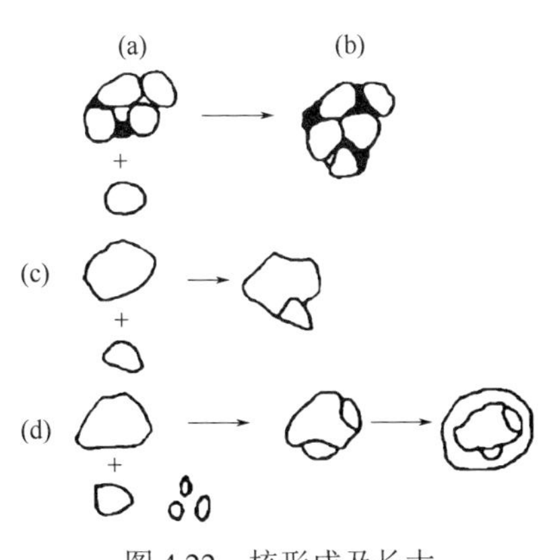

图 4.22　核形成及长大

（2）小球长大

生成的核通过液体表面张力及负压吸引作用，将粉体不断附着在转动的核润湿表面上，使核不断长大成小球，见图 4.22（c）。

同时由于旋转运动及生成小球的压实作用，使成型物不断长大，不断压得更密实，并成长为球形颗粒，见图 4.22（d）。颗粒长大的主要途径为凝聚和包层。这一阶段是小球长大阶段，也是主要的控制过程。影响核长大的主要因素：黏结剂用量，容器转动速度，转盘载荷，粉体粒度分布，液体表面张力，核的存在。

（3）小球排出

生长的圆球随球体不断压实和增大，摩擦力随之减小，小球在转动中逐渐浮现在表面。在转盘成球过程中，达到预定粒度要求时，自动从圆盘边缘滚出，成为所需产品。

4.6.2 转动成型设备及工艺过程

（1）转盘式成球机

转盘式成球机结构如图 4.23 所示，在倾斜的转盘中加入粉体原料，同时在盘上方通过喷嘴喷入适量水（或黏结剂），事先制作或引入直径 0.5～1mm 小球作“种子”，在转盘中粉体由于摩擦力及离心力作用，被升举到转盘上方挡板处，然后又借重力作用而滚落到转盘下方。通过不断转动，粉料反复滚动，粉体粒子相互黏结长大，产生滚雪球效应，最后成长为所控制大小的球粒，排出转盘，得到制备产品。

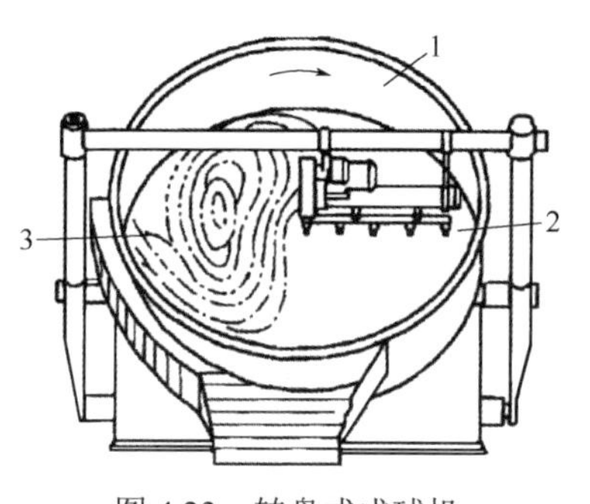

图 4.23　转盘式成球机

1—转盘；2—喷液；3—粉料

图 4.24 给出了转盘中物料运动示意图。成球过程分为 α、β、γ 三部分，机理如图 4.25 所示。在 γ 部位，粉体含水率低，其中一部分和成长的球粒相结合，另一部分由于局部喷入过量水分或者黏合剂与附近粉体结合，它就成为球粒成长的核。这一部位，球的生长速度快，一般是制作种子。除非有特殊情况，一般不宜在此部位喷水或黏合剂，粉体在这一部位加入最好。在 β 部位，呈月牙形，喷入水或者黏合剂得到最稳定状态，由于粉体-液体表面张力及负压吸引力作用，粉体不断附着在润湿的球体表面，球粒不断成长与压实，在这一部位自动连续加入粉体，一边长种子一边出料，为连续生产的最佳位置。在 α 部位，在球表面压力及负压液柱作用下，干粉黏结在有水分的球上，球粒内部水分不断减少，球粒进一步被压实，当长到一定大小时，由于分级作用，大粒成品从转盘边缘抛出。

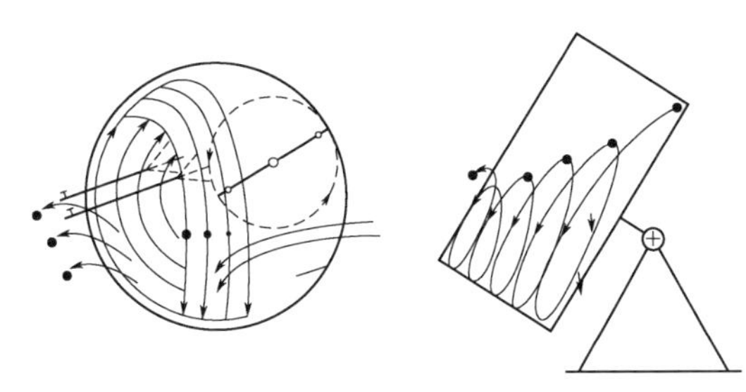

图 4.24　转盘成型物料运动示意图

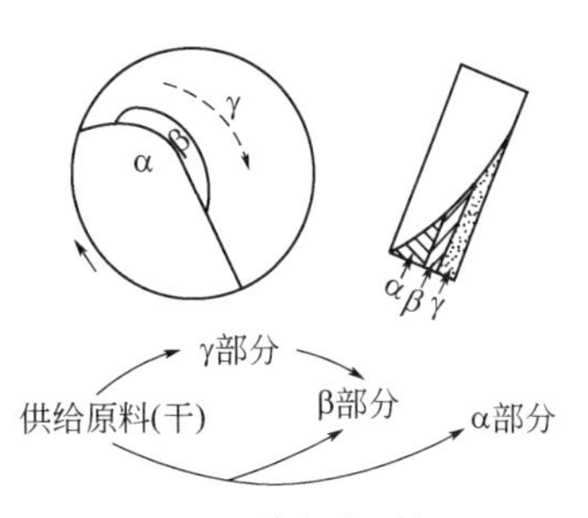

图 4.25　转盘成型机理

采用快脱粉制备球形氧化铝载体时，快脱粉在直径转盘滚球机上的试验表明，粉体加入位置选择 γ 部位中部偏下最合适。粉体在此加入后立即贴着盘底顺着转动方向运动到盘上方挡板处，在 β 部位均匀散开，这样既避免了粉体在 α 部位与已成长为所要求大小的球粒相接触，又能保证粉体均匀分散，使运转保持平衡状态。当喷入过量黏结剂时，也在 α 部位添加少量干粉，以免球粒粘连。经验表明，黏结剂的加入位置以 β 部位中部偏上最合适，但要注意与挡板的距离不要太近，否则小球会黏附在大球表面。总之，黏结剂与粉体加入位置根据球的成长情况加以调节，此转盘式成球机可制备 2～8mm 的球形颗粒。

（2）转筒式成球机

转筒式成球机如图 4.26 所示。它的主要组成部分之一是圆形筒体，圆形筒体支撑于托轮上，筒体倾角很小。粉体从较高一端的加料槽加入筒内，筒内物料不断地被筒体上下翻动，与喷入的黏结剂接触，粉体借助圆筒的回转而不断前进，粒子不断长大，最后较大的球粒从较低的一端排出。

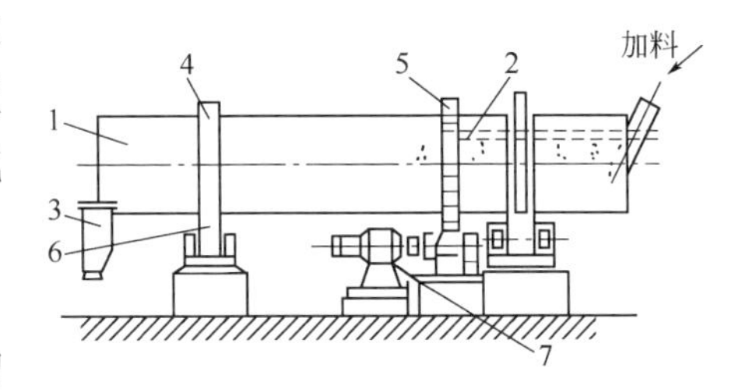

图 4.26　转筒式成球机

1—圆筒；2—喷嘴；3—出料器；4—滚圈；5—大齿轮；6—托轮；7—减速器

（3）转鼓式成球机

转鼓式成球机的结构如图 4.27 所示。其主要组成部分是荸荠形或莲蓬形的转鼓，它类似于用喷浸法制备催化剂的转鼓，通常由不锈钢等性质稳定并有良好导热性的材料制成，其大小及形状可根据生产规模加以设计。为了使物料在转鼓中既能随转鼓的转动方向滚动，又有沿轴方向的运动，该轴常与水平呈 30°～40° 角倾斜，轴的转速可根据转鼓的体积、粉体性质及不同成球阶段加以调节，常用转速范围为 12～40r/min。

加热器主要对转鼓物料表面进行加热，以加速成球时水分或黏合剂中溶剂

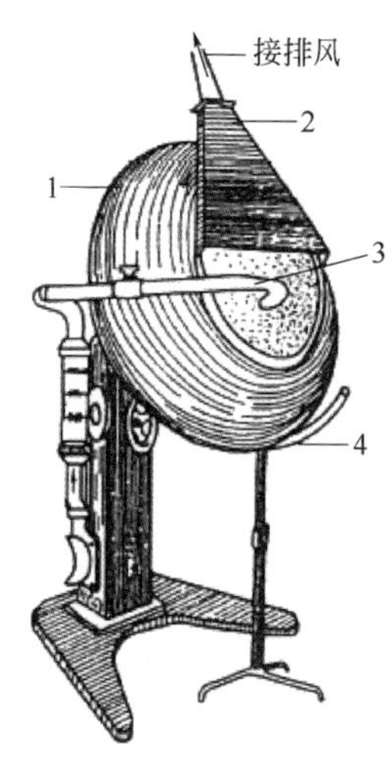

图 4.27　转鼓式成球机
1—转鼓；2—吸粉罩；
3—喷枪；4—加热器

的挥发，常用的方法是电热丝或煤气加热，并根据成球过程调节温度，同时采用排风装置吸除湿气及粉尘。

成球时将细粉或预先加工的种子（或母粒）加到转鼓中，转鼓转动的同时由喷枪供给适量水分（或黏合剂）。转鼓中的细粉或种子由于受到离心力及摩擦力的作用被带到上部，然后在重力作用下使其下落，利用这种转动作用将细粉互相黏合或由种子逐渐黏合细粉而长大成为一定尺寸的球形颗粒。

转鼓成球时，为了提高加料均匀性，粉料可通过加料器逐渐加入，黏合剂可采用无气喷雾或空气喷雾方式加入，无气喷雾是利用柱塞泵使黏合剂达到一定压力后再通过喷嘴小孔雾化喷出。采用这种方法黏合剂的挥发不受雾化过程的影响，但黏合剂的喷出量一般较大，主要适用于大规模生产。空气喷雾方式是通过压缩空气雾化黏合剂，较少黏合剂就能达到理想的雾化程度，常适用于小规模生产。

此外，为了改善粉体物料在转鼓内的运动状态，也可在转鼓内设置挡板，挡板的形状及位置可根据成球大小、形状及碎裂性进行设计及调整。由于挡板对滚动小球的阻挡，可克服成球过程中转鼓内的死角，提高成球均匀性、缩短成球时间。

4.6.3　转动成型条件对产品性能的影响

催化剂制备完成后，将经受装桶、运输、储存以及装填反应器操作带来的损伤。而与压缩成型及挤出成型法相比，转动成型产品的强度较差，为了使转动成型产品获得较好的机械强度及形态保存性，需选择合适的物料及黏结剂，控制操作工艺条件，避免产品颗粒分层脱皮。

（1）粉体性质

粉体粒子为球形或接近球形粒子时，在粉体转动成型的互相压实过程中，由于空隙率较高，颗粒生长速度慢，难以获得高强度的成型产品。因此，采用无规则形状的粉碎粉体利于转动成型。粉体粒子越细，团聚体填充越密实，小球抗压强度越高。球形 Al_2O_3 载体采用转动成型制备，表 4.16 列出几种拟薄水铝石粉体的粒度与强度和成球光洁度的关系。粉体颗粒越细，强度越高，粒度过细使原料塑性指数大大提高，导致成球性能恶化，球表面光洁度差[133]。在工业实际应用中，选用具有一定粒度分布的粉体，降低孔隙率的同时，还容易成型。若粗粉过多，小球生长速度快，导致产品抗压强度降低。

表 4.16 粉料的粒度与强度和成球光洁度的关系

粉料粒度/nm	12.2	21.3	33	44.2
成球压碎强度/N	100	70	44.2	40
成球光洁度	差	较差	较好	较好

转动成型对粉体含水量要求较高，粉体适宜的水含量要保持稳定，成型时喷洒水量的调节很重要。水多，滚球容易产生粘连；水少，易滚成哑铃形。往往加入保水助剂，如淀粉、羧甲基纤维素、聚乙酸乙烯酯等，可起到扩大成型适用范围的效果。

（2）黏结剂

转动成型时加入黏结剂的目的是使粉体粒子在转动时互相黏结在一起并提高成型产品的强度。黏结剂主要为固体粉末或者液体。粉末黏结剂一般是预先混入成型粉体原料中，液体黏结剂则是直接喷洒在转动粉料上。黏结剂用量与粉体比表面积等性质有关，同时影响制备产品的性能。

李彩珍[134]发表了黏结剂用量的理论计算公式，但是生产过程中，必须根据实际情况进行调节。采用快脱粉，粒度＜200 目，在直径 500mm 的转鼓成球机进行成球实验，考察黏结剂种类及用量影响，结果见表 4.17。试验表明，液固比的最佳范围为 0.50～0.53，并能保证有较高的压碎强度。液固比过高时，滚球表面水分过高，颗粒之间容易发生粘连；液固比过低时，产品的强度过低。

表 4.17 黏结剂对氧化铝球性质的影响

黏结剂	堆积密度/（g/mL）	孔容/（mL/g）	压碎强度/（N/颗）
水	0.62	0.54	65
1%硝酸溶液	0.65	0.50	78
2%硝酸溶液	0.68	0.52	85
铝溶胶	0.73	0.48	108

由表 4.17 可见，不同种类黏结剂对产品的影响较大。采用水作黏结剂，产品的强度较低，孔容相对较大。当黏结剂中加入硝酸后，载体强度进一步提高，当采用铝溶胶作黏结剂时，载体的压碎强度相对较高。在成型过程中，可以根据不同的产品选择不同的黏结剂。

（3）转盘操作条件

滚球的强度和大小是转动成型产品的重要控制指标，它们与操作条件有较大关系。球的孔隙率越小，则粒子间黏结剂的毛细作用越强，球的强度也就越高。影响孔隙率的因素，除粉体性质外，还有成型时的停留时间、转盘倾角等操作条件。转盘直径大，由于转动时下落距离变长，球的动能变大，有利于球的压实，球的孔隙率变小。直径相同的转盘，盘的倾角小时，球转动时落差随之减小，球的压实程度变差，孔隙率相应增大。倾角加大，球的停留时间缩短，必须把挡板高度加高，转盘中的存量加大，停留时间延长，使球粒压得更实。转速增加，可使球转动时落差增大，有利于球的压实，从而使孔隙率减小。

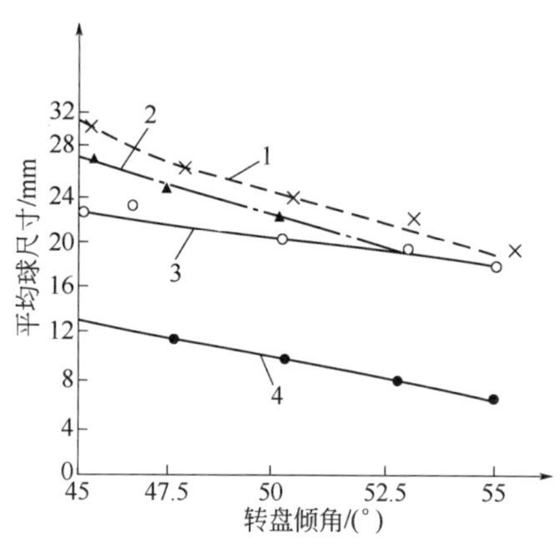

图 4.28　转盘倾角与球的尺寸关系

1—石英粉；2—氧化钙；3—黏土；4—二氧化硅

球的大小受多种因素的影响。如黏结剂加入量越多，停留时间越长，球的尺寸越大。而停留时间与转盘倾角有关，一些粉体成型时转盘倾角与球的大小的关系见图 4.28。由图可见，倾角加大时，球的尺寸相应减小。同时，球的尺寸还受处理量、停留时间及含水量影响。球的大小随处理量增大而减小，随停留时间延长而增大，随含水量增加而减小。球的大小还可以通过调节倾斜角度、转动速度、黏结剂加入量进行调节，球形度可以通过黏结剂喷入量、喷入位置及粉体粒度进行控制。

4.7 油柱成型

4.7.1 油柱成型原理

油柱成型也称油中成型，系利用溶胶（如铝胶、硅胶、硅铝胶等物料）在适当 pH 值和浓度下凝胶化的特性，把溶胶以小滴形式滴入煤油等介质中，由于表面张力的作用，收缩成球，凝胶化形成小球粒[135-137]。将凝胶小球老化、洗涤、干燥、焙烧制成载体。油柱成型的球形载体适用于固定床、移动床催化反应装置。比如可用于制备连续再生式的催化重整催化剂。由于这类催化剂使用于移动床反应器中，因而要求强度高，磨耗低。根据凝胶化机理不同，油柱成型分为油氨柱成球与油柱成球。

4.7.2 油柱成型设备及工艺过程

4.7.2.1 油氨柱成球

洗涤后的氢氧化铝凝胶（或 SB 干胶粉）加入硝酸胶溶，得到一定黏度和流动性的假溶胶，在微小风压下穿过成球盘滴头，由细孔滴入成型柱里。该成型柱为油氨柱，上层为煤油层，下为氨水层。假溶胶液滴在煤油层中因存在表面张力而收缩成球状，穿过油氨界面进入氨水层发生胶凝、固化。循环氨水从柱底部进入将湿球带进缓冲柱（集球柱）中，湿球再继续固化、老化，并由柱底部进入循环氨水，湿球经过溜槽中网带分离出氨水，湿球送入带式干燥器，氨水进入贮罐内循环利用。筛网上的湿球被定期取出后，经洗涤、干燥、焙烧而得到活性氧化铝球。该成型方法的优势是产品孔容大、强度高，缺点是存在氨气的污染。成球柱、缓冲柱均由有机玻璃制作，便于观察、调节成球的操作。见图 4.29 示意流程。

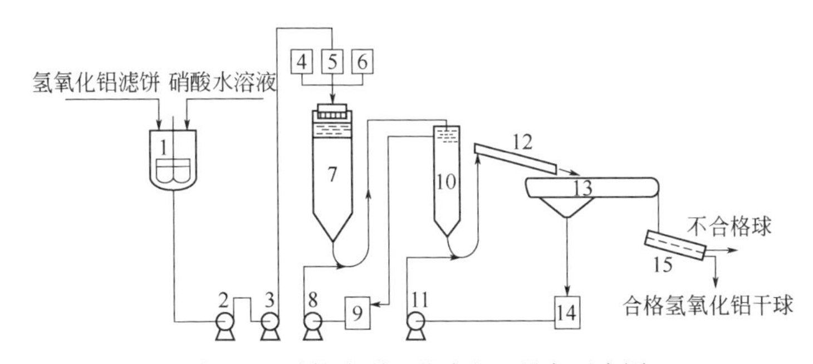

图 4.29　油柱成型工艺流程及设备示意图

1—酸化罐；2—胶体磨；3—浆液泵；4—煤油储罐；5—浆液储罐；6—表面活性剂储罐；7—成型柱；8—热油（氨水）循环泵；9—热油（氨水）储罐；10—集料柱；11—净水循环泵；12—湿球溜槽；13—湿球干燥带；14—净水循环储罐；15—振动筛

Lv 等[138]利用自制的拟薄水铝石，采用油氨柱法制备了球形 γ-Al_2O_3。拟薄水铝石 BET 比表面积为 440m^2/g，球形 γ-Al_2O_3 具有高热稳定性，600℃下焙烧 192h，BET 比表面积仍为 180m^2/g，高于国外商品 γ-$Al_2O_3$150m^2/g 的 BET 比表面积。何劲松等[12]以自制的聚合氯化铝作为原料，制备铝溶胶，而后将铝溶胶滴入油氨柱中，经老化、干燥、煅烧，制备球形 γ-Al_2O_3。考察了不同煅烧温度和不同表面活性剂对 γ-Al_2O_3 孔结构的影响，结果表明，煅烧温度升高后 γ-Al_2O_3 比表面积降低、孔径增大，表面活性剂分子量增大，扩孔效果变好。

使用油氨柱法制备球形氧化铝，即将铝溶胶和非离子表面活性剂溶液同时加入油氨柱内成球，其中所介绍的非离子表面活性剂溶液的溶剂为水与醇的混合物。该法能够有效解决成球过程中的粘连现象，使成球收率明显提高，并且简化了成球后的后处理步骤。

（1）油层

油的作用是成型，使假溶胶液滴进入油层后，靠液体表面收缩力-表面张力收缩成球形。得到的球粒大小与加料方式、假溶胶黏度、分散方法及假溶胶-油之间的表面张力有关。所用的油可为汽油、煤油、润滑油、机油、变压器油、乙醚、石油醚、苯、己烷、联苯与联苯醚混合物、醇、酮及卤代烃等。可单独使用，也可混合使用。

选用的油应满足以下要求：

① 密度小于氨水及假溶胶，并与水不互溶（氧化铝固含量 10%～15%的假溶胶的密度为 1.25g/cm^3，固含量 3%～5%的密度为 1.05g/cm^3，表面张力为 75×10^{-5}N/cm）。

② 与假溶胶间的表面张力要足够大，以保证成球形，而与水之间的界面张力要保证球在油-水界面上不停留或受冲击时不发生变形。此油-水界面张力应小于 25×10^{-5}N/cm，最好低于 15×10^{-5}N/cm。

③ 氨在油中的溶解度不应使假溶胶在成型前发生胶凝，且油本身对假溶胶也无任何作用。

④ 杂质含量较低，以免成型时带入使催化剂中毒。

（2）氨水层

氨水的作用是使从油层来的球状溶胶在电解质（氢氧化铵）作用下发生胶凝，使球固化到足够硬度。选用氢氧化铵是因为在载体焙烧后它不留下杂质，也可选用其他电解质如硫酸铵、氯化铵等。氨水浓度常选用 15%左右，浓度提高有利于固化，但氨味重，影响操作环境；浓度太低，固化效果差，得到的球粒球形度差。工业生产中循环氨水浓度小于 2%～3%时应及时更换。氨水层高度决定于溶胶固化和进一步老化所需时间，由实验测定。生产中从湿球进入氨水层一直到进入干燥带一般需 30～60s。

（3）表面活性剂

它的作用是降低油-水界面的表面张力，使溶胶在油中成球后顺利地通过此界面，同时还可防止产品干燥后发生破碎。表面活性剂应满足以下要求：

① 其表面张力小于溶剂表面张力。

② 有较小的溶解度。

③ 在其分子上存在双重性基团（极性基团与非极性基团）。

④ 必须不含有可使催化剂中毒的元素。

常选用的表面活性剂为渗透剂、净洗剂、平平加等，加入要适量。用量过小，会发生连球、黏球，出现大、扁球，影响成球质量与收率。用量过多，使氨水易挥发并乳化。加入适量表面活性剂后，它们的分子在油-水界面聚集起来，并定向排列，分子中疏水基团朝油层，亲水基团朝氨水层。当小球到达界面后，由于小球的表面亲水性，表面活性剂分子亲水基团包围小球表面，疏水基团便朝向四周。这样小球表面由原来的亲水表面变为疏水表面，改变了小球的表面性质，使小球在油层的浆-油界面张力大大降低，小球在氨水层的浆-水界面张力大大增加。因此，小球在界面受到向下的拉力，使得小球迅速顺利地穿过界面进入氨水层，避免黏结成团。同时，由于表面活性剂大大降低了油-水界面张力，使小球受到的四周拉力大大减小，加之小球在界面的停留时间很短，避免了小球成椭圆形状。

4.7.2.2 油柱成球

以高纯金属铝与盐酸制备铝溶胶，与六亚甲基四胺（乌洛托品）的水溶液相互混合，用滴头滴入 90～95℃的热油柱内，固化成小湿球。六亚甲基四胺在热油中分解放出甲醛和氨，其中氨中和铝溶胶的酸性铝盐，使铝溶胶胶凝，形成球状，液滴凝固，在油的表面张力作用下，液滴收缩成球，再在加压的热氨水罐中晶化一定时间，淋洗后进入干燥带，焙烧成 γ-Al_2O_3 载体。热油柱成型法的优点是氨气污染小，小球强度优于油氨柱成球产品。缺点是热量消耗大。

成型用油必须耐高温、不易分解，一般选用闪点较高、分子量较大的石油馏分。可采用白润滑油、变压器油、锭子油、中性溶剂油、润滑油与脂肪烃的混合物。

油柱成型的球圆度均匀，直径 1.5～3.0mm，占有设备少，操作简便，劳动强度低，处理能力不及挤出成型，适合于球形催化剂。

Liu 等[139]采用磁力分离法降低铝胶中杂质的含量，并选择热油柱成型法制备高纯球形 γ-Al_2O_3。该球形 γ-Al_2O_3 表观密度为 0.50g/cm^3，压碎强度约为 90N，比表面积为 200m^2/g，孔容为 0.75cm^3/g；其铁质量分数低于 20×10^{-6}，铜质量分数低于 1×10^{-6}。张云众等[140]将无机酸或氯化铝溶液加入铝粉中，在 120℃下水解，制备铝溶胶，而后加入胶凝剂，通过滴球装置滴入热油柱中成型，再经过陈化洗涤、烘干、焙烧，得到活性氧化铝。该产品孔容大、活性高、性能稳定、使用寿命长、耐酸碱、水热稳定性佳、杂质少、批次间稳定性好、成品收率较高。李凯荣等[141]采用热油柱成型法制备了一种低表观密度的大孔球形氧化铝。该球形氧化铝采用并流法，以硫酸铝和偏铝酸钠为原料制备拟薄水铝石，用稀硝酸将拟薄水铝石胶溶，制得铝溶胶；该铝溶胶经热油柱成型、老化、干燥、焙烧、过筛，得到成品。研究发现，稀硝酸作为胶溶剂可以提高氧化铝载体强度，而且延长老化时间、适当提高焙烧温度、采用真空干燥均可在不降低载体强度的基础上扩大孔容。

4.7.3 油柱成型条件对产品性能的影响

（1）油氨柱成球

① 酸化后浆液（假溶胶）的稳定性。为了顺利地进行滴球，必须控制酸化后浆液黏度在一定范围，使浆液有流动性，而且对此合适黏度还须能稳定保持一段时间。浆液稳定性与加酸量、酸浓度、物料性质等因素有关。以氯化铝-氨水为原料生产 η-Al_2O_3 小球载体，其加酸量与浆液黏度的关系见表 4.18。加酸量与浆液稳定性的关系见表 4.19。由表可见，加酸量直接影响浆液黏度。黏度过大、过小均使成球无法正常进行。黏度在一定范围内能稳定保持较长时间（至少 4h 以上），使生产顺利进行。

表 4.18 加酸量与浆液黏度的关系

过滤时间 /min	滤饼质量 /kg	酸加入量 /mL	硝酸用量 /（g/kg 滤饼）	浆液黏度 /Pa·s
15	1.93	250	6.6	14.8
15	2.9	400	7.1	13.5
15	2.9	460	8.0	12.8
25	1.0	237	11.9	13.0
25	1.0	250	12.5	12.5
25	1.0	260	13.0	12.0

表 4.19 湿胶耗酸量与其浆液使用时间的关系

湿胶加入量 /kg	每千克湿胶加硝酸量 /mL	硝酸浓度/（g/100mL）	浆液性质		滴球时间 /min
			pH 值	黏度 /（Pa·s）	
30	120	9.93	4.56	20	30
50	140	10.24	4.58	24	49
70	135	10.74	5.05	18	39
50	140	10.40	4.90	15	35
100	155	10.40	4.54	16	70
120	150	10.40	4.70	17	70

② 滴头直径。采用的注射器针头有三种不同直径：14G（Φ2.0mm×0.2mm）、16G（Φ1.6mm×0.2mm）和 18G（Φ1.2mm×0.2mm）。试验表明，这三种滴头都可得到满意的小球，但相应的酸化后浆液黏度要做适当调整。对 Φ1.6mm 滴头，使用 13.5～14.5 Pa·s 黏度浆液最佳；对 Φ1.2mm 滴头，使用 12～12.5Pa·s 黏度浆液最佳；对 Φ0.8mm 滴头，使用 11.8～12Pa·s 黏度浆液最佳。一般来说，黏度较小的浆液，球易扁形；反之，球则圆。在不影响成球速度与粒度筛分合

格率的前提下，尽可能采用黏度稍大的浆液，可提高湿球强度，保证产出圆度好的小球。在操作中必须及时清除滴头周围出现的凝胶（俗称“流鼻涕”），以提高筛分合格率。滴头直径、浆液黏度与小球筛分合格率的关系见表 4.20。

表 4.20　滴头直径、浆液黏度与小球筛分合格率的关系

滴头直径/mm	浆液黏度/（Pa·s）	硝酸用量/（g/kg）	小球筛分合格率/%		
			Φ1.0～1.6mm	Φ1.6～2.0mm	Φ2.0～2.5mm
1.2	12.5	12.3	0.9	92.9	6.2
1.2	12.0	18.0	0	98.2	1.8
1.6	14.5	7.5	0	92.7	7.3
1.6	13.5	6.9	0.6	93.4	6.0

③ 油品种类。不同油品的成球情况见表 4.21。由表可知，大庆直馏汽油和直馏航空煤油加适量平平加两种油是可行的。

表 4.21　不同油品的成球情况

油品种类	成球情况	油品种类	成球情况
重整原料油	絮状	直馏航空煤油	球圆，界面阻力大
重整生成油	絮状	直馏航空煤油+平平加（适量）	球圆，界面阻力小
加氢汽油	絮状	大庆直馏汽油	球圆，界面阻力小

④ 界面阻力。油-氨水界面阻力对小球圆度有显著影响。油-氨水界面在工作时间累积较长后，易引起界面阻力增大，使少数小球漂浮在界面上，其下半身浸入氨水层先固化，当小球全部坠入氨水中后，其上半身后进行固化，这样造成固化不均匀，形成扁球。引起界面阻力增加，系因油中溶解有一定量的氨气，油介质馏分变重，氨水浓度降低，氨水中悬浮物增多所致。所以，工作一段时间后需补充或更换新鲜油和氨水。

⑤ 酸化条件。生产实践表明，酸化前的湿胶体放置老化一定时间对酸化有利，对生产出的球的强度有好处。从酸化条件对成球的影响表 4.22 中数据可以看出，浆液 pH 值在 4.5～5 范围内，成球情况均良好。

表 4.22　酸化条件对成球的影响

湿胶用量/kg	胶溶化硝酸浓度/（g/kg）	硝酸用量/（mL/kg）	浆液性质		成球情况
			pH 值	黏度/（Pa·s）	
50	10.4	140	4.88	15	强度好，圆且均匀
80	10.4	150	4.76	20	强度较好，圆且均匀
100	10.4	160	4.54	16	强度、圆度均匀性都好

续表

湿胶用量/kg	胶溶化硝酸浓度/（g/kg）	硝酸用量/（mL/kg）	浆液性质		成球情况
			pH 值	黏度/（Pa·s）	
150	10.4	155	4.80	17	强度很好，圆且均匀
60	20.1	80	4.80	20	强度好，圆且均匀
100	20.2	75	4.85	22	强度、圆度均匀性都好
60	10.4	150	5.35	23	强度均匀性一般

（2）油柱成球

对移动床裂化催化剂而言，其有一定的粒度要求。采用硅铝胶混合→油柱成球→热处理→活化处理→水洗→浸渍表面活性剂→干燥→焙烧的工艺流程制备。成球粒度的大小决定于油的黏度，油的温度，成球溶液混合流量大小，成球柱中分配伞沟槽数，混合器、分配伞与油面间的距离等因素。成型油的黏度大，小球粒度大；成型油温度高，小球粒度小；成球溶液混合流量大，小球粒度大；分配伞的沟槽数多，小球粒度小；混合器、分配伞与油面的距离大，小球粒度小。

湿球热处理条件（温度、pH 值、时间）也是影响产品孔结构的关键因素。对于相同 pH 值凝胶，热处理溶液温度和 pH 值升高，热处理时间延长，均使产品的堆积密度下降，孔体积增大。在油柱成型时加入有机胺和有机碱性聚合物作为扩孔剂，载体孔分布呈双峰特征，孔体积大于 1.3mL/g，比表面积为 150～220m^2/g。

4.8 水柱成型

水柱成型法是将氧化铝前驱体与有机助剂混合，利用有机助剂滴入特定金属阳离子溶液中产生一定空间结构的特性，将氧化铝前驱体包埋其中形成有机助剂-氢氧化铝复合小球，然后经干燥、焙烧，得到球形氧化铝。相比于传统的成型工艺，本技术突破了传统成型工艺的束缚，真正实现了低成本无污染制备高性能球形载体。

4.8.1 水柱成型原理

水柱成型工艺以有机成型助剂为辅助成型剂，其遇到其他的多价金属盐离子（如钙、铁、锌、铜、钴、钡、铝离子等）能够生成不溶性聚合物水凝胶，这种聚合物水凝胶具有三维网状结构。有机成型助剂滴入多价金属阳离子溶液收缩成球的同时将粉体包埋其中形成水合氧化物-有机成型助剂复合凝胶小球，然后经后处理、干燥、焙烧制得球形载体。

该项技术具有以下优势：

① 对原料的适应性强：实现氧化铝和高分子筛含量物料球形产品生产。

② 成本低廉，污染小：与油（氨）柱成型相比，水代替油，低能耗，无含氨废气以及氨氮废水排放。

③ 可实现连续自动化生产，操作条件温和、过程友好，常温常压快速成型。

④ 可一步实现载体成型与活性金属负载两个过程，只需一次干燥、焙烧过程，大幅简化制备工序，降低成本。

4.8.2 水柱成型设备及工艺过程

水柱成型设备如图 4.30 所示，主要组成部分是浆液储罐、滴盒、成型柱及成型液储罐四部分。成型浆液输送至滴盒内，通过滴头进入成型柱形成凝胶圆形颗粒，输送至成型液储罐滤布，得到成型颗粒。

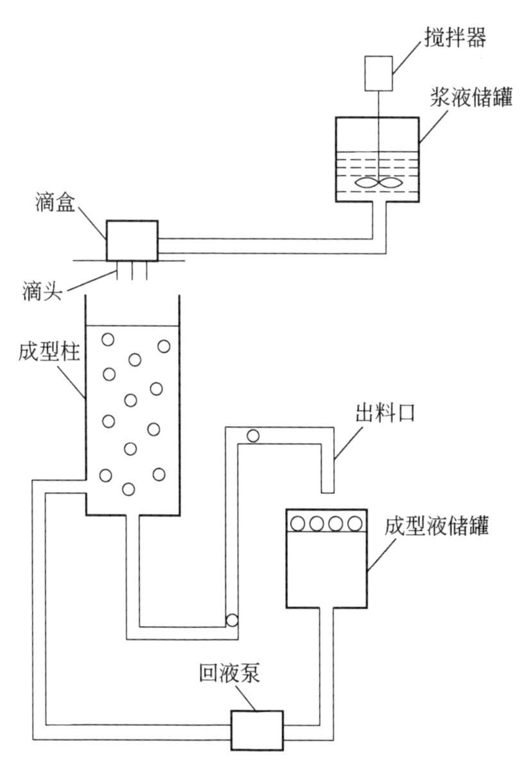

图 4.30 水柱成型设备示意图

水柱成型工艺主要包含配料、成型、后处理、干燥及焙烧五个过程，制备流程图如图 4.31 所示。

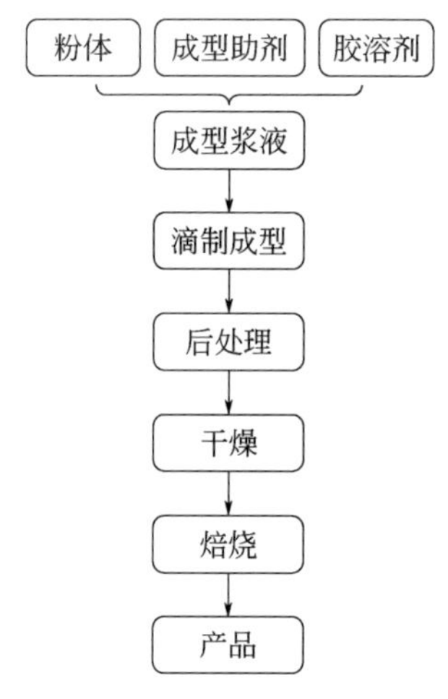

图 4.31　水柱成型工艺流程

粉体与成型助剂、胶溶剂、水等混合均匀，制备成型浆液；成型浆液输送至成型机，滴制成为凝胶球形颗粒；球形颗粒输送至后处理设备中进行酸处理、水洗等工艺过程；后处理完成后，经传输设备送至低温网带式干燥设备中进行低温干燥脱水；脱水后，进行高温干燥，然后过筛，进入高温网带式焙烧设备进行高温焙烧，焙烧后的载体经第二遍过筛，得到合格的载体产品。

4.8.3　水柱成型条件对产品性能的影响

（1）料液黏度的影响

成型助剂为一种线型高聚合分子，黏度较大，其黏度受浓度及温度的影响较大。浆液黏度对球形度的影响如表 4.23 所述，图 4.32 给出了凝胶颗粒的效果图。

表 4.23　黏度对样品球形度的影响

黏度范围	成球效果
基准黏度+10%	拖尾严重
基准黏度+5%	成球略拖尾
基准黏度	成球较圆
基准黏度−5%	成球略扁
基准黏度−10%	成球较扁

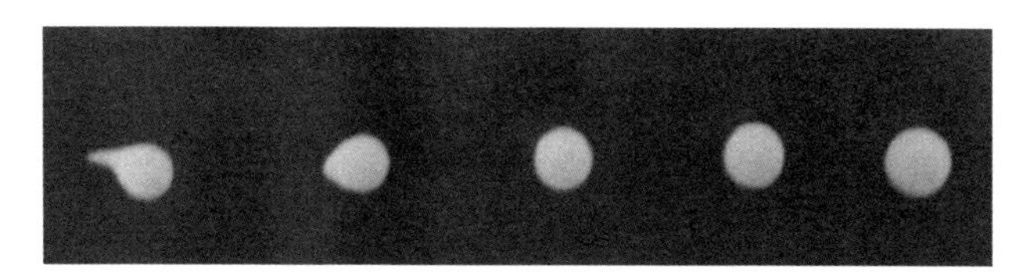

图 4.32　不同黏度下的凝胶颗粒形貌

从表 4.23 可以看出，混悬液的黏度是影响成型后颗粒球形度的重要因素。料液的黏度较大时，会有拖尾现象，且黏度越大，拖尾现象越严重，并呈现蝌蚪形；适宜黏度时，成球效果较好，球体较圆；当浆液黏度继续下降时，球体变扁，颗粒的粒径也随之增大，并呈现椭球形。因此，浆液黏度应控制在适宜的范围内。

（2）粉体粒度的影响

以粒度较大的 Sasol 公司 SB 粉体为原料，进行研磨后逐渐降低拟薄水铝石的粒度，水柱成型法成型采用相同的处理条件，考察拟薄水铝石粒度对其成球后氧化铝物性的影响，结果如表 4.24 所示（产品粒径 1.8mm）。随着拟薄水铝石粒度的逐渐降低，粒子减小，粒子之间的堆积孔更小，粒子之间的黏结性更强，γ-Al_2O_3 小球的孔容、孔径逐渐降低，强度增加。

表 4.24　拟薄水铝石粒度对 γ-Al_2O_3 小球孔结构及强度的影响

编号	D_{50} 粒度 /μm	孔容 /（mL/g）	孔径 /nm	强度 /（N/颗）
SB-1	41.2	0.483	9.28	65
SB-2	25.6	0.464	8.56	76
SB-3	15.8	0.453	8.32	92

（3）拟薄水铝石胶溶指数的影响

胶溶指数又称为酸分散指数，一般指一定量的氢氧化铝或拟薄水铝石（按 Al_2O_3 计浓度）加入一定比例的硝酸之后，可胶溶部分的 Al_2O_3 占总氧化铝的百分数，是表征拟薄水铝石加酸胶溶后浆液酸分散状况的重要参数，也是其黏结性能的主要指标，其胶溶性能直接影响制备 γ-Al_2O_3 的性能。采用五种不同的拟薄水铝石，分别编号为 PB1～PB5，将 PB1～PB5 分别按照上述方法成型后，在相同的硝酸浓度下处理相同时间制备 γ-Al_2O_3，保证相同的酸铝摩尔比，分别测定 PB1 至 PB5 的胶溶指数并考察胶溶指数对氧化铝物性的影响，结果如表 4.25 所示（产品粒径 2.0mm）。

表 4.25　拟薄水铝石的胶溶指数对氧化铝物性的影响

编号	拟薄水铝石物性				氧化铝物性			
	胶溶指数 /%	孔容 /（mL/g）	比表面积 /（m^2/g）	孔径 /nm	孔容 /（mL/g）	比表面积 /（m^2/g）	孔径 /nm	强度 /（N/颗）
PB1	5.3	0.553	284	7.79	0.592	260	9.11	4
PB2	10.2	0.920	327	11.17	0.596	246	9.69	16
PB3	34.8	0.771	344	8.97	0.411	237	6.94	122
PB4	44.5	0.900	313	11.4	0.312	185	6.69	145
PB5	97.7	0.260	322	3.3	0.333	205.7	6.48	203

酸处理过程中，硝酸会对孔结构有一定的影响，为了进一步考察胶溶指数对孔结构的影响规律，以拟薄水铝石粉体的孔容、比表面积及孔径作为基准值，计算成型后氧化铝孔容、比表面积及孔径相对于拟薄水铝石粉体孔结构的保留率。图 4.33 给出了保留率随胶溶指数的变化规律。

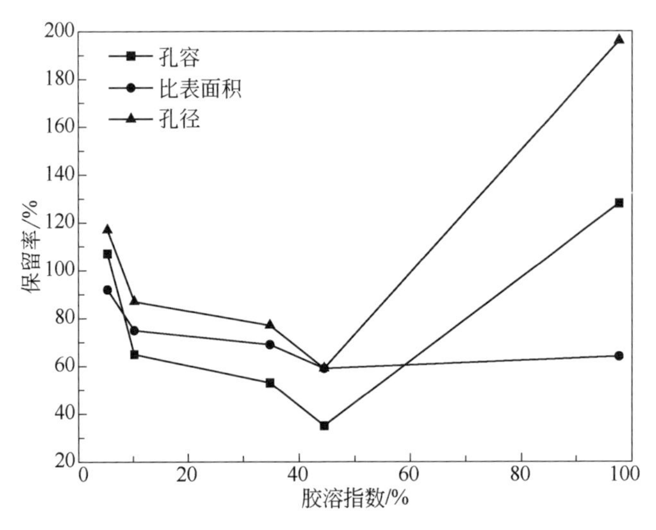

图 4.33　胶溶指数对孔结构保留率的影响

从图 4.33 中数据可见，比表面积的保留率均小于 100%，且随着胶溶指数的增大，比表面积的保留率降低。当胶溶指数较低时，发生浅度胶溶，部分微孔结构被破坏，因此，比表面积的保留值较高。随着胶溶指数的增大，胶溶程度较深，破坏作用更加明显，因此，比表面积呈现逐渐降低的趋势；孔容与孔径的保留率变化趋势基本一致，呈现先减小后增大的趋势，当胶溶指数较小时，微孔结构被破坏形成较大的介孔，因此孔容、孔径的保留率均大于 100%。随着胶溶程度的加深，酸对孔结构的破坏作用更强，同时形成的溶胶堵塞在孔道中，导致孔容、孔径下降，当胶溶指数接近 100%时，拟薄水铝石粉体完全胶溶。在硝酸与成型助剂的作用下，纳米粒子重排，形成较大颗粒的粒子，因此孔容、孔径保留率呈现增大的趋势。

对于胶溶性能最差的 PB1，胶溶程度较浅，酸处理过程对孔道结构的影响作用较小，其孔容、比表面积及孔径保留率均在 100%左右。胶溶性能最优的 PB5 在此种状态下完全胶溶，纳米粒子重新堆积过程产生一定的孔道结构，因此孔结构的保留率变化值较大。

图 4.34 给出了表 4.25 中氧化铝强度值与前驱体拟薄水铝石的胶溶指数之间的变化曲线图。从图中数据可以看出，颗粒强度随胶溶指数的增大而增大。在相同的酸处理条件下，胶溶指数低的拟薄水铝发生浅度胶溶，部分大颗粒未完全分散开，粒子颗粒较大。在干燥煅烧过程中大粒子间聚集形成较大孔，强度低；胶溶指数高的拟薄水铝石深度胶溶后形成纳米级的一级粒子，粒子之间相互黏结且黏结性能好，干燥焙烧过程中小粒子间聚集形成小孔，强度较高。由此可知，要制备高强度的 γ-Al_2O_3，需要选择胶溶指数高的拟薄水铝石作为前驱体。

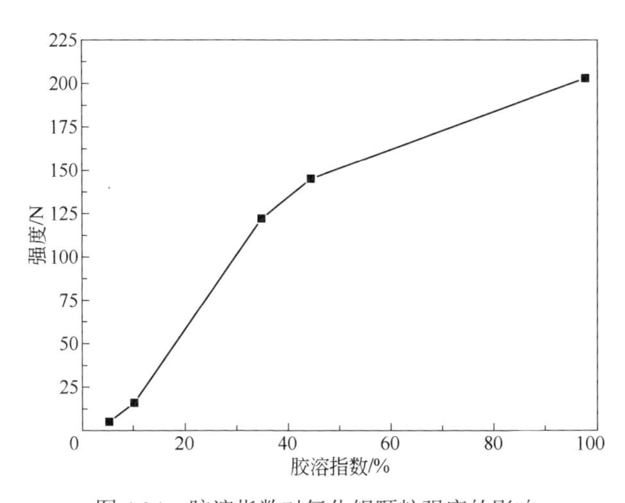

图 4.34 胶溶指数对氧化铝颗粒强度的影响

（4）酸处理浓度的影响

在进行胶溶指数的研究时发现，酸铝摩尔比对胶溶指数的影响较大，同时影响氧化铝的孔结构及强度。为此，以 BY2 粉体为前驱体，将成型的复合小球在不同酸浓度下处理，得到的 γ-Al_2O_3 小球分别命名为 PB3-1、PB3-2、PB3-3 和 PB3-4。考察酸浓度对 γ-Al_2O_3 小球孔结构与强度的影响，实验结果如表 4.26 所示。

表 4.26 不同酸浓度处理对 γ-Al_2O_3 小球孔结构及强度的影响

编号	酸浓度 /（mol/L）	孔容 /（mL/g）	比表面积 /（m^2/g）	孔径 /nm	强度 /（N/颗）
PB3-1	0.5	0.664	213	12.46	20
PB3-2	0.75	0.486	227	8.55	104
PB3-3	1.0	0.444	228	7.78	111
PB3-4	1.25	0.411	237	6.94	122

由表 4.26 可见，当酸浓度为 0.5mol/L 时，γ-Al_2O_3 小球强度为 20.0N/颗，孔容较高，达到 0.664mL/g。随着酸浓度的增加，强度急剧上升，酸浓度为 0.75mol/L 时，γ-Al_2O_3 小球强度大于 100N/颗，但孔容下降较多。进一步提高酸处理浓度，γ-Al_2O_3 小球孔容及强度的变化值较为缓和，且比表面积略有增大。

图 4.35 给出了 γ-Al_2O_3 小球的孔径分布图，从图中可以看出，当酸处理浓度为 1.25mol/L 时，在 2.5nm 及 6.5nm 均有峰值存在，为双峰分布，孔分布较为弥散。随着酸处理浓度的降低，最概然孔径增大，平均孔径逐渐增大。当酸处理浓度降到 0.5mol/L 时，大于 10nm 的孔显著增多，最概然孔径在 8nm 左右，平均孔径在 12.47nm。

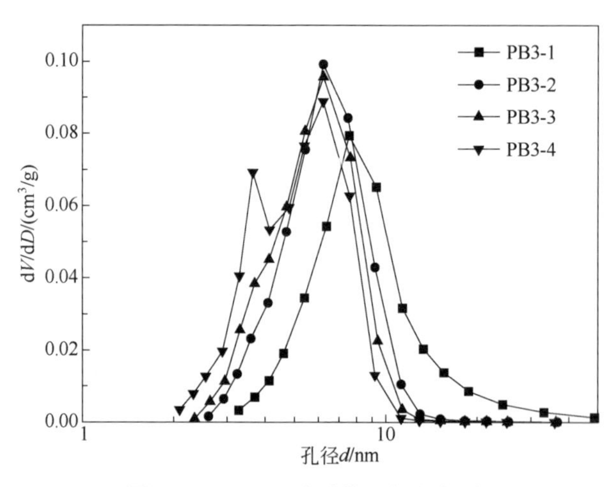

图 4.35 γ-Al_2O_3 小球的孔径分布图

以上实验结果表明，酸处理浓度较低时，酸处理过程对拟薄水铝石孔道结构的破坏较少，孔径分布较为集中，呈现单峰分布。随着酸处理浓度提高，拟薄水铝石胶溶程度提高，γ-Al_2O_3 小球强度提高，但由于酸是由小球外部向内部渗透，因此可能会导致小球内外胶溶程度不一样，从而出现孔径双峰分布。由此可知，调节酸处理浓度可制备一系列不同孔结构与强度的氧化铝颗粒。

4.9 小结

成型过程将氧化铝催化材料加工成具有一定强度不同形状的颗粒物，不同反应工艺与反应器类型对颗粒物形状类型与大小有不同的要求。氧化铝催化材料在工业上应用最为常见的形状是条形与球形，条形的成型技术为挤压成型，球形的成型技术有转动成型、喷雾成型、油柱成型与水柱成型。随着催化剂技术的发展，成型技术需要重点攻关自动化、高效化、精细化生产技术。

氧化铝催化材料的生产与应用

第 5 章
氧化铝催化材料的表征及分析

5.1 概述

氧化铝催化材料的纯度、孔结构、晶相、形貌、酸性、热稳定性等性质均会影响其应用性能。现今，催化研究方法和各种科学仪器的不断发展更新，为氧化铝催化材料的表征和分析创造了条件，同时也建立了许多新的表征手段和分析测试方法。以表面酸性测定为例，不仅能测出氧化铝的酸度、酸强度，而且能区分酸类型，分辨各类羟基和酸性羟基等，新的研究手段与分析方法为深刻认识氧化铝催化材料的结构、性能和加速氧化铝材料的研究、应用奠定了基础。目前尚未制定专门针对氧化铝催化材料的国家标准，仅有针对部分产品和检测方法的相关行业标准，如《工业活性氧化铝》（HG/T 3927—2020）、《拟薄水铝石分析方法 第1部分：胶溶指数的测定 EDTA容量法》（YS/T 1161.1—2016）、《拟薄水铝石分析方法 第2部分：烧失量的测定 重量法》（YS/T 1161.2—2016）、《拟薄水铝石分析方法 第3部分：孔容和比表面积的测定 氮吸附法》（YS/T 1161.3—2016）等。由于氧化铝催化材料生产企业众多，产品多样化，各企业针对各自生产的产品结构性能特点，采用不同表征手段和测试方法制订了相应的企业标准，便于对不同产品的结构性能进行分析比较。本章针对氧化铝催化材料的特点，重点介绍一些常用的表征方法。

5.2 元素分析

固体催化剂或载体材料的元素分析方法有很多，如X射线光电子能谱仪（XPS）、俄歇电子能谱仪（AES）、电镜能谱分析（EDS）以及X射线荧光光谱仪（XRF）等，均能进行定性和一定的定量分析。考虑到氧化铝催化材料的特点、催化剂活性组分、各种助剂成分以及杂质情况等，本文对XRF分析方法做重点介绍。

X射线是一种电磁辐射，其波长介于紫外线和γ射线之间。它的波长没有一个严格的界限，一般来说是指波长为0.001～50nm的电磁辐射。对分析化学家来说，最感兴趣的波段是 0.01～24nm，0.01nm 左右是超铀元素的 K 系谱线，24nm 则是最轻元素 Li 的 K 系谱线。1923 年赫维西（Hevesy，G.Von）提出了应用 X 射线荧光光谱进行定量分析，但由于受到当时探测技术水平的限制，该法并未得到实际应用。直到 20 世纪 40 年代后期，随着 X 射线管、分光技术和半导体探测器技术的改进，X 射线荧光分析才开始进入蓬勃发展的时期，成为一种极为重要的分析手段。X 射线用于元素分析，是一种新的分析技术，已广泛应用于冶金、地质、有色、建材、环保、卫生等各个领域。

5.2.1 X 射线荧光分析法的原理

用 X 射线照射试样时，试样可以被激发出各种波长的荧光 X 射线，需要把混合的 X 射线按波长（或能量）分开，分别测量不同波长（或能量）的 X 射线的强度，以进行定性和定量分析，为此使用的仪器叫 X 射线荧光光谱仪。

基本原理：根据各元素的特征 X 射线的强度，获得各元素的含量信息。当能量高于原子内层电子结合能的高能 X 射线与原子发生碰撞时，驱逐一个内层电子而出现一个空穴，使整个原子体系处于不稳定的激发态，激发态原子寿命约为 10^{-14}～10^{-12}s，然后自发地由能量高的状态跃迁到能量低的状态。这个过程被称为弛豫过程。弛豫过程既可以是非辐射跃迁，也可以是辐射跃迁。当较外层的电子跃迁到空穴时，释放的能量随即在原子内部被吸收而逐出较外层的另一个次级光电子，此称为俄歇效应，亦称次级光电效应或无辐射效应，所逐出的次级光电子称为俄歇电子。它的能量是特征的，与入射辐射的能量无关。当较外层的电子跃入内层空穴释放的能量不在原子内被吸收，而是以辐射形式放出，便产生 X 射线荧光，其能量等于两能级之间的能量差。因此，X 射线荧光的能量或波长是特征性的，用 X 射线激发样品，产生各元素的特征 X 射线。根据检测器检测，得到各元素的 X 射线特征峰能谱，根据各元素和能谱一一对应原则，确定元素种类。

5.2.2 X 射线荧光分析法的特点

① 适应范围广，除了 H、He、Li、Be 外，可对周期表中从 ^{5}B 到 ^{92}U 作元素的常量、微量的定性和定量分析。

② 分析速度快，操作方便，在短时间内可同时完成多种元素的分析。

③ X 射线荧光光谱跟样品的化学结合状态无关，不受试样形状和大小的限制，不破坏试样，分析的试样应该均匀。

④ 对轻元素分析的灵敏度偏低，容易受相互元素干扰和叠加峰的影响。

国内工业生产氧化铝主要采用中和法，在水合氧化铝凝胶中经常夹杂SO_4^{2-}、Na^+、Cl^-、Fe_2O_3、SiO_2 等杂质。而催化材料用化学品氧化铝对杂质含量的要求比较苛刻。X 射线荧光谱应用范围广泛，常用于对氧化铝成分进行定性或定量分析，分析速度快，操作简单。通常，催化材料用化学品氧化铝要求控制 Na^+质量分数低于 0.08%，SO_4^{2-} 质量分数低于 1.5%；更高纯度催化材料用化学品氧化铝要求 Na^+质量分数控制在 0.02%以下，SO_4^{2-} 质量分数低至 0.05%以下。

5.2.3 X 射线荧光分析法的应用

（1）样品制备

进行 X 射线荧光光谱分析的样品，可以是固态，也可以是液态。无论什么样品，样品制备的情况对测定误差影响很大。对金属样品要注意成分偏析产生的误差；化学组成相同，热处理过程不同的样品，得到的计数率也不同；成分不均匀的金属试样要重熔，快速冷却后车成圆片；对表面不平的样品要打磨抛光；对于粉末样品，要研磨至 300～400 目，然后压成圆片，也可以放入样品槽中测定。对于固体样品，如果不能得到均匀平整的表面，则可以把试样用酸溶解，再沉淀成盐类进行测定。对于液态样品可以滴在滤纸上，用红外灯蒸干水分后测定，也可以密封在样品槽中。总之，所测样品不能含有水、油和挥发性成分，更不能含有腐蚀性溶剂。

（2）定性分析

不同元素的荧光 X 射线具有各自的特定波长或能量，因此根据荧光 X 射线的波长或能量可以确定元素的组成。如果是波长色散型光谱仪，对于一定晶面间距的晶体，由检测器转动的 2θ 角可以求出 X 射线的波长 λ，从而确定元素成分。对于能量色散型光谱仪，可以由通道来判别能量，从而确定是何种元素及成分。当元素含量过低或存在元素间的谱线干扰时，仍需人工鉴别。首先识别出 X 射线管靶材的特征 X 射线和强峰的伴随线，然后根据能量标注剩余谱线。在分析未知谱线时，要同时考虑样品的来源、性质等因素，以便综合判断。

（3）定量分析

X 射线荧光光谱法进行定量分析的依据是元素的荧光 X 射线强度 I_i 与试样中该元素的含量 C_i 成正比：

$$I_i=I_sC_i \tag{5.1}$$

式中，I_s 为 C_i=100%时该元素的荧光 X 射线的强度。根据式（5.1），可以采用标准曲线法、增量法、内标法等进行定量分析。但是这些方法都要使标准样品的组成与试样的组成尽可能相同或相似，否则试样的基体效应或共存元素的影响会给测定结果造成很大的偏差。所谓基体效应是指样品的基本化学组成和物理化学状态的变化对 X 射线荧光强度造成的影响。化学组成的变化，会影响样品对一次 X 射线和 X 射线荧光的吸收，也会改变荧光增强效应。

（4）厚度定量分析

① 单层薄膜厚度。X 射线荧光光谱法进行厚度定量分析的依据是厚度为 t 的薄膜元素的荧光 X 射线强度 I_t 与无限厚（实际达到饱和厚度即可）薄膜元素的荧光 X 射线强度 I_∞有如下关系：

$$I_t/I_\infty=1-e^{kt} \tag{5.2}$$

式中，k 为与薄膜有关的一个常数。

② 多层薄膜厚度。多层薄膜的厚度定量分析跟单层薄膜是类似的，但是需要考虑外层薄膜对内层薄膜荧光的吸收作用，算法更加复杂。

5.3 孔结构表征

研究载体的比表面积和孔径分布具有重要的意义，比表面积和孔径分布是表征多相催化剂物化性能的两个重要参数。催化剂的比表面积大小与催化剂活性的高低有密切关系，孔径的大小与催化反应的活性、选择性也密切相关。由于大多数多孔固体结构复杂，因此不同方法得到的结构通常不能吻合，而且仅靠一种方法也不能给出孔结构的所有信息。应依据多孔固体材料的应用性能、化学和物理特性及孔径范围选择最合适的表征方法。

5.3.1 物理吸附的理论模型

物理吸附也称范德华吸附，它是由吸附质和吸附剂分子间作用力引起的，此力也称作范德华力。由于范德华力存在于任何两分子间，所以物理吸附可以发生在任何固体表面上。固体表面的分子由于作用力没有平衡而保留有自由的力场来吸引吸附质，这种由分子间的吸力所引起的吸附，结合力较弱，吸附热较小，吸附和解吸速度也都较快。被吸附物质既容易吸附上去，也较容易解吸出来，所以物理吸附在一定程度上是可逆的，并成为测定催化剂或载体等比表面积、孔容及孔分布的很好方法。

目前常用的吸附理论都是从某些假设和理论模型出发，对一种或几种类型的吸附等温线或实际得到的实验结果做出合理的解释，最终导出吸附等温式。吸附等温式的理论推导可以根据动力学、统计力学或热力学来进行。而一般模型简单、参数少的吸附等温式具有实际的应用价值，其中最著名的莫过于 Freundlich 吸附等温式、Langmuir 吸附等温式和 BET 方程等。

（1）Freundlich 吸附等温式

1907 年，H.Freundlich 提出经验性的 Freundlich 吸附等温式：

$$V = \kappa p^{1/n} \qquad (n>1) \tag{5.3}$$

式中，V 为吸附体积；p 为压力，κ 为常数。

式中，吸附量与吸附平衡压力的分数指数成正比，隐含着吸附热随覆盖度对数减少的关系，只有两个常数，应用统计方法从理论上可以推导，但缺乏清晰的吸附机理图像。后人从理论上推导出该等温式，其基于的模型是，将表面看成由许多活性不同的区域组成，而在每一个小区域内，表面是均匀的，Langmuir 公式可以应用，整个表面的覆盖度是所有区域覆盖度的加和。如果表面活性的变化是连续的，可用积分来代替加和，在此基础上能推导出该 Freundlich 经验方程。

（2）Langmuir 吸附等温式

1916 年，I.Langmuir 基于一些明确的假设条件提出单层吸附理论[142]，得到吸附等温式——Langmuir 方程：

$$\theta = \frac{ap}{1+ap} \tag{5.4}$$

式中，θ 为表面覆盖度；p 为压力；a 为吸附质的吸附系数，是吸附质吸附速率常数与脱附速率常数之比。

该等温式基于单分子层吸附理论，并做了许多假设，包括吸附剂表面是均匀的，吸附是单层的，每个吸附分子占有一个吸附位，吸附分子之间无相互作用，吸附与脱附之间已建立平衡等。简言之，分子在理想固体表面进行吸附并已达平衡。该式基于上述模型采用热力学、统计力学和动力学方法均可以导出。Langmuir 吸附等温式应用于化学吸附和物理吸附，在多相催化研究中得到最广泛的应用。

（3）BET 方程

1938 年，S.Brunauer、P.H.Emmett 和 E.Teller 基于 Langmuir 单层吸附模型提出一种多分子层吸附理论，并推出相应的吸附等温式——BET 方程[143]：

$$\frac{p}{V(p_0-p)}=\frac{1}{CV_m}\left[1+(C-1)\frac{p}{p_0}\right] \quad (5.5)$$

式中，V 为吸附量；p 为吸附平衡时的压力；p_0 为吸附气体在该温度下的饱和蒸气压；V_m 为表面上形成单分子层时所需要的气体体积；C 为与第一层吸附热有关的常数。BET 吸附等温式基于的理论模型是：固体表面是均匀的，空白表面对所有分子的吸附机会均等，分子的吸附或脱附不受其他分子存在的影响；固体表面和气体分子的作用力是范德华引力，因此固体表面可以进行多层吸附，每一层的吸附速率和破坏速率相等。

以 $\frac{p}{V(p_0-p)}$ 为纵坐标，$\frac{p}{p_0}$ 为横坐标作图，就可以得到一直线，直线的斜率为 $\frac{C-1}{CV_m}$，其截距为 $\frac{1}{V_mC}$，这样就可以求出形成单分子层的吸附量 V_m 和常数 C。代入吸附分子的截面积后就可以计算出表面积 S。可见，该等温式适用于物理吸附，是测定固体表面积的理论依据。基于 BET 公式测定吸附量和计算固体比表面积的方法也被称为 BET 法。

5.3.2 比表面积的测定原理及方法

多孔固体表面积分析测试方法有多种，其中气体吸附法是最通用的方法[144]。吸附过程常在液氮温度下进行，将吸附剂置于吸附质气体中，待体系达到吸附平衡后，按照前节介绍的 BET 方程方法，根据体系压力差计算气体吸附量[145]。将预处理后称量好的样品放入样品管中，并进行抽真空，当系统达到所需真空度，将样品管浸入液氮瓶中，通入已知量惰性气体于样品管中，样品吸附气体会引起系统压力下降，待系统达到吸附平衡时，根据平衡压力测得被吸附气体的吸附量。根据气体吸附质分子在固体表面的单分子层吸附量，乘以每个分子覆盖的面积即得样品的总面积，吸附剂的总表面积除以其质量为比表面积。孔径分布是根据吸附剂对氮气的等温吸附特性曲线，采用特定的理论或方法计算，从而得出孔尺寸分布。

5.3.3 孔容和孔径的测定原理及方法

固体表面由于多种原因总是凹凸不平，凹坑深度大于凹坑直径就成为孔。有孔的物质叫作多孔体（porous material），没有孔的物质是非孔体（nonporous material）。多孔体具有各种各样的孔直径（pore diameter）、孔径分布（pore size distribution）和孔容积（pore volume）。孔的吸附行为因孔直径而异。IUPAC

定义的孔大小（孔宽）分为：微孔（micropore）<2nm，中孔（mesopore）2～50nm，大孔（macropore）50～7500nm，巨孔（megapore）>7500nm（大气压下水银可进入）。此外，把微粉末填充到孔里面，粒子（粉末）间的空隙也构成孔。虽然在粒径小、填充密度大时形成小孔，但一般都是形成大孔。分子能从外部进入的孔叫作开孔（open pore），分子不能从外部进入的孔叫作闭孔（closed pore）。单位质量的孔体积叫作物质的孔容积或孔隙率（porosity）。

目前，对多孔材料的孔径分布等测试已有中华人民共和国国家标准《压汞法和气体吸附法测定固体材料的孔径分布和孔隙度 第一部分：压汞法》（GB/T 21650.1—2008/ISO 15901-1:2005）做了详细规定，该标准采用压汞法和气体吸附法测定固体材料的孔径分布和孔隙率，分为 3 个部分：

第 1 部分：压汞法。加压向孔内充汞。此方法适于孔径范围在 0.003μm 至 400μm 之间的大多数材料。

第 2 部分：气体吸附分析介孔-大孔法。通过吸附一种气体表征孔结构，如液氮温度下的氮气。该方法适于测量孔径范围在 0.002μm 至 0.1μm（2.0nm 至 100nm）之间的孔，该方法是表面积评估技术的拓展。

第 3 部分：气体吸附分析微孔法。通过吸附一种气体表征孔结构，如液氮温度下的氮气。该方法适于测量孔径范围在 0.4nm 至 2.0nm 之间的孔，该方法是表面积评估技术的拓展。

5.3.4 压汞法

压汞法的原理：非浸润液体仅在施加外压力时方可进入多孔体。在不断增压，并且进汞体积作为外压力函数时，即可得到在外压力作用下进入抽空样品中的汞体积，从而测得样品的孔径分布。测得方式可以采用连续增压方式，也可以采用步进增压方式，即间隔一段时间达到平衡后，再测量进汞体积。首先样品预处理后，将样品放置在样品膨胀计中，抽真空，在真空条件下向样品膨胀计注汞，当达到所需的最大外压力后减压力至大气压，将样品膨胀计转至高压单元，随着汞被压入孔体系，可以测出作为外压力函数的汞柱下降值。通过图表或计算机记录压力和相应的注汞体积。

外压力与进汞孔的净宽成反比。对于圆柱形孔，Washburn 方程给出了压力与孔径间的关系式：

$$d_{\mathrm{p}} = \frac{-4\gamma cos\theta}{p} \tag{5.6}$$

式中，d_{p} 为孔径；γ 为汞的表面张力；θ 为液相测得汞在样品上的接触角；p 为压力。

氧化铝催化材料具有多孔性。不同类型的催化反应对氧化铝材料的孔径要求不同，尤其是强氧化放热反应，需要氧化铝材料具有大孔，这些大孔有利于反应热及时放出，减少催化剂的烧焦、结炭和中毒。压汞法是最基本有效的检测氧化铝大孔结构的方法。一般国外研制的压汞仪，能测定的孔径范围从 20nm 到几十微米。以中海油天津院水热法氧化铝为原料制备的长链脱氢催化剂载体，采用压汞法测得其总孔容为 1.8mL/g，平均孔径为 40nm，以其制备的催化剂用于长链脱氢反应，取得良好的催化效果。

5.3.5 气体吸附法

气体吸附法测定液氮或液氩在吸附剂上的吸附等温线，采用特定的理论或方法，分析吸附等温线，获得孔尺寸分布。经典的宏观热力学吸附理论和一些经验或半经验的方法，在各自适用的有限孔尺寸范围可以给出很好的孔尺寸分布结果。

吸附剂孔径范围不同，表观性质不同，对应的测试方法亦不同。气体吸附法测定中孔孔尺寸分布基于毛细凝聚现象，Kelvin 公式是中孔孔容和孔尺寸分布的基本计算模型。但是，由 Kelvin 公式计算所得半径 r_k 并非真实孔半径 r_p（$r_k<r_p$），由 r_k 返算得到的表面积要大于吸附剂的真实表面积。中孔孔容和孔尺寸采用低温静态法测定，在液氮温度下，以氮气作为吸附气体，Barrett 等[146]研究了吸附等温线，采用 BJH 法计算中孔孔尺寸分布，得出计算中孔孔径的 BJH 法。

Cejka 等[147]以无孔氧化铝（Aluminiumoxid C）和 α-Al_2O_3 为基准吸附剂，分析了不同合成工艺制备的中孔铝的氮吸附等温线。为了保证这种方法的高分辨率能力，所有的吸附测量都是在相对压力范围从 10^{-6} 到 0.99 进行的。对活性氧化铝的等温线的比较分析表明，这种方法可以测定极少量的微孔隙率。

表 5.1 为采用不同方法制备的氧化铝粉体经 BET 比表面积测试法得到的孔结构性质。

表 5.1 不同方法制备的氧化铝粉体孔结构性质

制备方法	双铝法	碱法	酸法	碳化法	摆动法	快脱法	水热法	醇铝法
比表面积/（m^2/g）	100～310	100～350	100～400	100～350	100～350	250～350	100～380	100～500
孔容/（mL/g）	0.5～1.1	0.4～0.7	0.4～0.9	0.5～1.0	0.4～0.6	0.3～0.5	1.2～1.6	0.4～1.2
平均孔径/nm	5～10	3～8	3～8	5～10	3～8	3～8	8～18	6～12

5.4 机械强度测定

固体催化剂在使用过程中会因为种种原因而破损，比如运输和装卸过程中的磨损和碰撞、开停工时温度的变化引起的热胀冷缩、操作中流体的冲刷、压力降等，因此催化剂的强度是判断其物性的重要指标，催化剂的机械强度测试方法要根据其使用条件而定。固定床催化剂常采用抗压强度测试，流化床催化剂则采用磨损强度测试。

5.4.1 抗压强度测定

样品的抗压强度为此样品刚刚碎裂时所承受的力，参考标准为《化肥催化剂颗粒抗压碎力的测定》（HG/T 2782—2011）、《工业活性氧化铝》（HG/T 3927—2020）、《分子筛抗压碎力试验方法》（HG/T 2783—2020）和 Standard Test Method for Single Pellet Crush Strength of Formed Catalysts and Catalyst Carriers（ASTM D4179-11（2017））。常用测量仪器量程为 0～100N、0～500N、0～2000N，根据样品强度选择合适的量程。基本测试方法为：随机抽取 15～20 粒样品，放在强度测试仪的承压顶上，按下开始按钮，直至破裂为止，记录仪器显示的数字，取测试次数的平均值即为样品强度。对于以氧化铝为催化剂或以氧化铝为载体的催化剂来说，其机械强度主要取决于氧化铝或氧化铝载体的强度。

5.4.2 磨耗性能测定

样品的磨耗率为一定条件下催化剂的抗磨损强度。参考标准有《化肥催化剂磨耗率的测定》（HG/T 2976—2011）和 Standard Test Method for Attrition and Abrasion of Catalysts and Catalyst Carriers（ASTM D4058-96（2015））等。测试方法为：将处理好的质量为 m_0 的样品置于磨耗仪的磨耗桶中，设置好转速、磨损时间，经过规定的时间后，取下磨耗桶，筛分出由于摩擦产生的细小粉末及颗粒，称量样品质量为 m_1，计算样品的磨耗率。

$$磨耗率=(m_0-m_1)/m_0\times100\% \tag{5.7}$$

5.4.3 磨损指数测定

流化裂化、丙烯氨氧化等流化床用的催化剂一般是颗粒大小范围在 10～

100μm 的微球形混合物。流化床用催化剂载体的机械强度主要用耐磨性能来衡量，并用磨损指数来表征。通常，将一定量的微球载体放在特定的仪器中，用高速气流冲击几个小时后，生成的一定粒度的细粉质量占大于该细粉粒度的载体质量的百分数，即称为磨损指数。市场上已有定型的磨损指数测定仪出售。以流化裂化催化剂载体测定为例，将一定量的微球载体放入磨损指数测定仪中，用高速气流冲击 4h 后，生成的小于 15μm 的细粉质量与大于 15μm 的粗粉质量的比值换算成百分数即为该载体的磨损指数。通常要求磨损指数不大于 3%～5%。

中海油天津院以水热法制备的拟薄水铝石为原料生产的条形、球形、齿球形和三叶草形等催化剂载体，采用颗粒强度试验机测定样品的压碎强度，结果如表 5.2 所示。

表 5.2　水热法制备的拟薄水铝石载体的强度

<table>
<tr><th>形状</th><th colspan="2">圆柱形</th><th>球形</th><th>齿球形</th><th colspan="2">三叶草形</th></tr>
<tr><td rowspan="3">颗粒大小
/mm</td><td>直径</td><td>长度</td><td rowspan="3">1.6～1.8</td><td rowspan="3">3～6</td><td>直径</td><td>长度</td></tr>
<tr><td>2</td><td>3～6</td><td>2</td><td>3～6</td></tr>
<tr><td>3</td><td>5～10</td><td>3</td><td>5～10</td></tr>
<tr><td>强度
/（N/颗）</td><td colspan="2">≥100</td><td>≥10</td><td>≥40</td><td colspan="2">≥120</td></tr>
<tr><td>磨耗率
/%</td><td colspan="2">≤1</td><td>≤1</td><td>≤1</td><td colspan="2">≤1</td></tr>
</table>

5.5 胶溶指数测定

在石油化工领域中，拟薄水铝石大部分用于催化剂载体的制备，酸化胶溶后的拟薄水铝石溶胶可作为载体制备的黏结剂，其性质直接影响载体和催化剂的孔结构及压碎强度，进而影响催化剂的性能。

5.5.1 胶溶指数的测定方法

胶溶指数的测定：称取 10g 粒径小于 80μm 的拟薄水铝石（Al_2O_3 质量分数为 w_1）置于 250mL 锥形瓶中，加入适量蒸馏水，搅拌，再加入适量硝酸，继续搅拌 10min，离心分离，倒出上层悬浊液，称其质量（m），分析其中 Al_2O_3

的质量分数（w_2），则胶溶指数（D_I）的计算公式如下式。

$$D_I = \frac{mw_2}{10w_1} \tag{5.8}$$

5.5.2 胶溶指数在氧化铝中的应用

拟薄水铝石是一种无毒、无味、无臭的白色胶状（湿品）或粉状（干品）物，具有晶相纯度高、成型性能好、触变性凝胶的特点。杨玉旺等[148]采用铝酸钠-硫酸铝中和法制备拟薄水铝石，在铝酸钠溶液质量浓度（以 Al_2O_3 计）为100～180g/L、中和温度为 55～70℃、中和 pH 为 6.5～8.5、老化时间 60～120min 的条件下，可得到胶溶指数较高的拟薄水铝石，并考察了胶溶指数对氧化铝载体性能的影响，数据见表 5.3。

表 5.3 拟薄水铝石的胶溶指数对 Al_2O_3 载体性能的影响

胶溶指数/%	Al_2O_3 载体性能			
	压碎强度/N	吸水率/%	比表面积/（m^2/g）	孔容/（mL/g）
65.2	48.5	46.9	161.6	0.55
72.3	48.3	51.2	154.8	0.56
80.5	52.5	55.7	158.2	0.48
84.3	59.2	54.1	168.7	0.54
86.9	62.7	59.7	155.3	0.56
87.5	71.5	63.0	148.9	0.55
89.6	82.8	55.6	156.9	0.57
91.5	87.6	50.3	162.1	0.52

由表中数据可知，该法制得的拟薄水铝石胶溶指数较大，胶溶指数越大，成型后氧化铝载体强度越高，但拟薄水铝石的胶溶指数对氧化铝载体的吸水率、比表面积和孔容影响较小。

5.6 密度测定

在物理学中，某种物质的质量和其体积的比值，即单位体积的该物质的质量，称为该物质的密度，符号 ρ，单位为 kg/m^3。其数学表达式为：

$$\rho=m/V \tag{5.9}$$

催化剂载体大都是一些多孔性颗粒，这些多孔性颗粒的外观体积实际上是由堆积时颗粒内部孔实际所占体积 $V_{孔}$、颗粒和颗粒之间的空隙体积 $V_{空}$以及颗粒本身具有的骨架 $V_{骨架}$这三项组成，所以不同的体积除质量时，所得密度的概念也就不同。参考 Standard Terminology Relating to Catalysts and Catalysis（ASTM D3766-08（2013））中密度的定义，所得密度概念不同。

5.6.1 骨架密度

骨架密度 ρ_t 有时也称真密度，它是扣除颗粒内微孔体积时的实体密度。其数学表达式为：

$$\rho_t=\frac{m}{V_{骨架}} \tag{5.10}$$

5.6.2 颗粒密度

颗粒密度 ρ_P 是指单个颗粒包括孔的体积在内的密度。其数学表达式为：

$$\rho_P=\frac{m}{V_{孔}+V_{骨架}} \tag{5.11}$$

颗粒密度通过介质充填孔隙的方法测量求出，它与孔隙度有关，孔隙度大时，颗粒密度就小。常用汞置换法测定。

5.6.3 堆积密度

堆积密度 ρ_b 是指散粒材料或粉状材料在自然堆积状态下单位体积的质量。自然堆积状态下的体积含颗粒体积及颗粒之间的空隙体积。堆积密度受颗粒大小和形状的影响，在一般情况下，颗粒度越小，颗粒形状越圆，堆积密度越大。堆积密度测定常用方法有：堆积密度仪法、量筒法及振实仪器法。实验中常用的为量筒法，即选用一定温度干燥器中冷却至恒重的样品，装入一定容积的量筒中，在平整桌面上倾斜振实至体积不变，称量样品质量。堆积密度的标准方法有《无机化工产品中堆积密度的测定》（GB/T 23771—2009）、《分子筛堆积密度测定方法》（GB/T 6286—2021）。其数学表达式为：

$$\rho_b=\frac{m}{V_{孔}+V_{骨架}+V_{空}} \tag{5.12}$$

5.7 晶体结构表征

催化反应是反应物的原子分子在催化剂表面转化生成产物的过程。催化剂表面的性能不仅受其组成控制，而且也受到其晶体结构的制约。X射线衍射法可以测定载体或催化剂的晶体结构，进而帮助我们深入了解晶体类型、晶胞参数、晶体的空间结构以及晶胞中原子的分布等结构信息，从而可以阐明物质的性质，为进一步研究该物质性能提供基础。物质结构的分析尽管可以采用中子衍射、电子衍射、红外光谱、穆斯堡尔谱等方法，但是X射线衍射是最有效的、应用最广泛的手段，而且X射线衍射是人类用来研究物质微观结构的第一种方法。X射线衍射的应用范围非常广泛，已渗透到物理、化学、地球科学、材料科学以及各种工程技术科学中，成为一种重要的实验方法和结构分析手段，具有无损试样的优点。

5.7.1 晶体结构理论

1912年，德国学者劳埃利用晶体为天然光栅来研究晶体结构，成功观察到了X射线衍射现象，证明晶体具有周期性。晶体可以自发形成规则的几何外形，与其内在的对称性有关。X射线衍射分析的基础是掌握晶体的周期性和对称性。

5.7.1.1 晶体结构的周期性与点阵理论

所有的晶体从微观结构上看，都是大量的相同的粒子（分子或原子或离子，统称为结构基元）在空间周期性规则排列组成的。由这些结构基元在空间周期性排列的总体称之为空间点阵结构。每个几何点称之为结点。空间点阵是一种数学抽象。只有当点阵中的结点被晶体的结构基元代替后，才成为晶体结构。各粒子（即结构基元）并不是被束缚在结点不动，而是在此平衡位置不停地无规则振动。

5.7.1.2 晶体结构的对称性

晶体的宏观对称性是晶体外观和形状的对称性，是有限大小宏观晶体的对称性，反映其内部结构的对称性，是微观对称性的外在表现。晶体通过合理的延伸和推测，自发形成多样但规则的几何外形。32 种点阵群按其共有的特征对称元素分为七类，称为七个晶系。描述晶格单元或晶胞的形状和大小的 6 个参数分别为边长 a、b、c 及夹角 α、β、γ，晶体的对称性决定某一晶体属于哪个晶系，晶系的特征对称元素列于表 5.4。

表 5.4　晶系划分、晶胞参数与特征对称元素

<table>
<tr><th colspan="2">晶系</th><th>晶胞参数</th><th>点群</th><th>对称性要求</th></tr>
<tr><td colspan="2">立方（cubic）</td><td>$a=b=c$，
$\alpha=\beta=\gamma=90°$</td><td>T，O，T_d，T_h，O_h</td><td>沿立方体对角线方向有 4 个三重轴（旋转轴或反轴）</td></tr>
<tr><td colspan="2">六方（hexagonal）</td><td>$a=b\neq c$，$\alpha=\beta=90°$ $\gamma=120°$</td><td>C_{3h}，C_6，C_{6h}，D_{3h}，C_{6v}，D_6，D_{6h}</td><td>六重轴（旋转轴、反轴或螺旋轴）</td></tr>
<tr><td colspan="2">四方（tetragonal）</td><td>$a=b\neq c$，$\alpha=\beta=\gamma=90°$</td><td>S_4，C_4，C_{4h}，D_{2d}，C_{4v}，D_4，D_{4h}</td><td>四重轴（旋转轴、反轴或螺旋轴）</td></tr>
<tr><td rowspan="2">三方（trigonal）</td><td>简单</td><td>$a=b\neq c$，$\alpha=\beta=90°$ $\gamma=120°$</td><td rowspan="2">C_3，C_{3i}，D_3，C_{3v}，D_{3d}</td><td rowspan="2">三重轴（旋转轴、反轴或螺旋轴）</td></tr>
<tr><td>菱面体（rhombohedral）</td><td>$a=b=c$，$\alpha=\beta=\gamma\neq 90°$</td></tr>
<tr><td colspan="2">正交（orthorhombic）</td><td>$a\neq b\neq c$，$\alpha=\beta=\gamma=90°$</td><td>D_2，C_{2v}，D_{2h}</td><td>2 个互相垂直的对称面或 3 个互相垂直的二重轴</td></tr>
<tr><td colspan="2">单斜（monoclinic）</td><td>$a\neq b\neq c$，$\alpha=\gamma=90°$</td><td>C_2，Cs，C_{2h}</td><td>1 个对称面或 1 个二重轴</td></tr>
<tr><td colspan="2">三斜（triclinic）</td><td>$a\neq b\neq c$，$\alpha\neq\beta\neq\gamma$</td><td>$C_1$，$C_i$</td><td>无</td></tr>
</table>

晶体的微观对称性：内部结构的对称性，晶体的微观结构可以容纳平移这一对称动作，在进行晶体结构分析时，微观对称元素自有其特点和规律，给晶体带来不同的特征。微观对称元素包括螺旋轴和滑移面。在周期性无线延伸的晶体结构中，对称元素组合形成的对称群即为晶体的空间群，从点群对应的格子型出发，将所含若干种可能旋转轴和对称面进行合理的组合，同时满足晶体周期性点阵结构的要求，推出 32 种晶体宏观点群对应 230 种微观对称操作群，晶体结构有且只能有 230 种空间群。

5.7.1.3　晶面与晶面指标

晶体按照周期性和对称性要求，生长出一定大小和形状的晶体，其内在的对称性不变，各晶面的相对空间方位也不变，因此可以用每个晶面在晶体中的取向来标记晶面。晶面指标：以晶胞的一个顶点为坐标原点，以三个晶轴方向为 x、y、z 方向，以晶胞参数 a、b、c 为三个方向上的基本度量长度单位，若有一晶面在这个坐标系下在三个方向上的截距分别为 r、s、t，则其晶面指标 $h:k:l=1/r:1/s:1/t$。晶面指标确定的是一组相互平行的晶面的方向，但在一组相互平行的晶面中，晶面间的间隔则通过晶面间距确定。不同的晶系有不同的晶面间距计算公式：

立方晶系：$$d_{hkl} = a\left(h^2 + k^2 + l^2\right)^{-1/2} \tag{5.13}$$

正交晶系：$$d_{hkl} = \left[\left(\frac{h}{a}\right)^2 + \left(\frac{k}{b}\right)^2 + \left(\frac{l}{c}\right)^2\right]^{-1/2} \tag{5.14}$$

六方晶系：$$d_{hkl} = ac\left[\frac{4}{3a^2}\left(h^2 + hk + k^2\right) + \left(\frac{l}{c}\right)^2\right]^{-1/2} \tag{5.15}$$

5.7.2 X 射线衍射原理及方法

X 射线衍射是利用波长为 50～250pm 的 X 射线照射到晶体，由于点阵之间的相互作用，使衍射峰的方向和作用强度出现特征分布，这种特征分布取决于物质自身的结构特点，每一个化合物都有自己独特的衍射图谱，根据图谱与粉末衍射标准联合委员会的标准 PDF 卡片对比可以确定晶型。1912 年，劳埃等人根据理论预见，证实了晶体材料中相距几十到几百皮米的原子是周期性排列的；这个周期排列的原子结构可以成为 X 射线衍射的“衍射光栅”；X 射线具有波动特性，是波长为几十到几百皮米的电磁波，并具有衍射的能力[149]。这一实验成为 X 射线衍射学的第一个里程碑。当一束单色 X 射线入射到晶体时，由于晶体是由原子规则排列成的晶胞组成，这些规则排列的原子间距离与入射 X 射线波长有相同数量级，故由不同原子散射的 X 射线相互干涉，在某些特殊方向上产生强 X 射线衍射，衍射线在空间分布的方位和强度与晶体结构密切相关，每种晶体所产生的衍射图谱都反映出该晶体内部的原子分配规律。这就是 X 射线衍射的基本原理。

1913 年英国物理学家布拉格父子（W.H.Bragg，W.L.Bragg）在劳厄发现的基础，不仅成功地测定了 NaCl、KCl 等的晶体结构，并提出了作为晶体衍射基础的著名公式——布拉格方程：

$$2d\sin\theta=n\lambda \tag{5.16}$$

式中，d 为晶面间距；n 为反射级数；θ 为掠射角；λ 为 X 射线的波长。布拉格方程是 X 射线衍射分析的根本依据[150]。

5.7.3 氧化铝衍射晶型分析

1976 年广东科研会议上化工部天津化工研究院提出对不同晶型氧化铝命名的建议，之后商连弟等[151]据此做出了对不同晶型氧化铝的试制与鉴别，随后李波等[152]也介绍了不同晶型氧化铝的 X 射线衍射图，图 5.1 为不同晶型氧化铝的特征衍射峰。

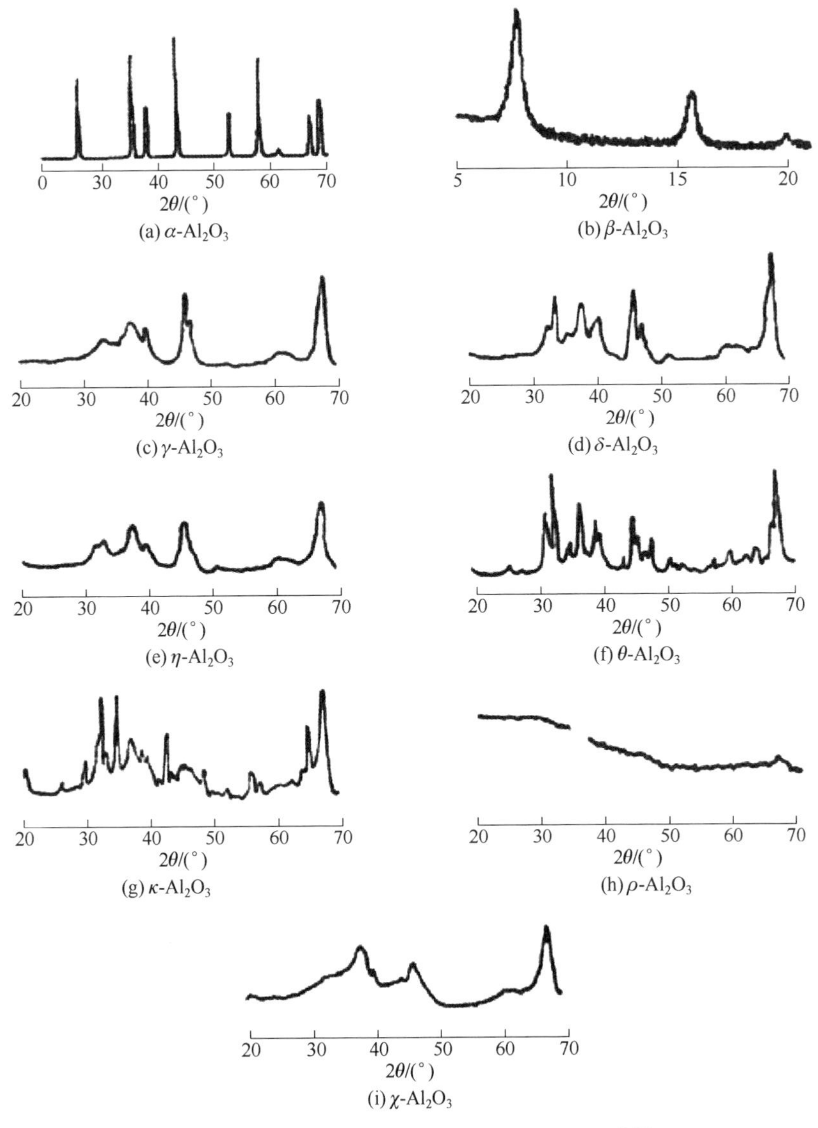

图 5.1　不同晶型氧化铝的 X 射线衍射图谱[152]

氧化铝是氢氧化铝脱水的产物。各种氢氧化铝，如 α-$Al(OH)_3$、β_1-$Al(OH)_3$、β_2-$Al(OH)_3$、α-AlOOH 和 β-AlOOH，经热分解形成各种同质异晶体。这些同质异晶体加热超过 1200℃时，它们又都可以转变成 α-Al_2O_3。杨岳洋等[153]做出了氢氧化铝与氧化铝的转变温度图，如图 5.2 所示。

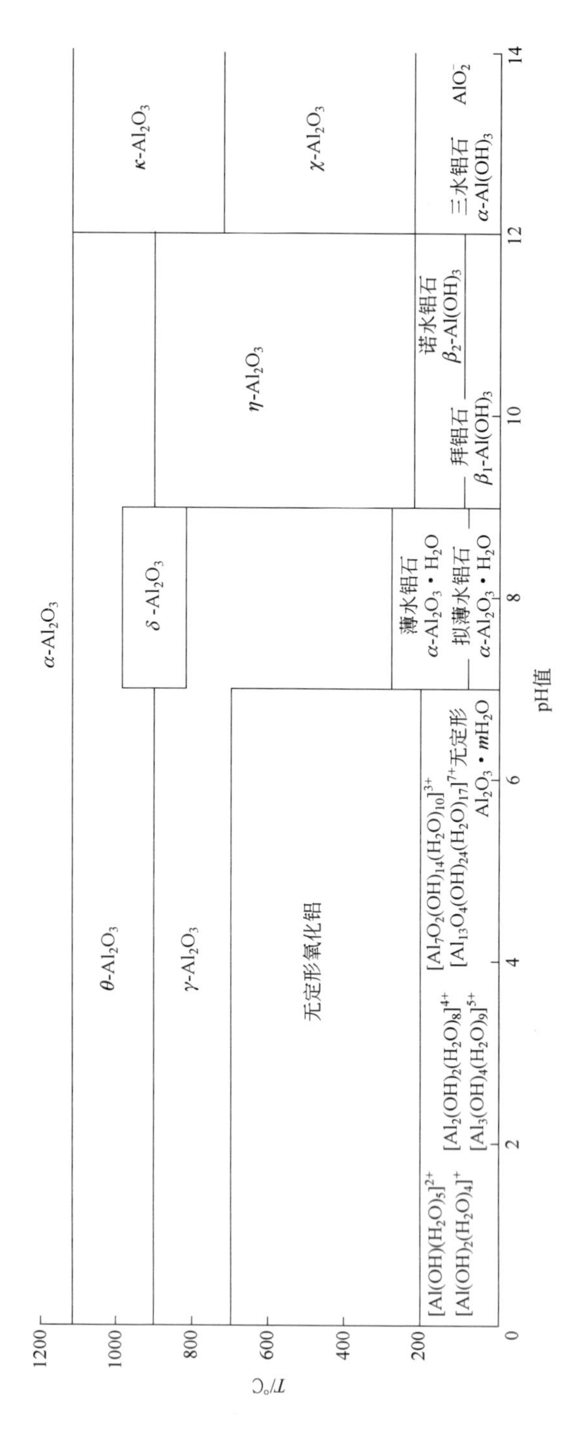

图 5.2 氢氧化铝与氧化铝的 pH-温度-组分图[153]

不同晶型的氧化铝在工业上有着广泛的应用，γ-Al_2O_3、θ-Al_2O_3、η-Al_2O_3主要用作加氢、脱氢、脱硫、裂化等石油化工中的催化剂及载体、橡胶、塑料和造纸中的填料。甘丹丹[154]研究了不同晶型氧化铝在汽油加氢脱硫中的应用，当反应温度达到 260℃时，CoMo/γ-Al_2O_3 和 CoMo/θ-Al_2O_3 的脱硫率分别为96.5%和 97.4%，分别比常规条件下高出 2.1%和 2.4%。

χ-Al_2O_3、ρ-Al_2O_3用作气体、液体和固体的干燥剂，α-Al_2O_3用作催化剂载体、陶瓷、玻璃、耐火材料和磨料等。所以，研究各种晶型氧化铝对氧化铝的应用有着重要的意义。

5.8 形貌表征

为了深入研究催化剂的微观结构，包括形貌、表面结构、催化粒子分布等对催化反应的影响，采用透射电子显微镜可以从纳米尺度上表征分析催化剂的内部结构、形貌、活性组分负载及分布情况等微观结构，提供催化剂活性等与催化剂微观结构关联的信息，加深对氧化铝催化材料结构与性能的理解，为开发高活性、高选择性、长寿命的新型催化材料提供重要的实验依据。而材料的性能和应用不仅仅依靠其组成成分，很大程度上也取决于其形貌和微观结构，研究不同形貌的 Al_2O_3 的制备方法也变得尤为重要，人们一直希望通过控制材料的结构、形貌和尺寸来获得更好的性能。

随着纳米材料的兴起，新型球差校正透射电镜（spherical aberration corrected transmission electron microscope，ACTEM）、高能量分辨率扫描透射电镜等进入普通研究者的视野，超高的分辨率配合诸多的分析组件使 ACTEM 成为深入研究纳米世界不可或缺的利器。200kV 的电子束的电分辨率一般为 0.2nm，而普通透射电镜（TEM）的电分辨率仅仅为 0.8nm。这主要是由 TEM 中磁透镜的像差造成的。球差即为球面像差，是透镜像差中的一种。其他的三种主要像差为：像散、彗形像差和色差。透镜系统，无论是光学透镜还是电磁透镜，都无法做到绝对完美。对于凸透镜，透镜边缘的会聚能力比透镜中心更强，从而导致所有的光线（电子）无法会聚到一个焦点从而影响成像能力。在光学镜组中，凸透镜和凹透镜的组合能有效减少球差，然而电磁透镜却只有凸透镜而没有凹透镜，因此球差成为影响 TEM 分辨率最主要和最难校正的因素。此外，色差是由于能量不均一的电子束经过磁透镜后无法聚焦在同一个焦点而造成的，它是仅次于球差的影响 TEM 分辨率的因素。自 TEM 发明后，科学家一直致力于提高其分辨率。1992 年德国的三名科学家 Harald Rose（UUlm）、Knut Urban（FZJ）以及 Maximilian Haider（EMBL）研发使用多极子校正装置调节和控制电磁透镜的聚焦中心从而实现对球差的校正，最终实现了亚埃级的分辨率。被称为 ACTEM 三巨头的他们也获得了 2011 年的沃尔夫奖。多极子校正装置通过多组可调节磁场的磁镜组对电子束的洛伦兹力作用逐步调节 TEM 的球差，从而实现亚埃级的分辨率。配备先进能谱仪及电子能量损失谱的电镜在获得原子分辨率 Z 衬度像的同时，还可以获得原子分辨率的元素分布图及单个原子列的电子能量损失谱，获得原子分辨率的晶体结构、成分和电子结构信息，为解决许多材料科学中的疑难问题（如催化剂、陶瓷材料、复杂氧化物界面、晶界等）提供新的视野[155]。因而高分辨扫描透射电子显微技术将在材料科学、化学、物理等学科中发挥更加重要的作用[156]。以下主要介绍应用最广泛的透射电镜。

5.8.1 透射电镜（TEM）基本原理及分析方法

透射电子显微镜（transmission electron microscope，TEM），简称透射电镜，用电子束作光源，用电磁场作透镜，把经加速和聚集的电子束投射到非常薄的样品上，电子与样品中的原子碰撞而改变方向，从而产生立体角散射。散射角的大小与样品的密度、厚度相关，因此可以形成明暗不同的影像，影像将在放大、聚焦后在成像器件（如荧光屏、胶片以及感光耦合组件）上显示出来。把聚焦得很细的电子束以光栅状扫描方式照射到试样上，产生各种与试样性质有关的信息，然后加以收集和处理从而获得微观形貌放大像。

由电子枪发射出来的电子束，经栅极聚焦后，在加速电压作用下，经过二至三个电磁透镜组成的电子光学系统，电子束会聚成一个细的电子束聚焦在样品表面。在末级透镜上边装有扫描线圈，在它的作用下使电子束在样品表面扫描。由于高能电子束与样品物质的交互作用，结果产生了各种信息：二次电子、被散射电子、吸收电子、X 射线、俄歇电子、阴极发光和透射电子等。这些信号被相应的接收器接收，经放大后送到显像管的栅极上，调制显像管的亮度。经过扫描线圈上的电流与显像管相应的亮度一一对应，也就是说，电子束打到样品上一点时，在显像管荧光屏上就出现一个亮点。透射电镜接收的是透射电子，采用逐点成像的方法，把样品表面、内部结构等不同的特征信息，按顺序、成比例地转换为视频传号，完成一帧图像，从而使我们在荧光屏上观察到样品的各种特征图像。

5.8.2 TEM 在氧化铝微观形貌研究中的应用

氧化铝催化材料微观形貌对其宏观性质以及作为催化剂载体的特性均产生影

响，不同形貌的氧化铝能够表现出不同的性质，用途极为广泛。纳米氧化铝固体材料的超微化产生的四大效应即小尺寸效应、量子效应、表面效应和界面效应使其具有传统材料所不具备的一系列宏观特性，它们作为吸附剂、干燥剂、催化剂以及催化剂载体等有着广阔的应用前景。相关课题研究一直是氧化铝催化材料领域的热点[157]。纳米氧化铝材料主要有片状、棒状、纤维状、球形、花状等，这些不同尺寸和形貌的纳米材料，对催化剂的基础理论研究具有重大意义。

氧化铝纳米棒因堆积形成开放的孔道，可以作为由内扩散控制的反应过程的催化剂载体，如在渣油加氢处理过程中应用。Jolivet 等[158]以硝酸钠为原料，利用热解法合成勃姆石，当 pH 值控制在 4～5 时得到纳米片聚集而成的长度为 100nm 的纳米棒，如图 5.3 所示，此时的纳米棒是二次组装的产物。Ma 等[159]利用溶胶-凝胶法，以硝酸铝为单一铝源，在超临界乙醇干燥条件下得到了形貌均一的六边形 γ-Al_2O_3，如图 5.4 所示。纳米片状氢氧化铝在某些条件下可以自组装成三维花状。Liu 等[160]运用简单的水热法首次合成了叶片状勃姆石和由单晶花瓣组成的花状超晶格结构，这些结构在经过焙烧后转变成单 γ-Al_2O_3 纳米结构后得以保持，如图 5.5 所示。庞利萍等[161]利用硝酸铝为铝源，以胶体碳球为模板成功地制备出了大小可控的氧化铝空心球，如图 5.6 所示。

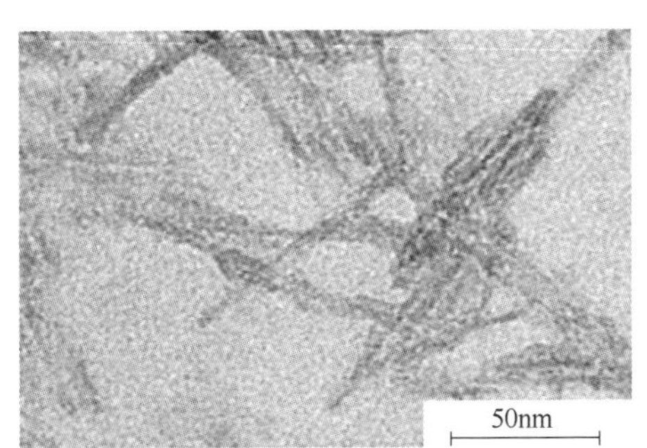

图 5.3　热解法棒状氧化铝的 SEM[158]

图 5.4　片状氧化铝的 SEM[159]

图 5.5　（a）勃姆石纳米片的 SEM 和（b）γ-Al_2O_3 纳米片的 TEM[160]

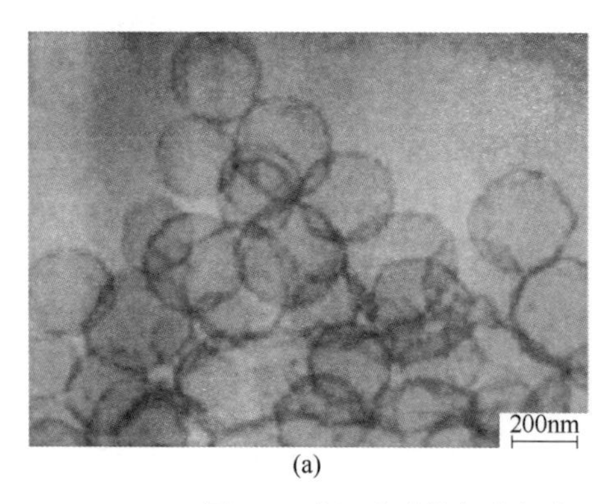

(a)

(b)

图 5.6　室温合成的氧化铝空心球的 TEM（a）及 SEM（b）[161]

5.9 酸量测定

通过研究催化剂制备过程中各种因素（如载体与活性金属的选择、制备方法、焙烧温度等）对表面酸性的影响规律，可为研制具有特定表面酸性的催化剂提供有效的依据。同时，通过 NH_3-TPD 法可研究催化剂失活及再生后表面酸性质的改变情况，考察不同失活原因及再生方法对催化剂酸性质的影响。程序升温脱附法（temperature programmed desorption，TPD）就是把预先吸附了某种气体分子的催化剂，在程序加热升温下，通过稳定流速的气体（通常利用惰性气体，如 He），使吸附在催化剂表面上的分子在一定温度下脱附出来，随着温度升高而脱附速度增大，经过数个脱附峰后，脱附完毕。NH_3-TPD 法，就是预先吸附 NH_3 的程序升温脱附法。通过测定脱附出来的碱性气体 NH_3 的量，从而得到催化剂的总酸量。通过计算各脱附峰面积含量，可得到各种酸位的酸量。NH_3-TPD 是表征固体催化剂表面酸性的有效手段[162-164]。

5.9.1　TPD 基本原理及测定方法

固体物质加热时，当吸附在固体表面的分子受热至能够克服逸出功所需能垒时就产生脱附。由于不同吸附质与不同的表面吸附中心之间的结合能力不同，脱附时所需要的能量不同。热脱附实验结果不但能反映吸附质与固体表面之间的结合能力，还能反映脱附发生的温度和表面覆盖度下的动力学行为。一般来说，对于某一个吸附态，脱附速度可以按照 Wigner-Polanyi 方程来描述。

$$N=-V_m d\theta/dt=A\theta^n \exp[-E_a(\theta)/(RT)] \quad (5.17)$$

方程中涉及的参数包括：单层饱和吸附量（V_m）、脱附活化能（E_a）、脱附过程的级数（n）、频率因子（A）等；脱附过程的变量包括：表面覆盖度（θ）、时间（t）、温度（T）。E_a与θ无关时，表明表面是均匀的；E_a与θ有关时，表明表面是不均匀的。

通过测定固定温度下的脱附速度，可以得到吸附在固体表面气体的脱附活化能和活化熵。TPD 是属于脱附温度按设定程序连续改变的，脱附速度既依赖于温度也依赖于时间，并且一般温度与时间呈直线变化。当预吸附分子的固体按线性方式连续升温时，吸附分子的脱附速率按照 Wigner-Polanyi 方程变化，脱附速率取决于温度和覆盖度。脱附开始时覆盖度很大，脱附速率很快，主要取决于温度；随着覆盖度下降至某一点时，覆盖度很低，脱附速率主要取决于覆盖度。利用色谱仪、质谱仪等可以检测到吸附分子随温度变化脱附的情况，形成脱附速率与温度的关系图，也就是 TPD 谱。从这个 TPD 谱可以得到许多信息，包括有几种吸附中心、每种吸附中心的数目、每种吸附中心的强度、脱附反应级数、表面能量分布等。

NH_3-TPD 是分析固体催化剂表面酸性的方法之一，其基本原理是：当碱性气体分子接触固体催化剂时，除发生气-固物理吸附外，还会发生化学吸附。吸附作用首先从催化剂的强酸位开始，逐步向弱酸位发展，而脱附则正好与此相反，弱酸位上的碱性气体分子脱附的温度低于强酸位上的碱性气体分子脱附的温度。因此，对于某一给定催化剂，可以选择合适的碱性气体，利用各种测量气体吸附、脱附的实验技术测量催化剂的强度和酸度。NH_3-TPD 法虽然无法区分 B 酸和 L 酸，但是可以较为准确地得到固体催化剂表面酸的总量信息。

NH_3-TPD 方法中，不同的脱附峰代表不同类型的酸性活性中心。脱附峰峰顶温度表征该酸中心的强度，峰温越高，酸强度越大；脱附峰的面积代表该酸中心酸性位数量，峰面积越大，相应的酸位的数量越多。NH_3 在样品上吸着力大小与吸附位的酸性强弱存在正比线性关系，一般吸附位的酸性越强，NH_3 的吸着力越大，脱附所需温度越高。通过分析不同温度下脱附气中 NH_3 含量的多少，可表征样品表面不同强度的酸位分布。在催化领域中，一般认为 250℃以下的脱附峰对应弱酸位，250～350℃温度区间的脱附峰对应中强酸位，而 350℃以上的脱附峰为强酸位[165]。

5.9.2 氧化铝表面酸强度表征

汤海荣等[166]在不同 Al_2O_3 上分别浸渍 NaOH、NaCl，采用 NH_3-TPD 法对

几种 Al_2O_3 表面酸碱中心的强度和数量进行了表征，各种 Al_2O_3 表面都有酸中心存在，并且 NH_3 的脱附峰温度都在 200～300℃，浸渍 NaOH 能降低酸中心量，浸渍 NaCl 对酸中心量的影响不明显，各种 Al_2O_3 经 850℃预处理后的 NH_3-TPD 图见图 5.7，数据如表 5.5 所示。

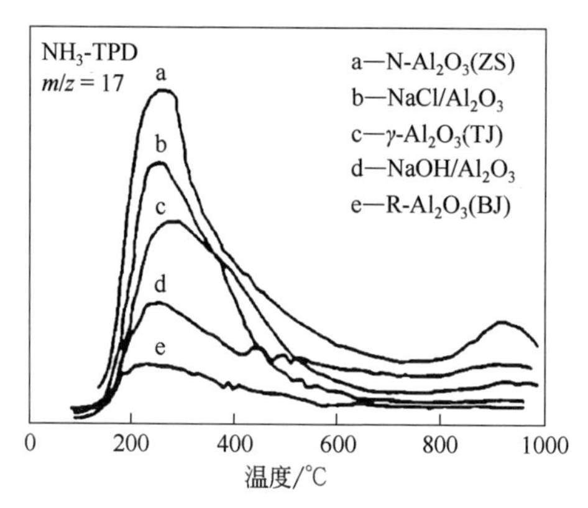

图 5.7　各种 Al_2O_3 经 850℃预处理并吸附 NH_3 后的 TPD-MS 谱图[166]

表 5.5　各种 Al_2O_3 吸附 NH_3 后的 TPD-MS 实验结果[166]

样品	主解吸温度 /℃	NH_3 峰面积 /10^{-8}	S_{BET} /（m^2/g）
R-Al_2O_3（BJ）	225	55	47
N-Al_2O_3（ZS）	257	229	201
γ-Al_2O_3（SD）	245	113	131
NaOH/Al_2O_3	221	128	224
γ-Al_2O_3（TJ）	280	149	193
NaCl/Al_2O_3	246	137	194

5.10 酸类型表征

固体催化剂及其载体表面酸类型会直接影响催化剂的催化性能，包括催化剂活性、选择性以及稳定性等。红外吸收光谱又称为分子振动转动光谱，广泛应用于催化和材料物质的化学组成分析，是非常有发展前途的原位表征方法之一。由吸附分子的红外光谱可以给出表面吸附物种的结构信息，尤其可以得到在反应条件下吸附物种结构的信息，目前已经成为催化研究中十分普遍和有效的方法。红外光谱主要应用于分子结构的基础研究和化学组成的分析等，但对物质化学组成的分析应用更广一些，尤其是通过碱性分子吸附在催化材料表面特征酸中心上产生特征的红外光谱来测试表面酸类型的分析。

5.10.1 红外光谱仪的原理及表征方法

红外光谱主要包括透射红外吸收光谱、漫反射红外光谱和红外发射光谱等，本节主要介绍透射红外吸收光谱，即常说的红外吸收光谱。红外光辐射的辐射波长在 0.75～1000μm 之间。当红外光照射到样品时，其辐射能量不能引起分子中电子能级的跃迁，而只能被样品分子吸收，引起分子振动能级和转动能级的跃迁。由分子的振动和转动能级跃迁产生的连续吸收光谱称为红外吸收光谱。红外吸收光谱可分为近红外光区、中红外光区和远红外光区。远红外光区（大约 400～10cm^{-1}）同微波毗邻，能量低，可以用于旋转光谱学。中红外光区（大约 4000～400cm^{-1}）可以用来研究基础振动和相关的旋转-振动结构。更高能量的近红外光区（14000～4000cm^{-1}）可以激发泛音和谐波振动。这三个区域所包含的波长范围以及能级跃迁类型如表 5.6 所示。

表 5.6 红外光谱区分类

区域	λ/μm	σ/cm^{-1}	能级跃迁类型
近红外光区	0.75～2.5	13300～4000	分子中化学键振动的倍频和组合频
中红外光区	2.5～25	4000～400	分子中化学键振动的基频
远红外光区	25～1000	400～33	分子骨架的振动、转动

红外区的光谱除用波长 λ 表征外，更常用波数 σ 表征。波数是波长的倒数，表示每厘米长光波中波的数目。若波长以 μm 为单位，波数的单位为 cm^{-1}，则波数与波长的关系是：

$$\frac{\sigma}{cm^{-1}} = \frac{1}{\frac{\lambda}{cm}} = \frac{10^4}{\frac{\lambda}{\mu m}} \tag{5.18}$$

由于振动能级不同，化学键具有不同的频率，共振频率或者振动频率取决于分子等势面的形状、原子量和最终的相关振动耦合。红外光谱一般分为两类，一种是光栅扫描光谱，很少使用；另一种是迈克尔逊干涉仪扫描光谱，称为傅里叶变换红外光谱，这是最广泛使用的。光栅扫描光谱是利用分光镜将检测光（红外光）分成两束，一束作为参考光，另一束作为探测光照射样品，再利用光栅和单色仪将红外光的波长分开，扫描并检测逐个波长的强度，最后整合成一张谱图。傅里叶变换红外光谱是利用迈克尔逊干涉仪将检测光（红外光）分成两束，在动镜和定镜上反射回分束器上，这两束光是宽带的相干光，会发生干涉。相干的红外光照射到样品上，经检测器采集，获得含有样品信息的红外干涉图数据，经过计算机对数据进行傅里叶变换后，得到样品的红外光谱图。傅里叶变换红外光谱具有扫描速率快、分辨率高、稳定的可重复性等特点，被广泛使用。

红外光谱是由分子振动能级的跃迁而产生的，当一束不同波长的红外射线照射到物质的分子上，辐射与物质之间有耦合作用，辐射具有刚好能满足物质跃迁所需的能量，这些特定波长的红外射线被吸收，形成这种分子的红外吸收光谱，每种分子的组成和结构不同，使得分子有其独有的红外吸收光谱，据此对分子进行结构分析和鉴定。1963 年，Parry[167]首次提出通过吡啶吸附法分析氧化物表面上的 B 酸和 L 酸位，之后该方法得到了充分发展。红外光谱法是目前用于分析催化剂表面酸性质的最常用方法之一。基本原理是通过具有碱性的探针分子在表面酸位吸附后产生的红外光谱的特征吸收带或吸收带的位移，测定酸位的性质、强度与酸量。吡啶（Py）是最常用的碱性探针分子，与 B 酸作用可生成吡啶盐，其红外特征吸收峰出现在 $1540cm^{-1}$ 附近；Py 与 L 酸可发生配位，生成的 Py-L 配合物在 $1450cm^{-1}$ 附近出现特征吸收峰。

5.10.2 红外光谱的应用

对催化剂研究的主要课题之一是活性中心的表征，如结构、表面分布、浓度和强度[168,169]。氧化铝尤其是 γ-Al_2O_3 由于其独特的表面酸碱性质和结构特征，常用作催化剂或催化剂载体[170]。催化反应通常会涉及氧化铝表面的 L 酸，这种 L 酸的性质与配位不饱和铝离子形成的电子受体位点有关。

Gafurov 等[171]利用 FTIR、TPD 和 EPR，并使用一氧化碳、吡啶、氨和蒽醌作为分子探针，利用 RPR 方法和技术全面定量和定性分析活性酸位在氧化铝表面的位置，同样得出活性氧化铝体系属于 Al Lewis 体系中表面的空心氧化铝，不仅表明蒽醌可以作为一种可靠的定性和催化活性研究的 EPR 定量探针，而且这与吡啶红外光谱得出 γ-氧化铝的酸性为 L 酸的结论是一致的。

雷志祥等[172]用原位红外技术研究了银催化剂及其载体 α-Al_2O_3 的表面酸性，并比较了载体 α-Al_2O_3 与加铯和未加铯的银催化剂的表面酸性的差别。结果表明：载体 α-Al_2O_3 上为 L 酸，负载了银后其 L 酸性中心浓度有所下降，而加入助催化剂铯后，其 L 酸性中心浓度更是明显降低。图 5.8 中 A 为载体 α-Al_2O_3 吸附吡啶 120min 后用 N_2 吹扫 1h 得到的红外光谱图。B、C、D、E、F、G、H、I、J 分别为程序升温至 100℃、120℃、150℃、180℃、210℃、230℃、250℃、270℃、300℃所得红外光谱图。在 $1450cm^{-1}$ 处有很明显的吸收峰，说明载体

α-Al_2O_3 上存在 L 酸中心。同时还可以看到，随着温度的不断升高，在 1450cm^{-1} 处的吸收峰不断减小，至 300℃时吡啶已基本脱附完全。

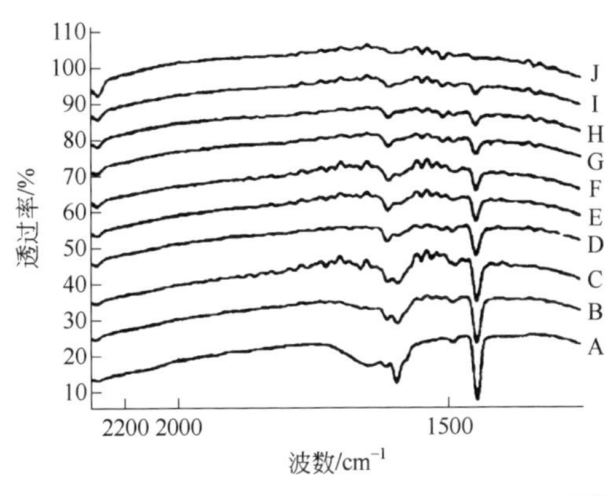

图 5.8 载体 α-Al_2O_3 上吡啶的红外吸附谱图[172]

5.11 铝原子配位结构表征

随着固体催化剂的研究发展，核磁共振技术作为催化材料结构表征的重要技术之一，为多相催化剂的结构研究提供了强有力的支持，成为了解催化剂及载体化学结构、立体构型以及反应机理等研究的重要辅助手段。目前，高分辨率固体核磁共振（SSNMR）技术具有分辨率高、可识别原子水平固体酸结构并进行酸性的定量分析等优点[173]，是表征氧化铝催化材料的铝原子配位结构的重要手段，得到广大科研工作者的青睐。

5.11.1 核磁共振基本原理

5.11.1.1 原子核的自旋

在磁场的激励下，一些具有磁性的原子核存在着不同的能级，如果此时外加一个能量，使其恰好等于相邻 2 个能级之差，则该核就可能吸收能量（称为共振吸收），从低能态跃迁至高能态，而所吸收能量的数量级相当于射频频率范围的电磁波。因此，所谓核磁共振就是研究磁性原子核对射频能的吸收。

由于原子核是带电荷的粒子，若有自旋现象，即产生磁矩。物理学的研究证明，各种不同的原子核，自旋的情况不同。原子核自旋的情况以及核的自旋量子数、原子序数、质量数之间的关系如表 5.7 所示。

表 5.7 核的自旋与核磁共振

质量数	原子序数	自旋量子数	自旋形状	NMR 信号	原子核
偶	偶	0	非自旋球体	无	^{12}C、^{16}O、^{28}Si、^{32}S
奇	奇或偶	1/2	自旋球体	有	^{1}H、^{13}C、^{15}N、^{19}F、^{29}Si、^{31}P
奇	奇或偶	3/2，5/2	自旋椭球体	有	^{11}B、^{17}O、^{35}Cl、^{79}Br、^{127}I
偶	偶	1，2，3	自旋椭球体	有	^{2}H、^{10}B、^{14}C

5.11.1.2 核磁共振现象

核磁共振研究的对象是处于强磁场中的原子核对射频辐射的吸收，其工作原理是在强磁场中，原子核发生能级分裂，当吸收外来电磁辐射时，将发生核能级的跃迁，即产生所谓核磁共振（NMR）现象。当外加射频场的频率与原子核自旋进动的频率相同时，射频场的能量才能够有效地被原子核吸收，为能级跃迁提供助力。当电磁波的能量（hv）等于两个能级的能级差 ΔE，则处于低能级的核可以吸收频率为 v 的射频波跃迁到高能级，从而产生核磁共振吸收信号。

相邻核磁能级的能级差为：$\Delta E=\gamma h/(2\pi B_0)$ （5.19）

电磁波的能量：$\Delta E'=hv$ （5.20）

发生核磁共振时，$\Delta E'=\Delta E$； （5.21）

即发生核磁共振的条件为：$v=\gamma B_0/(2\pi)$ （5.22）

因此某种特定的原子核，在给定的外加磁场中，只吸收某一特定频率射频场提供的能量，这样就形成了一个核磁共振信号。

5.11.2 核磁共振的应用

核磁共振技术在物理化学中可以用于基本化学结构的确定、立体构型和构象的确定；化学反应机理研究、反应速率、化学平衡及平衡常数的测定；溶液中分子的相互作用及分子运动的研究（氢键相互作用、分子链的缠结、胶束的结构等）；分子构象及运动性能研究；多相聚合物的相转变、相容性及相尺寸研究。

白秀玲等[174]以溶胶-凝胶法、相分离法及常规干燥处理手段制备了三维贯通大孔氧化铝材料，固体核磁共振谱图中，在化学位移 65×10^{-6}、28×10^{-6} 和 7×10^{-6} 三处出现明显的峰位，根据文献[175]报道，分别归属于氧化铝中的 AlO_4、AlO_5 和 AlO_6 的多面体。氧化铝中多面体结构及相对含量对氧化铝的晶相、表面性质等物化性质具有较强的对应关系，采用核磁共振技术通过对铝原子配位情况的考察可以对样品晶相的归属做进一步的确定。

5.12 粒度分析

大部分固体材料均是由各种形状不同的颗粒构造而成，颗粒的形状和大小对材料的结构和性能具有重要的影响。尤其对于纳米材料，其颗粒大小和形状对材料的性能起着决定性作用。因此，对颗粒大小和形状进行表征和控制具有重要意义。激光粒度仪作为一种新型的粒度测试仪器，已经在粉体加工与应用领域中得到广泛的应用。它的特点是测试速度快、重复性好、准确性好、操作简便[176]。

5.12.1 激光粒度仪原理及分析方法

激光粒度分析仪是一种比较通用的粒度仪，激光具有很好的单色性和极强的方向性，在没有阻碍的无限空间中会射到无穷远的地方，且在传播过程中很少有发散现象，激光粒度仪是根据颗粒能使激光产生散射这一现象测试颗粒分布的。其基本原理是：当光束遇到颗粒阻挡时，一部分光将发生散射现象，散射光的传播方向将与主光束的传播方向形成一个夹角 θ，θ 角的大小与颗粒的大小有关，颗粒越大，产生的散射光的 θ 角就越小；颗粒越小，产生的散射光的 θ 角就越大。即小角度的散射光是由大颗粒引起的；大角度的散射光是由小颗粒引起的，散射光的强度代表该粒径颗粒的数量。在光束中适当的位置上放置一个富氏透镜，在该富氏透镜的后焦平面上放置一组多元光电探测器，不同角度的散射光通过富氏透镜照射到多元光电探测器上时，光信号将被转换成电信号并传输到电脑中，通过专用软件对这些信号进行处理，就会准确地得到粒度分布。

5.12.2 氧化铝粒度分析

分散条件对 Al_2O_3 粉体粒度分析有很大的影响，如表 5.8 所示，不同的分散条件，粒度分析的结果会产生很大差异。张巨先等[177]向同一种氧化铝粉体悬浮液中分别加入硝酸至 pH 为 2、加入硝酸至 pH 为 3 后加入 Al^{3+}、加入氨水至 pH 为 10 后加入 PMAA-NH_4、加入焦磷酸钠进行分散，相应命名为方法 1、2、3、4，结果如图 5.9 所示。可以看出方法 2 和方法 3 分散后分析的结果比较一致，粒度接近单峰分布，主要分布在 0.2～0.3μm 之间，D_{50} 为 0.25μm，D_{90} 为 1.1μm，软团聚体含量较少；而方法 1 和方法 4 分散后分析的结果尽管粒度也为单峰分布，主要分布在0.2～0.3μm之间，但还存在较多大于0.3μm的颗粒。

表5.8　不同分散条件下超细 Al_2O_3 粉体粒径分布参数

分散条件	D_{10} /μm	D_{25} /μm	D_{50} /μm	D_{75} /μm	D_{90} /μm	比表面积 /（cm^2/mL）
方法1	0.09	0.16	0.33	0.59	2.26	26.03
方法2	0.09	0.14	0.26	0.50	1.12	30.30
方法3	0.08	0.13	0.25	0.49	1.10	31.92
方法4	0.12	0.21	0.41	0.79	1.36	21.48

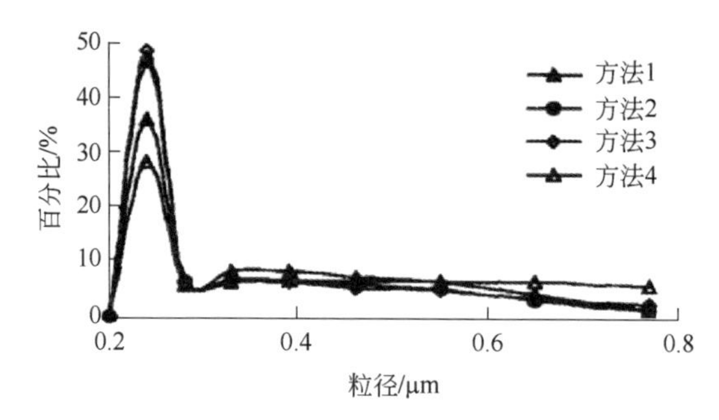

图5.9　不同分散条件下超细 Al_2O_3 粉体粒径分布参数[177]

5.13 热分析

热分析广泛用于描述物质在加热或冷却过程中其微观结构和宏观物理、化学等性质的变化与温度或时间的函数，是对各类物质进行定量、定性表征的有效方法，应用于无机化学、有机化学、生物化学、石油化学和地质学等各个学科领域。根据对目标物质所测物理量情况，热分析分类如表5.9所示，常用的热分析有热重法、差热分析、差示扫描量热法、热重曲线、差热分析曲线、差示扫描量热曲线等方法。

表5.9　热分析分类

测量的物理量	热分析方法	简称
质量	热重法 动态质量变化测量 逸出气检测 逸出气分析	TG EGD

续表

测量的物理量	热分析方法	简称
质量	放射热分析 热微粒分析	EGA
温度	差热分析 升温曲线测量	DTA
热量	差示扫描量热法 调节式差示扫描量热法	DSC MDSC
长度变化或体积变化	热膨胀法	
力学量	热机械分析 动态热机械分析	TMA DMA
声学量	热发声法 热传声法	
光学量	热光学法	
电学量	热电学法	
磁学量	热磁学法	

5.13.1 常用热分析原理及分析方法

5.13.1.1 热重法

热重法是测量试样的质量随着温度或时间的变化关系，如分解、升华、氧化还原、解吸附、吸附、蒸发等伴有质量变化的热变化，可用 TG 来测量，这类仪器通称热天平。由热重分析得到程序控制温度下物质质量与温度关系的曲线，即热重曲线。

5.13.1.2 差热分析

在程序控温下，测量物质和参比物在同时升温或降温时，通过热电偶测量二者随温度变化产生的温度差，并将温度差信号输出，记录的温差随温度的变化，称为差热分析。

5.13.1.3 差示扫描量热法

在程序控温下，测量输入试样和参比物的能量差（热流量、热流速率或功率）与温度或时间的关系。差示扫描量热仪记录到的曲线称 DSC 曲线，它以样品吸热或放热的速率，即热流率 dH/dt（单位 mJ/s）为纵坐标，以温度 T 或时间 t 为横坐标，可以测量多种热力学和动力学参数，例如比热容、反应热、转变热、相图、反应速率、结晶速率、高聚物结晶度、样品纯度等。

5.13.2 热分析在氧化铝材料中的应用

拟薄水铝石生产和存放过程中容易转变为 $Al(OH)_3$，使拟薄水铝石的胶溶指数降低，比表面积减小。检测产品中 $Al(OH)_3$ 含量的多少已成为检验产品质量的技术指标之一。闫月香[178]对 $Al(OH)_3$ 的三种变体晶型拜耳石、诺耳石、三水铝石进行分析，因其具有不同的空间结构，故有不同的 DSC 曲线形状，如图 5.10 所示。通过测试 DSC 曲线，分析图中峰的形状和特征峰温，可以鉴别拟薄水铝石中杂相的赋存状态，这为进一步的定量分析提供了依据。

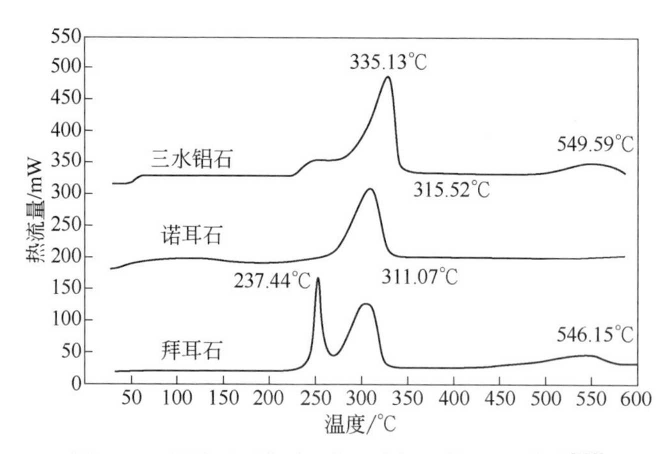

图 5.10 拜耳石、诺耳石和三水铝石的 DSC 曲线[178]

刘世江等[179]以硝酸铝为原料，用碳酸氢铵和氨水作混合沉淀剂，采用反向滴定共沉淀工艺制备氧化铝粉体，图 5.11 为干燥后的 Al_2O_3 前驱体的 DSC-TG 曲线图。70℃附近有小的吸热峰和质量损失，为前驱体中吸附水分、醇和部分结晶水的脱去所致；206℃附近有吸热峰及相应的 TG 曲线上有明显的失重，是因为碳酸铝铵失去吸附性水分以及碳酸铝铵发生热分解过程；334℃时的放热峰为部分未洗掉的硝酸铵分解放热所致；在 500℃以上存在连续的放热过程，是由氧化铝不同晶型的转变和结构调整造成的；在 1050℃左右出现了一个平台，主要是由 γ-Al_2O_3 向其他晶型的转变造成的。

王艳琴[180]向 $Al(NO_3)_3 \cdot 9H_2O$ 水溶液中加入氨水调节体系 pH 值为 5 制备氢氧化铝，对制备的氢氧化铝前驱体进行热重-差热分析，如图 5.12 所示。在 74℃时的吸热峰为前驱体的物理吸附水脱除，300℃至 800℃存在很宽的放热峰，可能是由于非晶态氢氧化铝或非晶态氧化铝转化为晶态氧化铝极其缓慢，在 1128℃时的放热峰为形成 α-Al_2O_3 时放热所致。

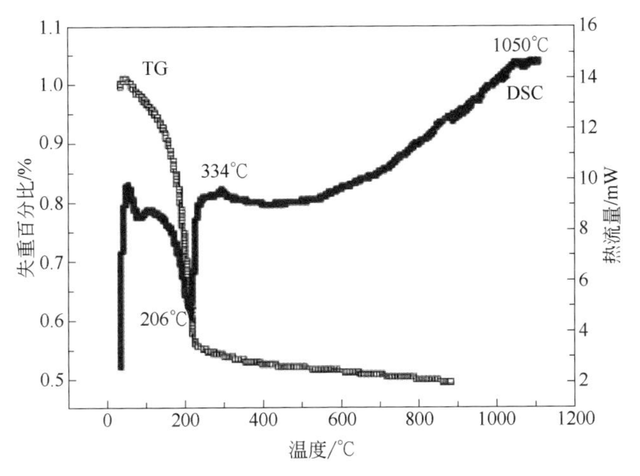

图 5.11　Al_2O_3 前驱体的 DSC-TG 曲线[179]

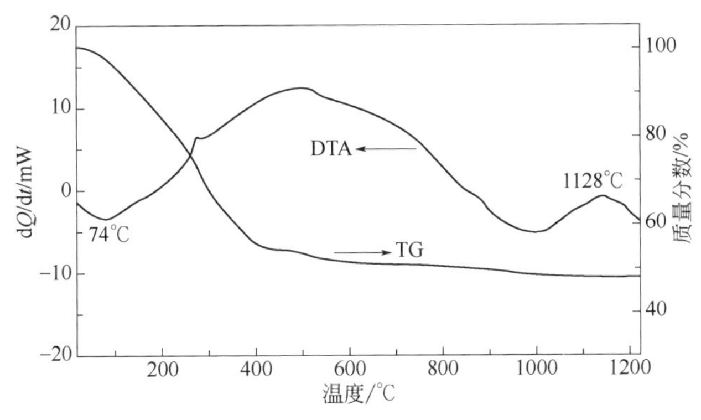

图 5.12　pH=5 的条件下制备的前驱体的 TG-DTA 曲线[180]

5.14 小结

本章主要介绍了氧化铝催化材料的表征及分析原理和方法，不论是元素分析还是宏观物性分析，包括比表面积、孔容、孔径分布、表面酸性、机械强度、粒度分布、晶型、外观形貌等，都可以通过先进的仪器等手段进行表征和分析。因氧化铝材料具有高比表面积、大孔径、表面酸性中心、易于负载等优良特性，在石油化工、冶金、陶瓷等诸多领域具有良好的应用前景，通过不同的表征方法对氧化铝材料进行宏观和微观层次分析，对氧化铝材料的科学研究和工业生产具有推动和指导作用。

氧化铝

催化材料的

生产与应用

第 6 章
氧化铝催化材料的应用

6.1 概述

氧化铝材料具有良好的机械强度、较高的热稳定性和化学稳定性、适宜的等电点以及可调变的表面酸碱性等优点，成为炼油和化工工业中使用最广泛的催化剂载体材料。如石油炼制工业中大量使用的加氢催化剂、重整催化剂等，均以氧化铝作为催化剂的主要载体组分。载体的性能对催化剂活性、选择性、传热与传质性能以及使用寿命和生产成本等都有很大影响。在整个催化剂的研制开发过程中，载体的研制开发往往技术难度较大，又费时间，其成功与否决定着催化剂研制的成败，是一种非常重要但在催化剂中常常为载体厂家获益最少的催化材料。尽管如此，载体也同样因为是催化剂不可或缺的材料而被广泛研究和使用。

氧化铝作为一种重要的催化材料，在液态石油烃类的催化裂解、加氢精制、加氢脱硫、气相油品的纯化、炼厂尾气的净化等反应和加工过程中发挥了巨大的作用，深入研究氧化铝催化材料在催化反应中的应用，是推动工艺技术革新和进步的基础。

6.2 氧化铝催化材料在加氢催化剂中的应用

广义上，加氢技术是指在一定温度和氢压下，通过催化剂的催化作用，将原料通过加氢反应生成目标产品的一类工艺技术。在石油化工领域内，加氢技术主要用于脱除原料中的杂质或改变原料化学组成，从而达到改善产品质量或改变产品馏程分布的作用。近年来，世界各国进一步严格控制汽车和内燃机的污染物排放，对化石燃料产品的清洁化要求越来越高；同时，受石油资源储量的限制，以及石油产品全球化造成的激烈市场竞争，导致市场对石油产品的要求更加苛刻，对石油资源的利用也越来越趋向于清洁化、精细化和高端化。这种发展趋势对原油加工技术提出了更高的要求，而加氢技术恰是实现以上产业发展的主要技术之一。

目前，炼厂采用的加氢工艺主要有三大类：一类是以加氢脱除硫、氮、氧、金属等杂质和烯烃、芳烃等双键选择加氢饱和为主的加氢精制反应，该过程不发生 C—C 断键反应，也就是说烃类没有分子数量的变化，产物的馏程变化也很小；第二类是以分子 C—C 键断裂为主的加氢裂化反应，主要目的是实现大分子向小分子的转化，可使油品馏程出现明显的轻质化；第三类是综合双键饱和、分子异构和 C—C 断键的转化过程，包括加氢改质、临氢降凝、异构脱蜡等工艺，通过催化材料的调变实现不同性能特点的石油化工产品加工。

无论是何种加氢工艺，其核心都在催化剂，催化剂是加氢装置的"心脏"。加氢催化剂的性能对加氢反应深度、目标反应分子的转化率和目标产物的选择性均有着至关重要的影响。催化剂的性能取决于催化剂载体、活性组分和催化剂制备工艺等，而载体材料的选择至关重要。目前，多以氧化铝材料为主要载体组分，制备的加氢催化剂多为不以 C—C 键断裂为目的的精制类加氢催化剂，如加氢保护剂、加氢脱硫催化剂、加氢脱氮催化剂及烯烃选择性加氢催化剂等。

6.2.1 加氢脱硫催化剂

加氢脱硫（HDS）反应一般指在高温（280～380℃）和中、高压（2～10MPa）的操作条件下，通过加氢催化剂的吸附作用使油品中的含硫化合物与催化剂的活性中心"接触"，与氢气发生反应，生成 H_2S 气体和烃类产物，从而将硫元素脱除的过程。目前工业上采用较多的加氢脱硫工艺为固定床加氢工艺，催化剂采用多孔氧化铝或改性多孔氧化铝负载过渡金属作为活性组分的固体催化剂。

过渡金属元素往往都具有未充满的 d 电子轨道，且具有体心或面心立方晶格或六方晶格，无论是从电子特性还是几何特性都使其具备成为催化剂活性组分的先天条件。目前加氢脱硫催化剂几乎都是采用二元或多元组分构成，可以更好地发挥过渡金属间的协同作用，提升加氢性能。活性金属的组合可以采用 Co-Mo、Ni-Mo、Ni-W、Co-W 等，对加氢脱硫反应，其活性顺序为：Co-Mo＞Ni-Mo＞Ni-W＞Co-W。另外，三金属组分以及四金属组分在近年来的加氢深度脱硫中也有广泛应用，如 Ni-Mo-W、Co-Ni-Mo、Co-Ni-Mo-W 等。

6.2.1.1 催化剂作用机理

硫元素在石油加工产品中一般以有机硫化物的形式存在，根据其 HDS 活性的差异主要可分为两大类：一类是加氢脱硫活性较高、比较容易达到深度脱硫效果的含硫化合物，如硫醇、硫醚、二硫化合物等脂肪族化合物；另一类是较为顽固、难彻底脱除硫元素的噻吩类含硫化合物，如噻吩（T）、苯并噻吩（BT）和二苯并噻吩（DBT）等。尤其是带有烷基侧链的二苯并噻吩类化合物，由于其支链带来的空间位阻效应，使催化活性中心很难接触到硫原子所在位置，导致其在较苛刻的操作条件下，仍有一部分残留在加氢产物中。从分子结构和支链情况来讲，下列噻吩类化合物加氢脱除硫元素难易程度顺序为：4,6-二甲基二苯并噻吩＞6-甲基二苯并噻吩＞4-甲基二苯并噻吩＞无 4,6-位取代的二苯并噻吩衍生物＞二苯并噻吩＞苯并噻吩衍生物＞苯并噻吩＞噻吩衍生物＞噻吩。

大多数脂肪族类硫化物是最容易脱除的硫化物；噻吩类含硫化合物中，相较于与双环化合物苯并噻吩、三环化合物二苯并噻吩，单环的噻吩类含硫化合物的脱硫反应较为容易。噻吩的沸点约为 84℃，有烷基侧链时沸点可达 100℃以上，但一般低于 200℃。因此，在较重馏分油中噻吩类的含量不高，但在煤油及较轻的油中噻吩类含量较高。

苯并噻吩类化合物在中间馏分油中的含量很高，其中苯并噻吩相对容易反应，带侧链的苯并噻吩（如甲基苯并噻吩、乙基苯并噻吩）也容易反应，二苯并噻吩类三环芳烃含硫化物，根据取代基的情况，其反应性能有很大差别。例如，二苯并噻吩（DBT）本身或者带有非 β 位（相对于硫原子而言）取代基时，其反应性能属于中等。当甲基或乙基处于 β 位上时，则对反应有空间障碍作用。在两个 β 位都有取代基时，则很难脱硫，如 4,6-DMDBT 的脱硫活性比 DBT 低 10 倍。有取代基的二苯并噻吩类硫化物的沸点高于 330℃，因此，该类硫化物大都存在于重馏分油中。馏分油中硫化物类型及其含量随馏分分布的变化情况对馏分油的加氢脱硫有明显影响。原料油馏分越重，就含有越多的烷基取代的 DBT，脱硫也就越困难。

以 DBT 的加氢脱硫为例，如图 6.1 所示，其脱硫路径有两条，其一为加氢脱硫路径（HYD），苯环先加氢生成 HYD 反应路径的一次产物四氢二苯并噻吩（TH-DBT）和六氢二苯并噻吩（HH-DBT），TH-DBT 和 HH-DBT 再进一步发生 C—S 键断裂生成后续产物。此路径较为复杂，需要先加氢使芳环饱和，再断裂 C—S 键。其二为直接脱硫路径（DDS），C—S 键直接断裂，发生氢解脱硫生成联苯（BP），BP 加氢生成环己基苯和后续深度加氢产物。此路径氢耗少，过程简单，中间产物少，是理想的脱硫路径。理论上讲，硫化物加氢脱硫过程中这两条路径都可能发生，但是对于不同结构的硫化物，两条路径的选择性有所不同。由于 DBT 没有取代基，空间位阻效应较小，HDS 过程以 DDS 路径为主，相对来说比较容易脱除。

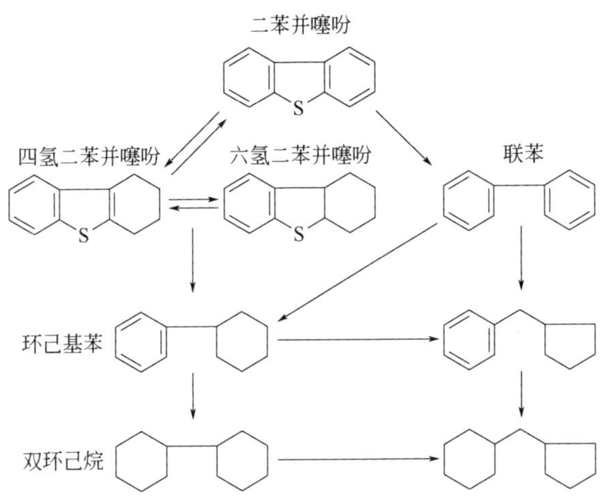

图 6.1　二苯并噻吩（DBT）的加氢脱硫反应路径[181]

对于 4,6-DMDBT 而言，其存在三种脱硫路径：加氢脱硫路径（HYD）、直接脱硫路径（DDS）和异构脱硫路径（ISOM）。由于 4,6-DMDBT 为油品中最难脱除的含硫组分，因此实现深度加氢脱硫的关键在于 4,6-DMDBT 的脱硫。研究人员通过比较 NiMo/Al_2O_3 催化剂上 4,6-DMDBT 的脱硫路径发现：相较于 DDS 路径，HYD 路径所需的反应条件更苛刻、路线更长、耗氢量高、中间产物较多，并不是理想的加氢脱硫路径。虽然主流研究方向更重视提高催化剂的加氢性能，但提高加氢脱硫过程中的 DDS 路径占比也具有重要意义。相较于强化 HYD 路径，强化 DDS 路径的优势在于可以降低反应苛刻度，节约能源和氢气资源，从而降低处理成本[181-183]。

对于 HYD 和 DDS 两种脱硫路径的优化匹配，目前比较有效的方法是反应通过匹配催化剂Ⅰ类活性相和Ⅱ类活性相的比例加以实现，Ⅱ类活性相具有更多的 MoS_2 片晶 BRIM 位点，有利于 HYD 路径的发生，而适当的Ⅰ类活性相则可提高 DDS 反应的选择性，其制备方法是通过锁定位置的浸渍技术实现活性金属分散度的提升。另外，异构脱硫路径（ISOM）也是当前在深度加氢脱硫方面的研究重点，但对于 4,6-DMDBT 上 4、6 位支链的异构，需要载体具备更高的酸性，比如在 γ-Al_2O_3 载体上引入 TiO_2、ZrO_2 等 B 酸材料，或者引入 SAPO 类、MCM 类、ZSM 类分子筛加以实现，但强酸性分子筛的引入又容易导致催化剂积炭的增加，进而影响加氢脱硫催化剂的寿命。

6.2.1.2　载体的作用及要求

石油炼制与化工工业使用的加氢脱硫催化剂主要是负载型催化剂。催化剂载体是除催化剂活性组分之外的又一个重要组成部分，催化剂载体种类、化学组成、物理性质和结晶形态等对催化剂性能有着不同程度的影响。对加氢催化剂载体的研究已经成为提高催化剂性能最重要、最活跃的研究领域。

（1）氧化铝载体的作用

在早期的催化剂载体研究中，催化剂载体的主要作用就是担载活性金属，并使活性组分尽可能地均匀负载，然后使催化剂有足够的机械强度和热稳定性等。随着研究的深入和催化剂载体的广泛使用，研究者们发现催化剂载体不仅仅是载体，一定条件下还是催化剂的助剂，也具有催化性能。催化剂载体的选择对催化剂的研发十分重要，一般要根据化学反应的实际要求来选择合适物化性能的催化剂载体，比如催化剂载体的机械强度、密度、孔结构、粒度和形状等。良好的催化剂载体至少应该具备以下条件：①适合特定反应的外形和尺寸；②具有足够的机械强度；③能为催化剂提供足够的比表面积和合适的孔结构等；④具有足够的化学和热稳定性；⑤原料来源广泛，制造成本低廉；⑥能与活性组分配伍，使催化剂活性最佳；⑦不增加副反应，杂质含量低；⑧提高催化剂耐热性。

氧化铝载体之所以应用广泛，是因为氧化铝载体具备一系列优良特性，其中包括：①氧化铝的熔点高，热稳定性良好；②氧化铝载体表面同时存在酸性中心和碱性中心，使其具备多种催化剂性能；③氧化铝载体存在多种过渡相，其晶相和孔结构多样，选择性广泛。在所有加氢脱硫催化剂载体中，氧化铝载体是最为常用的一种。而在氧化铝载体的多种过渡相中，因 γ-Al_2O_3 具有较大的孔隙率、比表面积，较好的机械强度以及更适宜的表面酸性，使其成为加氢脱硫催化剂载体的最佳选择。

（2）氧化铝载体的改性

γ-Al_2O_3 是典型的两性化合物，酸性介质中表面呈正电性，碱性介质中表面变成负电性，在 pH 值为 8.5～9 的区域表面不带电，有利于采用浸渍方法将活性组分高度分散。γ-Al_2O_3 是以水合物存在的氢氧化铝凝胶制备，通过改变制备过程（成胶、老化、干燥、成型、焙烧）中的条件，可以调控制备出不同比表面积、孔容大小和孔径分布的系列氧化铝载体。

以 γ-Al_2O_3 为主要载体组分的催化剂体系中，由于 γ-Al_2O_3 和活性组分之间很强的相互作用力，使得活性组分在 HDS 等反应过程中能长时间保持高度分散，从而维持反应活性中心的接触效率。但是它也具有一些缺点，如 γ-Al_2O_3 载体的表面酸性位点主要为酸性较高的 L 酸中心，在加氢脱硫反应中，L 酸仅有利于加氢转化率的提升，而对直接脱硫反应没有明显的促进作用。因此，若要实现对大分子含硫化合物的脱硫效率，需对 γ-Al_2O_3 载体酸性位点进行改性，通过引入 SiO_2、TiO_2、ZrO_2 等改性组分实现对 γ-Al_2O_3 载体表面性质的优化。

研究发现，将 TiO_2 引入 γ-Al_2O_3 中进行改性，对 Ni-Mo/Al_2O_3 催化剂的 HDS 活性可大大提高，其原因在于引入 TiO_2 后，一方面可改善载体的酸性，形成强 L 酸和弱 B 酸相结合的酸分布特征，优化对不同脱硫路径的选择性；另一方面削弱了助金属 Ni 与载体的相互作用（详见 3.2 节介绍），从而提升 Ni 对 MoS_2 边角位的修饰度，提高活性组分的本征活性；同时，还可提高载体的热稳定性和机械性能。相关研究[184]还表明，当 TiO_2 与 Al_2O_3 的质量比低于 1∶1 时，复合氧化物中的 Ti、Al 主要以 Al—O—Ti 键结合，活性较高，当 TiO_2 与 Al_2O_3 的质量比高于 1∶1 时，出现 Ti—O—Ti 键，活性降低。

针对 TiO_2 改性 Ni-W/Al_2O_3 催化剂的研究发现[185]，当 TiO_2 的引入量为 5%～16%时，可形成较多的锐钛型结构，且复合载体具有较好的孔结构。其对活性金属的影响在于 TiO_2 的引入有利于八面体钨物种的形成，当 TiO_2 的引入量为 16%时，形成的八面体钨物种最多，八面体钨物种具有较多的配位不饱和结构和硫空位，有利于脱硫反应进行。

在 γ-Al_2O_3 载体中引入 ZrO_2 改性，由于 ZrO_2 材料本身具有抗腐蚀性强、机械强度好，以及表面具有弱酸、弱碱双功能特性等优点，同样可使催化剂加氢脱硫活性显著提高。研究发现[186]，由 ZrO_2 改性 γ-Al_2O_3 载体制备 Co-Mo 型加氢脱硫催化剂，可比单纯 γ-Al_2O_3 载体制得的催化剂在加氢脱硫活性上得到明显提升。其原因可能还在于 Zr 的引入可减弱载体上活性金属与载体的相互作用，提高催化剂中活性组分的硫化还原度和分散度[187]。

由此可见，氧化铝作为加氢脱硫催化剂的主要载体组分，其本身具备的物化特性以及通过改性等手段调变出的表面性质，可对加氢脱硫催化剂的性能产生重要影响，这也是加氢脱硫催化剂研制、应用以及载体材料工业化生产的重要参考依据。基于催化剂实现深度加氢脱硫的需求，中海油天津院利用自主研发的新型大孔拟薄水铝石材料制备载体，结合绿色高效成型技术、活性金属组分定位负载技术等，研制的针对环烷基二次加工馏分油深度加氢脱硫的 THDS 系列 Ni-Mo/Al_2O_3 催化剂，孔分布高度集中可控、活性组分本征活性好、金属利用率高[188,189]，具有很好的应用效果。

6.2.2 加氢脱氮催化剂

目前，在石油化工领域涉及加氢脱氮反应的工艺主要为一次加工或二次加工馏分油深度利用的预处理工艺，如重整预加氢工艺、柴油加氢改质预处理工艺、蜡油加氢裂化预处理工艺和渣油加氢处理工艺等。当前的清洁燃料油标准中虽未对氮含量做出规定，但油品中的氮化合物尤其碱性氮化合物是含有酸性分子筛的 C—C 键裂化类催化剂的主要毒物之一。因此，需要在预处理阶段对氮化物进行深度脱除，以延长后续工段中裂化催化剂的运行寿命。

与加氢脱硫催化剂类似，加氢脱氮催化剂也采用过渡金属元素作为活性组分，氧化铝或改性氧化铝作为载体，通过浸渍法制备。加氢脱氮催化剂的活性组分通常分为二元活性组分或多元活性组分，较为常用的活性组分组合有Co-Mo、Ni-Mo、Ni-W、Ni-Mo-W等，其活性顺序与加氢饱和活性顺序相似：Ni-Mo-W＞Ni-W＞Ni-Mo＞Co-Mo，这与氮化合物反应机理中需要先加氢后脱氮有关。为了提高活性中心的可接触性，加氢脱氮催化剂的载体需要具有大孔容、大比表面积，同时为保证良好的抗积炭性能，合适的表面酸性对加氢脱氮催化剂尤为重要。

6.2.2.1 催化剂作用机理

石油馏分中的含氮化合物分为杂环氮化物和非杂环氮化物，杂环氮化物主要包括吡啶类和吡咯类，非杂环氮化物主要是指胺类。由于杂环氮化物的C═N键键能（615kJ/mol）比非杂环氮化物的C—N键键能（305kJ/mol）要大，所以吡啶和吡咯类氮化物加氢脱氮要比胺类困难。通常情况下，这两类杂环氮化物的脱氮反应一般是先加氢饱和，然后再氢解生成相应的烃类和氨。而胺类直接氢解生成烃类和氨。不同含氮化合物的加氢脱氮反应如表6.1所示。

表6.1　典型氮化物的脱氮反应

氮化物	脱氮反应
胺类	$R—NH_2+H_2 \longrightarrow RH+NH_3$
氰类	$RCN+3H_2 \longrightarrow RCH_3+NH_3$
吡咯	吡咯（结构式）$+ 4H_2 \longrightarrow C_4H_{10} + NH_3$
吲哚	吲哚（结构式）$+ 3H_2 \longrightarrow$ 苯环$—C_2H_5 + NH_3$
吡啶	吡啶（结构式）$+ 5H_2 \longrightarrow C_5H_{12} + NH_3$
喹啉	喹啉（结构式）$+ 4H_2 \longrightarrow$ 苯环$—C_3H_7 + NH_3$

非杂环氮化物的加氢脱氮要比杂环氮化物的加氢脱氮容易得多，所以杂环氮化物的加氢脱氮受到更多的关注，是研究的主要方向。杂环氮化物的加氢脱氮反应主要包括两类：碱性氮化物的加氢脱氮反应和非碱性氮化物的加氢脱氮反应。

碱性氮化物以喹啉作为典型代表，其脱氮反应机理是通过芳环 π 键吸附进行加氢脱氮反应。研究发现，不同芳环数的氮化合物加氢脱氮反应速率常数均在一个数量级上，喹啉加氢脱除反应路径如图 6.2 所示。

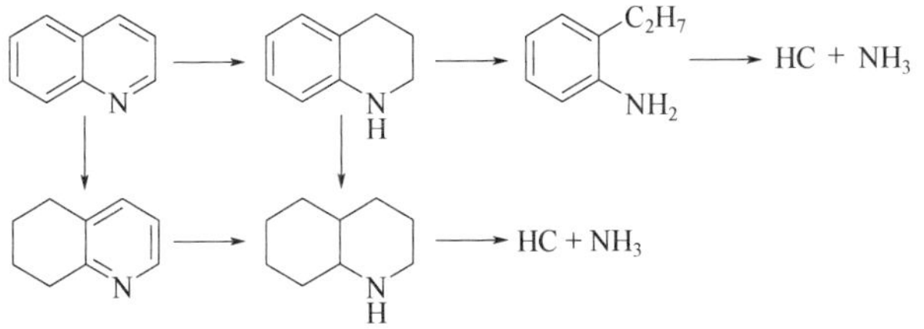

C_2H_7
HC + NH_3
N
N
H
NH_2
N
N
H
HC + NH_3

图 6.2　喹啉的加氢脱氮反应网络

非碱性氮化合物中，由于吡咯以及吡咯的衍生物氮所在的环为五元环，这类杂环氮化物在石油馏分中不稳定，而且含量很少，因此对吡咯等的加氢脱氮研究较少。比较有代表性的非碱性氮化合物吲哚的加氢脱氮反应路径如图 6.3 所示。

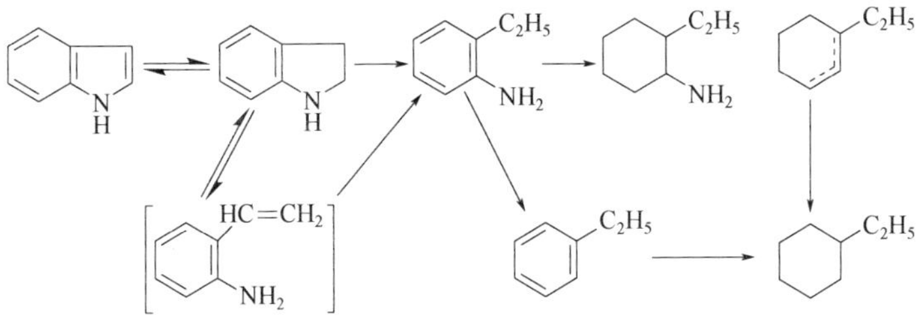

C_2H_5
C_2H_5
C_2H_5
N
H
N
H
NH_2
NH_2
HC=CH_2
NH_2
C_2H_5
C_2H_5

图 6.3　吲哚的加氢脱氮反应网络

对于非碱性氮化物，其在催化剂表面上的吸附与噻吩类硫化物类似，通过氮原子在催化剂上的端点吸附开始加氢脱氮反应。

非碱性氮化物和碱性氮化物由于在吸附方式上的不同，致使两类氮化物的加氢脱氮反应路径有所不同。由前面的喹啉和吲哚的加氢脱氮反应网络可以看出，加氢脱氮反应包括两个反应过程，即加氢过程和碳氮键的断裂过程。研究结果显示，加氢过程对非碱性氮化物的 HDN（加氢脱氮）反应比对碱性氮化物的 HDN 反应更重要。这可能是因为非碱性氮化物在催化剂表面上是端点吸附的，吸附的空间位阻对吸附的阻碍作用很大，加氢后可以使非碱性氮化物的环皱起，有利于氮基团在催化剂表面上的吸附。

6.2.2.2　载体的作用及要求

（1）氧化铝载体的作用

加氢脱氮催化剂通常以氧化铝或改性氧化铝为载体，其在催化剂中的作用主要有以下几点：充当活性组分的骨架；提高活性组分的分散性和利用率；提高催化剂的热稳定性等。

载体的孔结构（包括比表面积、孔容和孔径分布）不仅对所负载活性组分的分散度有重要影响，而且直接影响反应过程中的扩散和传质。因此，载体的孔结构与催化剂的活性、选择性和寿命密切相关。一般的加氢预处理工艺所需处理的原料中，含氮化合物分子量较大时，需要载体具有适宜的孔径，以有利于氮化物扩散。但是较大的孔径会使载体的比表面积损失较大，相应地提供给活性金属的负载位点也将减少。因此，孔结构的调控对于加氢脱氮催化剂载体的制备十分重要。

载体表面酸性对加氢脱氮过程同样具有一定的影响，强酸中心更易与含氮化合物结合，且结合较强不易脱除，这些强酸性位吸附的含氮化合物逐渐聚集、缩合成为结焦前驱物，导致催化剂加速失活；而弱酸中心与反应物分子结合力不够强，导致反应物分子停留时间短，在一定程度上影响氮化合物的深度脱除效果。因此，适宜的酸强度和表面酸性中心数量可保证加氢脱氮催化剂的活性有效发挥。研究表明，在富含 L 酸中心的氧化铝载体中引入含 B 酸组分可有效提高催化剂脱氮性能。

除了孔结构、表面酸性及机械性能外，载体对加氢脱氮催化剂性能的影响还有一项至关重要的因素，即载体与活性组分相互作用。这种相互作用可能导致催化剂活性相晶体构型或形貌的改变、电荷的转移、化学价态的变化、化学吸附键的形成，甚至新物种、化合物或是固溶体的生成。例如以下两类：

① 使活性组分的几何构型发生改变。如 MoS_2 负载于 Al_2O_3 的几何构型与负载在 TiO_2 上的是完全不同的。当活性组分的几何构型发生变化，其外露的晶面、晶格缺陷及活性中心的结构都会发生变化，进而影响催化剂性能[190]。

② 新的化学结构形成。包括三种形式：一是活性组分与载体接触的界面上，活性组分的分子或原子与载体表面的某些原子或基团之间，可能发生电荷转移或键合作用，甚至形成新的表面物种，如不同价态的Mo(W)物种可与 S 原子结合形成不同晶型结构的 Mo(W)-S；二是活性组分的原子或离子进入载体的晶格，形成固溶体或化合物，如 Ni 进入 Al_2O_3 晶格形成镍铝尖晶石，这种相互作用会对催化剂的加氢性能产生不利的影响；三是活性组分与载体之间的物种溢流（如氢溢流），当原始活性中心吸附氢气并产生或释放出原子态活化 H 物种时，这些活化 H 物种会随即迁移到二级活性中心，即载体的中心上，并被化学吸附或诱导活化，进而发生化学反应，这种氢溢流作用则对加氢催化剂的活性有提升作用。对于以 Ni-Mo 为活性组分的加氢脱氮催化剂而言，不同的载体材料（即次级活性中心）选择，其氢溢流作用的强弱也有

不同。这些关于载体性质及作用的研究结论，均对指导加氢脱氮催化剂的设计有着重要的作用。

（2）氧化铝载体的改性

基于油品中氮化合物的转化反应原理为先加氢饱和双键，后断裂 C—N 键氢解，因此加氢脱氮催化剂需要具备发达的孔道结构、较强的活性中心加氢活性和适中的载体酸性，尤其当具备一定的 B 酸中心可有效提升催化剂对氮化合物的脱除活性。因此，采用纯氧化铝材料制备载体已不能满足深度脱氮的要求，通过不同助剂调节氧化铝载体性能已成为提升加氢脱氮催化剂性能的一种必要手段。

磷改性的氧化铝载体材料，MoS_2 活性片层的边缘位与 $AlPO_4$ 通过“Co-Mo-O-P”配位形式连接（见第 3.2.3.2 节），含磷和不含磷的催化剂活性相结构之间不存在显著的差别，磷的存在只是对 MoS_2 活性相片层的形貌进行修饰，改变活性位的数量，减弱反应分子吸附到活性位上的空间位阻[191]。通过对磷含量的考察发现[192]，随着磷含量的增加，MoS_2 片晶层数增多，片晶长度增加，形成较大的堆垛，有利于喹啉等含氮化合物克服空间位阻与活性中心位的接触；但过多的磷会引发 MoS_2 团聚，减少催化剂表面活性中心位数目，对脱氮反应不利。以 γ-Al_2O_3 为载体的加氢脱氮催化剂只有在添加适量的磷时，才会具有最佳的脱氮活性。

硼改性的氧化铝载体材料，MoS_2 或晶粒的片层长度和堆垛层数会随着硼含量的增加而增加。催化剂的 HDN 结果显示，当 B_2O_3 质量分数为 1.5%时，得到的脱氮率最高。Chen 等[193]研究也表明，B 对 Al_2O_3 载体催化剂的影响主要体现在酸性方面（见第 3.2.3.4 节），而对硫化物相态和分散性的影响并不显著。硼的添加使得加氢催化剂中 B 酸中心数量提高而总酸强度降低，促进了氮化物的氢解，可提高 Co-Mo/Al_2O_3 加氢催化剂对 2,6-二甲基苯胺（DMA）的 HDN 活性。

另外，SiO_2 和 TiO_2 等可提供 B 酸中心的氧化物由于自身孔结构和机械性能的限制，不适合直接作为加氢脱氮催化剂载体，但当它们作为改性组分调变 Al_2O_3 性质时，却显示出独特的效果，提升加氢脱氮催化剂的活性。比如当一定量的 TiO_2 引入 Al_2O_3 载体后，能够形成 Ti—O—Al 键，从而削弱活性金属与氧化铝载体间的强相互作用（见第 3.2 节），使活性相由低分散、高堆垛状态转变为高分散、低堆垛状态，从而降低氮化物的吸附难度，且 TiO_2 的引入能够促进活性中心金属的还原和硫化。一般在加氢脱氮催化剂中，通过焙烧温度控制，TiO_2 在载体中以锐钛矿的形式存在。研究表明，锐钛矿型的 TiO_2 可促进八面体 Mo(W)物种的形成，进而提升活性组分的本征加氢活性[185]。

6.2.3 烯烃选择性加氢

烯烃选择性加氢的主要目的是脱除原料中对后段工艺具有危害的烯烃、炔烃等不饱和烃类，延长下游装置运转时间、保证产品质量等。石化行业最具代表性的三个烯烃选择性加氢工艺过程为催化裂化汽油选择性脱二烯烃、1,3-丁二烯脱除炔烃、重整生成油脱除烯烃。这三个工艺过程中烯烃及炔烃的脱除都比较简单，但是要想在减少目标产物损失的情况下通过特定的烯烃选择性加氢工艺达到脱除不饱和烃杂质的目的，就需要对催化剂及工艺进行优化。

6.2.3.1 催化剂作用机理

（1）主要催化反应

以催化裂化汽油选择性加氢脱除二烯烃为例，二烯烃加氢催化剂是指在最大量脱除原料中二烯烃损失的一类催化剂，其要求催化剂反应温度适中且催化活性好，并可以有较长的使用寿命，这是人们最初研究加氢脱二烯烃催化剂技术的首要目的。这类催化剂有很多，但反应过程基本都大同小异，主要是不饱和烃类的加氢饱和，其中主要发生的化学反应如下：

① 单烯烃加氢反应

$$R^1—CH═CH—R^2+H_2 \longrightarrow R^1—CH_2—CH_2—R^2 \tag{6.1}$$

② 双烯烃加氢反应

$$R^1—CH═CH—CH═CH—R^2+2H_2 \longrightarrow R^1—(CH_2)_4—R^2 \tag{6.2}$$

③ 加氢裂化反应

$$R^1—CH_2—CH_2—R^2+H_2 \longrightarrow R^1—CH_3+R^2—CH_3 \tag{6.3}$$

④ 芳烃加氢饱和反应

$$C_nH_{2n-6}+3H_2 \longrightarrow C_nH_{2n} \tag{6.4}$$

而要在催化剂上顺利地进行上述反应，就需要该催化剂能提供适合反应物进出的孔道结构及反应位点。此类反应基本遵循碳正离子反应机理，因此需要催化剂具有适宜的酸性位，以促进反应的进行，同时孔道结构要畅通，使反应后生成的产物尽快脱附扩散出催化剂。

（2）催化剂作用机理

① 脱二烯烃催化剂。脱二烯烃主要包括催化加氢工艺和非加氢工艺，前者应用最广泛，后者为一些炼厂由于受氢气缺乏的影响而采用，包括非加氢催化脱除工艺。

非加氢催化脱除二烯烃工艺，通常是在催化剂的作用下，通过顺丁烯二酸苷与二烯烃发生 Diels-Alder 反应而达到脱除二烯烃的目的。王海彦等[194]将 $AlCl_3$ 负载到氧化铝上制备了脱二烯烃催化剂，汽油中二烯转化率可达 90.3%。杨科[195]以离子液体为催化剂、$AlCl_3$ 为催化助剂，二烯烃脱除率达到 92.3%。研究表明[196]，L 酸对不同体系，可能是 Diels-Alder 反应催化剂，也可能是聚合反应催化剂。催化裂化汽油脱二烯烃催化剂需要对 Diels-Alder 反应有较高的选择性，因为 Diels-Alder 反应产物可以提高汽油的辛烷值和氧元素含量，有利于汽油品质的提高。

目前，应用最为广泛的仍然是催化加氢选择性脱二烯烃工艺，其关键是选择性加氢催化剂。该催化剂主要有两种：贵金属催化剂和非贵金属催化剂。这两种催化剂均采用活性氧化铝作为载体，主要作用是为活性金属组分负载提供附着点，并尽可能使活性金属组分单层均匀分布，提高活性组分的分散度，防止活性组分烧结聚集。由于 γ-Al_2O_3 具有丰富的孔道结构，且具有适宜的酸性，因此加氢脱除二烯烃工艺中将其作为催化剂载体。贵金属催化剂主要以 Pd 系金属为活性组分，活性和选择性高，但是由于受原料中硫化物的影响，易中毒失活，且贵金属催化剂价格昂贵，所以，选择性加氢脱二烯烃工艺现在大量采用非贵金属催化剂。非贵金属催化剂又分为钴钼系、钼镍系、镍系等，这类催化剂具有成本低、不易失活的特点，但其反应苛刻度较高，需要在较高的温度及压力下进行反应。

a．Pd 系催化剂。Pd 在元素周期表中处于过渡元素部分，以 Pd 为活性组分的催化剂的选择性和活性与活性组分的负载量以及温度、助剂成分等都有关系，其中助剂主要影响反应的选择性。Pd 的负载量的最优值为 0.3%，而反应温度的影响较为复杂，过高过低都会有不良影响产生，因此需要进行具体的实验优化反应温度。

b．镍系催化剂。对于 Pd 系催化剂来说，最大的影响就是易受到 As 与 S 的污染，导致催化剂易中毒失活，而镍系催化剂对此污染有很大的耐受度。镍系中包含 Ni、Co、Mo、W 等，其中主要研究与使用的为 Ni。研究发现，Ni 加氢脱二烯烃的转化率可以达到 100%，因此，其是一种较为优良的催化剂，且作为非贵金属在成本上也会相对低廉。

加氢工艺脱除二烯烃所采用的催化剂载体基本都是氧化铝或改性氧化铝，也有一些是选用分子筛[197]。采用氧化铝或改性氧化铝作为载体，主要是为活性组分分散提供适宜的孔道结构及酸性位点。

② 重整生成油脱烯烃催化剂。石脑油催化重整后得到的芳烃重整油中存在微量烯烃。这些烯烃容易在下游加工过程中生成其他物质，影响芳烃产品的酸洗比色；进入对二甲苯吸附分离单元的二甲苯中的烯烃能占据分子筛吸附剂

的孔隙，对分子筛吸附剂也有一定的毒害作用；会在高温下缩合结焦，导致混合进料换热器内结垢。因此，必须对重整生成油中的烯烃进行选择性脱除。

根据脱烯烃机理的不同，脱烯烃工艺可分为催化加氢脱烯烃工艺和精制剂脱烯烃工艺。催化加氢脱烯烃工艺重整生成油中的烯烃在临氢条件下发生催化加氢反应生成饱和烷烃，饱和烷烃在后续抽提分离单元中脱除。精制剂脱烯烃工艺重整生成油中的烯烃在精制剂表面酸性位的催化作用下发生烷基化和聚合反应生成大分子物质，这些大分子物质被精制剂的孔道吸附脱除或在后续精馏分离中脱除。在精制剂脱烯烃工艺中，根据精制剂的不同，又分为白土脱烯烃工艺和分子筛脱烯烃工艺。

白土脱烯烃工艺采用微孔结构丰富的活性白土或者改性白土作为催化剂，利用白土的表面酸性，促使原料中的烯烃发生聚合和烷基化，生成大分子物质。然后利用白土丰富的孔道结构进行吸附脱除，较大的分子物质也在后端连续精馏中脱除。但是活性白土对烯烃的吸附能力有限，更换频繁。为了保证装置的连续运转，一般会设置两套装置进行切换。而这样就会产生较多的难处理固体废物，污染环境。因此，现在白土工艺已经被分子筛脱烯烃工艺取代。

分子筛脱烯烃工艺以孔道结构及酸性更为丰富的 Y 型分子筛为主要成分，同时添加 γ-Al_2O_3 作为助催化成分，起黏结剂和调节孔道结构及催化剂酸性的作用。分子筛脱烯烃工艺比白土工艺具有更长的运转周期和更高的脱烯烃活性，且分子筛催化剂可以多次再生，减少了固体废物的生成量。中海油天津院是国内最早完成分子筛脱烯烃催化剂工业化的单位，开发了 TCDTO-1 分子筛催化剂。随后几年，中国石化镇海炼化联合华东理工大学开发了 ROC-Z1 分子筛催化剂、中国石化上海石油化工研究院开发了 DOT-100 分子筛催化剂等。TCDTO-1 分子筛催化剂的主要成分为 Y 型分子筛和 γ-Al_2O_3，目前已在 28 家企业成功进行了工业应用，其中金陵石化 0.6Mt/a 对二甲苯装置采用该催化剂替代白土脱除烯烃。运行结果表明，催化剂的寿命为普通活性白土寿命（25～30d）的 6 倍左右，再生催化剂反应性能与新鲜催化剂基本相当。中国海油惠州炼化分公司 2Mt/a 连续重整装置采用 TCDTO-1 催化剂替代白土脱烯烃，连续运行 10 个月，结果良好。当原料油溴指数在 600～1400mg/100g 内波动，催化剂塔出口溴指数仅略微波动，基本稳定 20mg/100g 以下，并且不受空速的影响。歧化单元原料溴指数控制在设计指标 20mg/100g 以下（白土时接近100mg/100g），吸附单元溴指数稳定在 5mg/100g 以下（白土时为 10mg/100g以上），表明使用该催化剂脱烯烃可以很好地保护歧化催化剂和吸附剂。中国石化天津石化炼油部重整来料采用 TCDTO-1 催化剂替代白土脱烯烃，运行结果表明，催化剂的单程寿命是白土的 20 倍左右（白土的更换频率为 10～15d），并且催化剂可以多次再生，总的使用寿命是白土的 55 倍以上。因此，分子筛类脱烯烃催化剂需要具有较高的酸性，以满足烷基化反应的需求。

除了精制剂脱烯烃外，重整生成油催化加氢脱除烯烃工艺也在国内炼厂广泛使用，其核心仍是加氢催化剂。常用的加氢催化剂主要有非贵金属催化剂和贵金属催化剂，载体主要采用氧化铝或改性氧化铝。国内一些装置采用了非贵金属加氢催化剂脱除重整生成油中的烯烃，在反应温度 300～340℃、液体空速 2～3h^{-1}、压力 1.5～2.2MPa 和氢油比 400～1000 条件下，芳烃会过度加氢饱和，从而造成芳烃损失，且也很难同时满足溴指数小于 100mg/100g 和芳烃损失小于 0.5%的要求。而贵金属催化剂反应条件较为温和，可选择性对重整油中烯烃进行深度加氢，对重整油中的芳烃加氢选择性很低。因此，催化加氢工艺主要使用的是贵金属加氢催化剂。

已经实现工业化的贵金属加氢脱烯烃工艺主要有美国 UOP 公司的 ORP 工艺、法国 Axens 公司的 Arofining 工艺和中国石化抚顺石油化工研究院开发的 FHDO 工艺。中海油天津院也在此方面也做了大量的研究探索，催化剂活性已经能达到国外同类催化剂的水平，正在推动工业试验。

③ 脱炔烃催化剂。对于脱除炔烃的催化剂，一般在保证脱除炔烃的同时，尽量减少单烯烃的加氢，这就需要催化剂具有良好的选择性加氢活性。传统的氧化铝基 Pd 催化剂具有低温活性高的特点，但也存在选择性较差的缺点。现在普遍采用助催化剂体系的双金属体系对传统 Pd 催化剂进行改进。采用铜、铅、银等助催化剂金属，显著提高了丁二烯抽提装置脱除炔烃工艺的选择性。大连华邦化学有限公司的 HP-4 型高选择性加氢催化剂在煤基碳四脱除丁二烯的装置上显示出了较好的选择性和活性。而 HP-4 型催化剂是在传统氧化铝基 Pd 催化剂基础上通过催化剂性能的优化而开发的。

6.2.3.2 载体的作用及要求

氧化铝主要为催化剂提供孔道结构及酸性位点，因此氧化铝的性质直接影响选择性加氢脱烯烃催化剂的性质。以重整生成油脱烯烃反应为例，反应过程存在液固两相，对催化剂载体有特殊要求，在选择载体时必须考虑到以下一些因素：①担载活性组分的催化剂载体应该具有较大的孔径和孔体积，以降低内扩散阻力，从而提高催化剂单位时间内处理反应物料的能力；②载体应具有较高的比表面积，使活性金属得到较好的分散；③载体的抗压、抗冲击强度能适应工业应用过程中的重复再生；④载体的化学稳定性和热稳定性可满足催化剂长周期稳定运行的要求。基于以上因素，采用具有特殊孔道结构的拟薄水铝石粉体制备载体。这不仅有利于反应传质和传热，而且容易烧焦再生。

氧化铝的性质对选择性脱烯烃催化剂的性能有明显影响，不同晶型的氧化铝由于表面性质的差异对催化剂的活性和选择性都会产生很大影响。史荣会[198]选择两种晶型氧化铝，并将其制备成镍基催化剂，考察对二烯烃的选择性加氢效果。通过试验发现，不同催化剂表现出明显不同的催化性能，γ-Al_2O_3 载体上负载的催化剂在 Ni 负载量低于 10%时，几乎没有催化活性，负载量为 10%时，异戊二烯转化率也仅有 45%，而单烯烃的选择性很高，产物几乎完全生成单烯烃。而 κ-Al_2O_3 负载的催化剂则在较低负载量时就表现出较高的催化活性，Ni 负载量 5%时，异戊二烯转化率可达到 65%。两种不同晶型载体负载的催化剂表现出不同的催化性能主要是在两种载体上 NiO 的单层分散阈值不同所致。如前文所述，在比表面积较小的 κ-Al_2O_3 载体上，其分散阈值较小，当负载量较大（20%以上）时表面的活性组分 Ni 容易烧结，从而导致其催化活性降低，积炭增多，总单烯烃的选择性相对升高。

由于氧化铝表面 Al^{3+}、O^{2-}两种离子的配位数都低于其在体相中的配位数，因而在表面存在空位，在室温下总是被水解离吸附生成的 OH 自由基或被配位水分子所占据。这样，它们的配位数才能恢复到正常的配位状态。而在 γ 晶型向 κ 晶型转化过程中要失去部分表面的五种羟基，因此与活性组分 Ni 的相互作用减弱。催化剂 Ni/κ-Al_2O_3 上，载体与活性组分间存在弱相互作用，主要形成八面体配位的表面反尖晶石。Ni/γ-Al_2O_3 催化剂中的金属载体间的强相互作用对含碳化合物的沉积起抑制作用，相比较而言，低负载量时，Ni/κ-Al_2O_3 催化剂活性较高，表面碳沉积则相差不多。高负载量时，Ni/γ-Al_2O_3 催化剂上碳沉积物少，催化剂活性高，选择性较低，稳定性相对较好。

6.3 氧化铝催化材料在脱氢催化剂中的应用

某些有机化合物可以在一定的温度及催化剂的作用下脱氢为不饱和化合物，此过程称为“催化脱氢”。催化脱氢在化学工业中得到了广泛的应用，比较常见的催化脱氢反应有下列 5 种类型：①烷烃脱氢；②烯烃脱氢；③烷基芳烃脱氢；④脂环烃脱氢；⑤醇类脱氢。工业上烷烃催化脱氢普遍采用 Pt/Al_2O_3 催化剂或 Cr_2O_x/Al_2O_3 催化剂。工业上烯烃脱氢方面主要包括正丁烯催化脱氢制丁二烯和异戊烯催化脱氢制异戊二烯，采用氧化铁系或磷酸镍系催化剂。工业上烷基芳烃脱氢主要为乙苯脱氢制苯乙烯，采用的催化剂为氧化铁系或氧化锌系催化剂。工业上的脂环烃脱氢主要发生在石脑油催化重整过程，所使用的催化剂与烷烃脱氢催化剂类似。醇类脱氢主要为乙醇脱氢制乙醛、异丙醇脱氢制丙酮，仲丁醇脱氢制甲乙酮，该类反应在工业上尚未大规模应用或已被淘汰，催化剂为 Cu 系催化剂，所用载体为氧化铝或氧化硅。综上所述，工业上烷烃脱氢和烷基芳烃脱氢采用氧化铝作为载体的催化剂进行反应，因此下文将在丙烷脱氢、重整和长链烷烃脱氢三个方面阐述氧化铝作为催化剂载体所发挥的作用机理和物性指标要求。

6.3.1 丙烷脱氢催化剂

催化剂是丙烷脱氢制丙烯技术的关键和核心。工业化的丙烷脱氢制丙烯工艺主要采用 Pt 系贵金属催化剂或 Cr 系金属氧化物催化剂，该两类催化剂所用的载体均为氧化铝。

6.3.1.1 催化剂作用机理

（1）Pt 系/氧化铝丙烷脱氢催化剂的作用机理

Biloen 等[199]提出了 Pt 催化剂单 Pt 原子为反应活性位的丙烷脱氢反应机理，如图 6.4 所示。丙烷首先在单 Pt 原子的两个吸附位点上进行解离吸附生成 H 原子及丙基，接着丙基通过 β-H 消除反应生成含二键的丙烯，最后是丙烯的脱附。反应的速率控制步骤是 β-H 的消除反应。陈光文等[200]研究了 $PtSn/Al_2O_3$ 催化丙烷脱氢反应的动力学过程，并提出了如式（6.5）～式（6.8）所示的机理，并认为式（6.6）所示反应是反应的速率控制步骤。

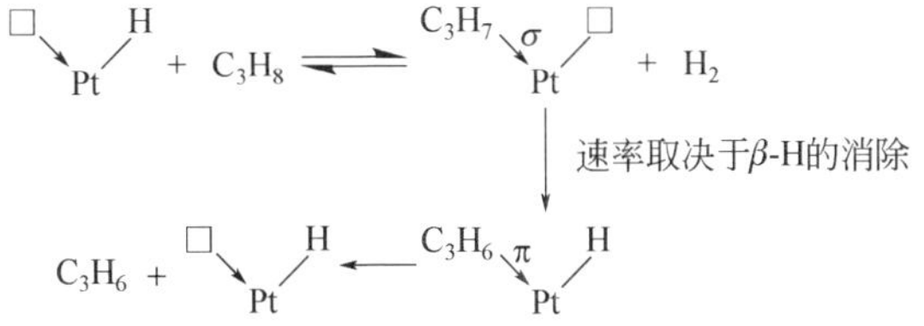

□ H Pt + C_3H_8 ⇌ C_3H_7 σ □ Pt + H_2

速率取决于β-H的消除

C_3H_6 + □ H Pt ← C_3H_6 π H Pt

图 6.4　单 Pt 催化剂催化丙烷脱氢反应机理[199]

$$C_3H_8+* \longrightarrow C_3H_8* \qquad (6.5)$$

$$C_3H_8*+* \longrightarrow C_3H_6*+H_2* \qquad (6.6)$$

$$C_3H_6* \longrightarrow C_3H_6+* \qquad (6.7)$$

$$H_2* \longrightarrow H_2+* \qquad (6.8)$$

杨维慎等[201]则认为，$PtSn/Al_2O_3$ 催化丙烷脱氢反应时，Pt 与 Sn 间存在协同催化作用。首先 SnO_2/Al_2O_3 中心用于活化丙烷形成活化中间体 RI，然后 Pt/Al_2O_3 中心用于从 RI 上通过反溢流过程移去 H_2，从而使其分解生成 SnO_2/Al_2O_3 及脱氢产物丙烯，使得该反应过程能够循环进行，如图 6.5 所示。

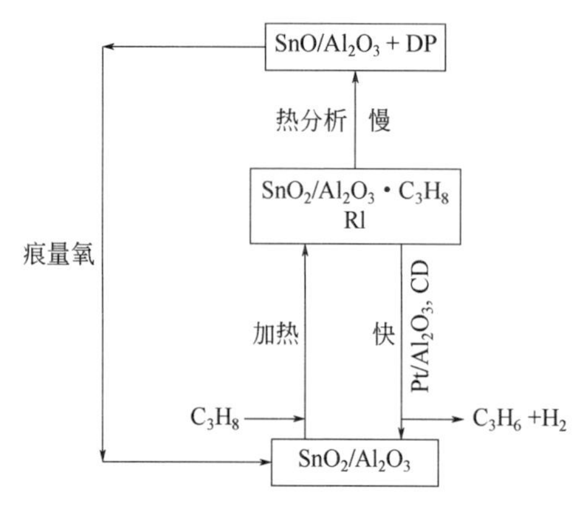

图 6.5　$PtSn/Al_2O_3$ 催化丙烷反应时 Pt、Sn 组分间的协同催化作用[201]

（2）Cr 系/氧化铝丙烷脱氢催化剂的作用机理

目前普遍认为，在 Cr 系催化剂上丙烷脱氢制丙烯主要分 3 个步骤完成，如图 6.6 所示[202]。首先，丙烷在不饱和的 Cr^{n+}中心吸附，Cr^{n+}可以是孤立的，也可以是 Cr^{n+}簇团；然后，丙烷中的 C—H 键断裂，O—H 键和 Cr—C 键形成；最后在催化剂表面形成丙烯。丙烯脱附后，在催化剂表面形成 H_2，催化剂活性位复原。

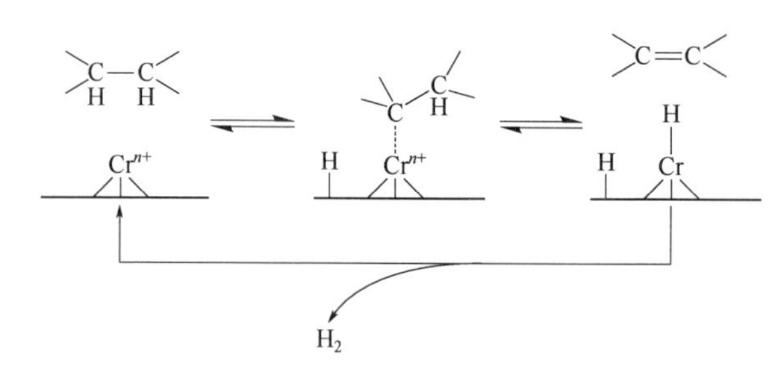

图 6.6　Cr_2O_3/Al_2O_3 催化剂丙烷脱氢反应机理[202]

6.3.1.2　载体的作用及要求

（1）Pt 系/氧化铝丙烷脱氢催化剂的作用及要求

不同的载体对 Pt 系催化剂催化丙烷脱氢反应活性的影响较大。Zhang 等[203]比较了由不同载体（ZSM-5、γ-Al_2O_3、介孔 Al_2O_3 及 SBA-15）制备的 PtSn 型催化剂的丙烷脱氢反应催化活性。根据 XRD 结果可知，载体的孔结构和表面酸性性质是影响催化剂性能的主要因素。当以介孔 Al_2O_3 为载体时，催化剂表面金属颗粒尺寸均匀，且分布较窄，该载体也促进了氢溢流的发生，并加强了 Sn 和载体间的相互作用，因此稳定了 Sn 的氧化态，促进活性相的转变，最终提高催化剂稳定性及选择性。但是，ZSM-5 载体表面较强的酸性易引发裂解反应，Al_2O_3 的孔结构易导致积炭，SBA-15 载体则易引起金属颗粒的聚集及表面 Sn 物种的还原，这些都不利于催化剂性能的提高。

Al_2O_3 在加工、输送及再生条件下表现出优异的热稳定性和良好的机械强度。但选择氧化铝作为载体材料的最重要原因是它具有保持 Pt 活性组分高分散度的优异性能，这对催化剂获得较高的脱氢活性及产物选择性来说至关重要[204]。近年来，人们还采用后处理、掺杂及与分子筛共混等方法对 Al_2O_3 进行改进，使其更好地发挥脱氢催化剂载体的功能。

Mironenko 等[205]发现，γ-Al_2O_3 载体经过水热处理后，其表面的桥式—OH 分数和 L 酸位的浓度增加。当采用其负载 Pt 时，所得催化剂表面还原态 Pt 量增加，Pt 分散度降低。他们认为，碱性—OH 是锚定 Pt 配合物的位点，但水热处理后，它们的量减少了。在这种思想的指导下，他们采用经 150℃、3h 水热处理的载体制备 Pt/γ-Al_2O_3，并将其用于丙烷脱氢反应。与未经水热处理的载体制备的催化剂相比，在丙烷转化率相近时，丙烯的选择性提高了 10%（质量分数）。采用焙烧等方法可以获得不同晶型的 Al_2O_3（θ-Al_2O_3、α-Al_2O_3 等）。Kogan 等[206]研究 PtSn/α-Al_2O_3 及 PtIn/α-Al_2O_3 催化丙烷脱氢反应的性能，发现二者在水蒸气环境中的活性高于 H_2 环境，因为在水蒸气环境中—OH 参与了 H 消除反应。同时他们也发现，以 α-Al_2O_3 作为载体的催化剂的积炭量远少于以 θ-Al_2O_3 为载体的催化剂。

（2）Cr 系/氧化铝丙烷脱氢催化剂的作用及要求

载体的结构与性质，载体与金属组分的相互作用以及由此而引起的催化剂体相结构、组成、颗粒大小、分散度的变化对反应的活性、选择性和抗积炭性能有重要影响。在 Cr 系催化剂中，载体不仅会影响 Cr 的分散程度、配位不饱和程度和氧化状态，它还可以通过参与一些重要的动力学反应基元步骤直接进入活性中心的结构中[207]。在 Cr 负载量相同的情况下，载体是决定 Cr_2O_3 物种低聚程度的关键因素[208]。目前用于 Cr 系丙烷脱氢催化剂的载体主要为 Al_2O_3，其他种类的氧化物及分子筛也有研究。但 Al_2O_3 被广泛作为载体最主要的原因还是它能赋予负载金属良好的分散度，这对维持高的脱氢活性和选择性都是十分重要的。

6.3.1.3 载体的物性指标

丙烷脱氢催化剂载体的物性指标见表 6.2。

表 6.2 丙烷脱氢催化剂载体的物性指标

项目		Pt 系脱氢催化剂载体指标	Cr 系脱氢催化剂载体指标
外观		球体	圆柱体
粒径/mm		1.6～1.8	3.5×(4～5)
堆积密度/（g/mL）		0.62～0.66	0.75～0.90
抗压强度/（N/颗）	$>$	35	80
磨耗率/%	$<$	0.1	0.2
比表面积/（m^2/g）		80～120	90～150

续表

项目		Pt 系脱氢催化剂载体指标	Cr 系脱氢催化剂载体指标
孔容/（mL/g）		0.60～0.65	0.50～0.55
Al_2O_3含量/%	>	99	99
杂质含量/（μg/mL）	Ca <	100	300
	Fe <	200	300
	Si <	300	300

6.3.2 重整催化剂

6.3.2.1 催化剂作用机理

在催化重整反应中最基本的是脱氢和异构化反应，烷烃脱氢环化可以认为是两者的结合。但是这两类反应需要的催化活性中心是不同的，因此重整催化剂是双功能催化剂，由金属组分和酸性载体组成。金属组分主要是铂以及添加的铼或锡、铱以及铝、铈等金属助剂，为反应提供脱氢活性中心，卤素和载体（常常为氧化铝）为异构化或环化反应提供酸性中心。

（1）脱氢反应

Mills 等提出的重整反应图式见图 6.7。图 6.7 中的纵坐标代表加氢脱氢中心，横坐标代表异构化、环化中心。根据这个图示，反应物正己烷首先在金属上脱氢成直链己烯，己烯迁移到邻近的酸中心，获得质子后变为仲正碳离子，然后发生异构化并以异己烯脱附，脱附后的异己烯迁移到金属上吸附并加氢成为异己烷。另外，仲正碳离子能反应生成甲基环戊烷，它能进一步反应生成环己烯，然后再转化为苯，通过其他途径也可以生成苯。

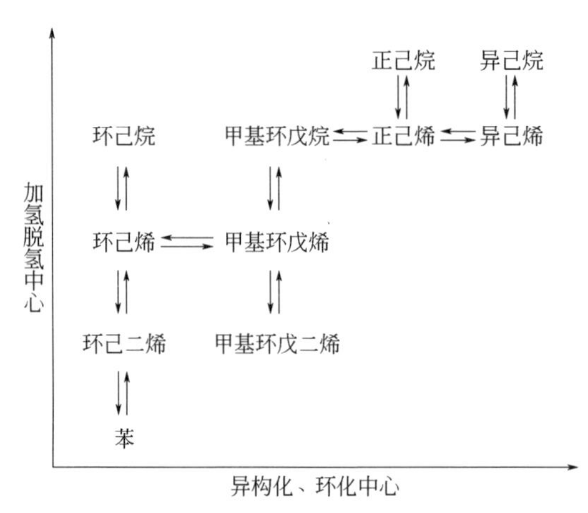

图 6.7 重整反应图式

重整催化剂中金属和酸中心的独立作用已被正庚烷异构化实验证实。正庚烷在 Pt/C 或 Pt/Si 上的异构化活性可忽略不计，在 SiO_2-Al_2O_3 上也不进行异构化。若把 5μm 粒子的 Pt/SiO_2（或 Pt/C）和 SiO_2-Al_2O_3 等体积机械混合，则表现出明显的活性，其转化率与 SiO_2-Al_2O_3 直接浸渍 Pt 得到的相同。

（2）异构化反应

实验结果表明，在 Pt-Al_2O_3 催化剂上，当 Pt 含量低于 0.1%时，正戊烷异构化速率与 Pt 含量成正比。当 Pt 含量大于 0.1%时，由于有足够的金属表面提供烯烃的平衡浓度，所以在酸中心上烯烃的异构化就变成了控制速率的步骤。重整催化剂含 0.3%～0.5%Pt，则烯烃接近平衡浓度。在双功能催化剂上正戊烷异构化反应可表示为:

$$n\text{-}C_5 \xrightleftharpoons{Pt} n\text{-}C_5^{=}+H_2 \tag{6.9}$$

$$n\text{-}C_5^{=} \xrightarrow{\text{酸中心}} i\text{-}C5^{=} \tag{6.10}$$

$$i\text{-}C_5^{=}+H_2 \rightleftharpoons i\text{-}C_5 \tag{6.11}$$

对典型的重整催化剂，如果反应（6.10）是控制步骤，而反应（6.9）和反应（6.11）接近平衡，则异构化速度正比于酸中心上烯烃的吸附浓度，即：

$$r=k[nC_5^{=}]_{\text{吸附}} \tag{6.12}$$

利用反应（6.9）的平衡关系，可用正戊烷分压和氢分压来表示反应速率，所得表达式说明异构化速率仅取决于正戊烷分压与氢分压之比值，与动力学结果一致。异构化也可以发生在金属表面。金属对异构化的贡献尽管重要但所占比重不大，例如正庚烷和正戊烷的异构化，金属的贡献分别只占 10%～15%和 20%～25%。

（3）脱氢环化反应

该反应为在五元环转化为芳烃之前，先在金属上发生异构化或脱氢成环烯烃，然后在酸中心异构化为六元环，如表 6.3 所示。表 6.3 数据说明：①环烯烃的生成发生在金属上；②异构化既需要烯烃又需要酸中心；③转化为苯是催化剂中两个组分共同作用结果。

表 6.3　甲基环戊烷的脱氢环化反应

催化剂	液体产物/%（摩尔分数）			
	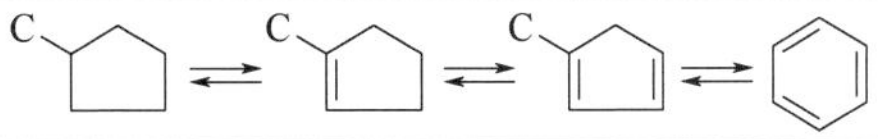 C (甲基环戊烷) ⇌	C (甲基环戊烯) ⇌	C (甲基环戊二烯) ⇌	苯
SiO_2-Al_2O_3	98	0	0	0.1
Pt/SiO_2	62	20	13	0.8
SiO_2-Al_2O_3+Pt/SiO_2	65	14	10	10.0

6.3.2.2 载体的作用及要求

用于重整催化剂的活性氧化铝载体主要是由拟薄水铝石脱水形成的 γ-Al_2O_3，优良的 γ-Al_2O_3 载体有利于铂的高度分散，并保持稳定，也可以使用由湃铝石形成的 η-Al_2O_3。活性氧化铝的性质：①多孔性物质，具有一定的孔结构和比表面积；②具有由脱表面羟基产生的 L 酸中心并引入卤素作为重整催化剂的酸性组分；③具有较好的热稳定性，γ-Al_2O_3 的热稳定性优于 η-Al_2O_3；④在不同 pH 值的溶液中具有不同的吸附性质。

重整催化剂载体的作用：①分散贵金属（包括金属-载体相互作用）；②起活性组分作用；③提供良好的机械强度和热稳定性；④提高催化剂容炭能力。

氧化铝的孔结构和比表面积是在氢氧化铝脱水干燥和焙烧过程中形成的。活性氧化铝的比表面积和孔分布对催化反应性能有重要的影响。通过制备方法的改变可以调节氧化铝的孔结构和比表面积，使之适合某些特定的反应，催化剂孔结构对反应性能的影响见表 6.4。

表 6.4 催化剂孔结构对反应性能的影响

最概然孔半径/Å	比表面积/（m^2/g）	Pt 平均晶粒/Å	芳烃产率/%				总液收率/%	催化剂积炭/%
			2h	4h	6h	8h		
56	230	10.5	52.6	52.6	52.0	51.8	82.2	2.3
102	205	12.1	51.6	50.1	48.0	47.5	84.3	1.9
204	199	12.4	51.0	47.1	44.1	43.2	85.2	1.2

注：反应条件为 500℃，10atm，H_2/HC=3，原料 P/N/A=62.9/24.3/11.0，其中 P、N、A 分别表示烷烃、环烷烃、芳烃。源自"石油化学"（俄）1974，14（5）。载体用相同方法制备，沉淀温度和 pH 值不同。

在再生过程中催化剂经受高温和高水含量的处理，比表面积的降低是不可避免的。催化剂表面积的稳定性主要取决于载体的结构和制备技术，也同样取决于存在的少量杂质。在最初的一些再生周期内比表面积下降较快，以后逐渐减缓。表面积的稳定性直接影响催化剂的持氯能力。催化剂活性也与载体结构和制备技术有关。以高纯氢氧化铝为原料制备的具有特殊孔结构的球形氧化铝为载体，以其制备的催化剂的水热稳定性得到显著提高，催化剂的活性和机械性能也得到进一步改善。

降低重整催化剂积炭速率：在处理量相同的条件下，可以提高操作苛刻度；在相同苛刻度下提高装置的处理量。积炭降低可以使再生能力受限制的装置消除瓶颈。对催化剂而言，可以通过调节催化剂酸性和载体氧化铝的孔结构，包括减少小孔和降低比表面积等降低积炭速率。

提高重整反应的选择性：通过调节氧化铝载体结构和酸性、引入第三组元或改进催化剂制备方法（如纳米分散技术）最大限度地提高高辛烷值调和组分、芳烃以及氢气的收率。

重整催化剂性能要求：良好的再生性能——烧焦速率、铂分散等；均匀的颗粒大小分布，适当的堆积密度；良好的机械性能——高抗磨性能；长催化剂寿命——高水热稳定性和氯保持能力。重整催化剂属于贵金属催化剂，贵金属负载量低，因此催化剂的物性绝大部分是由载体体现。其对氧化铝载体物性的要求：①杂质含量低，杂质一般为Fe、Na、K、Ca、Mg、Si等，Na＜30μg/mL，Fe＜100μg/mL；②结晶度高、晶粒较大，晶粒大小为4.5～5.8nm，有利于孔分布集中，热稳定性好；③孔分布集中、孔容积较大，最概然孔直径6.5～13nm，孔容积0.4～0.7mL/g；④堆积密度在一定的范围内，低堆比0.4～0.6g/mL，高堆比0.7～0.9g/mL；⑤强度好、热稳定性好，可多次再生重复使用；⑥适宜的酸性。

6.3.2.3 载体的物性指标

重整催化剂载体的物性指标见表6.5。

表6.5　重整催化剂载体的物性指标

项目			连续重整催化剂载体	半再生重整催化剂载体
粒径/mm			1.6～1.8	1.6～2.0
堆积密度/（g/mL）			0.55～0.65	0.70～0.80
抗压强度/（N/颗）		＞	50	70
磨耗率/%		＜	0.1	0.2
比表面积/（m^2/g）		≥	180	180
孔容/（mL/g）			0.50～0.65	0.50～0.60
Al_2O_3含量/%		＞	99	
杂质含量/（μg/mL）	Na	＜	30	30
	K	＜	50	50
	Ca	＜	100	100
	Fe	＜	100	100
	Si	＜	200	200

6.3.3 长链烷烃脱氢催化剂

6.3.3.1 催化剂作用机理

长链烷烃通常在金属和酸性载体构成的双功能催化剂上进行临氢脱氢反

应。相较于低碳烷烃脱氢，长链烷烃脱氢的反应机理更为复杂，其原因是长链烷烃在反应过程中有可能生成环状化合物。

经典的双功能机理认为[209]，直链烷烃首先在 Pt 金属的作用下脱氢形成烯烃。这部分反应是主反应，应引导反应向这个方向进行。单烯烃在金属 Pt 的催化作用下继续脱氢生成二烯，二烯继续脱氢生成三烯。烯烃脱氢反应与烷烃脱氢反应的活性位相同，因此无法消除该类型的副反应，但可以通过催化剂改性和控制反应速率的方法来抑制该类副反应的发生。三烯转化为芳烃的反应过程不仅从热力上可行，而且反应速率快，因此该类型的反应应该从动力学上加以抑制[210]。

直链烷烃在 Pt 金属的作用下脱氢形成烯烃后，还会继续在氧化铝载体的酸性位上继续反应。烯烃转移在酸性位上质子化，形成正碳离子，正碳离子在酸性位上异构形成单取代基的正碳离子，单取代正碳离子可以发生三种反应，分别是：①转移至金属中心上加氢，生成单取代异构烷烃；②在酸性位上继续反应，进一步转化为具有双取代基的正碳离子，然后类似第一种反应在金属中心加氢生成双取代异构烷烃；③在酸性位上发生碳键裂解反应，生成低碳烃类化合物。酸性位会导致发生异构化、裂解、低聚、烯烃聚合等反应，产生副产物，而且催化剂更容易积炭。因此，在载体的选择和催化剂的制备、再生过程中，应减小催化剂的酸性，抑制副反应的发生，见图 6.8。

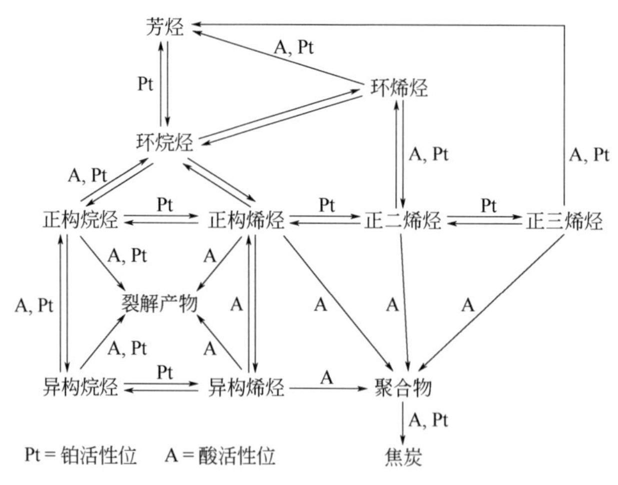

图 6.8 长链烷烃在双功能催化剂中的反应机理

6.3.3.2 载体的作用及要求

首先被工业应用的长链烷烃脱氢催化剂是 UOP 公司在 20 世纪 60 年代研发的 Pt 系催化剂，使用的是氧化铝载体。发展至今，虽然大多仍以氧化铝作为载体，但在应用过程中还存在不足。如国内某厂生产的 DCS-3 长链烷烃脱氢催化剂载体具有合适的物性，如堆积密度低、孔容大、孔道呈双峰等，但催化剂再生能力差，而且因生产能力不足，导致载体价格昂贵等。随着我国长链烯烃需求量的增长，研发具有合适孔分布和表面性质、大孔容、低堆比、高强度的脱氢催化剂载体变得越来越迫切。

何松波等[211]分别使用不同的载体制备出 Pt-Sn-K/Al_2O_3 催化剂，并对 γ-Al_2O_3 载体对长链烷烃脱氢的影响进行了深入分析。研究表明，只有同时具有合适孔道结构（比表面积、孔径分布和孔体积）与合适表面酸性的载体所制备的催化剂才能具有良好的催化性能。合适的孔道结构可以提高催化剂的铂组分分散度，从而提高催化剂的转化率；而且 Pt 分散度高时，与 Al_2O_3 或 SnO_x-Al_2O_3 的相互作用可以进一步提高催化剂的转化率和选择性。而表面酸性在长链烷烃脱氢催化剂中呈两面性，一方面，一定的表面酸性可以提高催化剂各组分的协同效应，而另一方面，表面酸性强又会导致积炭而使催化剂的寿命变短。测试发现，只有合适的表面酸性才可以使催化剂的选择性与寿命都得到提高。

刘冬[212]选用 $Al_2(SO_4)_3$-NaOH 及 $AlCl_3$-$NH_3\cdot H_2O$ 两种铝盐沉淀体系制备假一水软铝石，考察两种沉淀体系的并流中和沉淀过程，提出了制备低堆比假一水软铝石的方法。这两种路线均能制备出大孔 γ-Al_2O_3，表面均为 L 酸中心，其中 $AlC1_3$-$NH_3\cdot H_2O$ 路线制备的 γ-Al_2O_3 表面酸含量较少。在 γ-Al_2O_3 载体中加入碱金属、碱土金属和镧离子可以降低载体的比表面积，增大孔径。通过催化性能测试发现，引入适宜数量的碱金属、碱土金属和镧离子可以提高长链烷烃脱氢催化剂的活性、选择性和稳定性。

訾仲岳等[213]研究了氧化铝载体老化温度对长链烷烃脱氢催化剂性能的影响。研究发现，老化温度的升高会导致载体堆积密度升高，酸强度变大，酸量变多，而对强度和孔结构影响不大。在长链烷烃脱氢实验中发现，随着老化温度升高，长链烷烃脱氢反应的转化率快速下降，选择性不变，产物收率有明显的下降。

Akia 等[214]以阳离子表面活性剂（十六烷基三甲基溴化铵）作为模板，通过溶胶-凝胶法（水解、缩合和水热处理）合成了一种具有大表面积的 γ-Al_2O_3。这种载体与普通载体相比具有更好的热稳定性、更大的比表面积、孔容及孔径。经长链烷烃脱氢催化测试，也表明该载体制备的催化剂具有更好的催化性能。

Sharma 等[215]研究了 Pt-Sn/γ-Al_2O_3 载体孔道结构与铂分散度的关系，结果显示，载体有 30%的孔径介于 20～100Å 之间时，铂分散度（约 75%）较高，这时催化性能较好。孔径介于 20～100Å 的孔太多时，虽然铂的分散度有所提升，但催化剂的总孔体积会下降，不利于反应物的内扩散，反而会降低催化剂的催化性能。因此，选择载体时要同时兼顾孔体积与孔径分布。

6.3.3.3 载体物性指标

长链烷烃脱氢催化剂载体的物性指标见表 6.6。

表 6.6 长链烷烃脱氢催化剂载体的物性指标

项目		指标
粒径/mm		1.6～2.2
堆积密度/（g/mL）		0.33～0.40
抗压强度/（N/颗）	>	10
比表面积/（m^2/g）		150～170
孔容（BET）/（mL/g）		0.90～1.10
孔容（压汞）/（mL/g）		1.2～1.5
Al_2O_3 含量/%	>	97
Si/（mg/kg）	<	200

6.4 氧化铝催化材料在裂化催化剂中的应用

6.4.1 催化裂化催化剂

催化裂化是在热和催化剂的作用下，使重质原料发生裂化反应转变为液化气、汽油、柴油等轻质产品的过程。与热裂化相比，催化裂化的轻质油产率高，汽油辛烷值高，柴油安定性较好，并且能副产富含烯烃的液化气。同时，由于不挥发类碳物质沉积在催化剂上，缩合为焦炭，造成催化剂活性下降，因此需要进行再生，以恢复催化活性，同时通过热交换提供裂化反应所需热量。

催化裂化工艺主要由催化裂化、催化剂再生、产物分离三部分组成。原料油进入提升管反应器下部，与高温催化剂混合、气化并发生反应。反应温度控制在 480～530℃，压力控制在 0.14～0.2MPa。反应油气与催化剂在沉降器和旋风分离器分离后，入分馏塔分出汽油、柴油和循环油等产品。而产生的裂化气经压缩后进入气体分离系统。结焦失活的催化剂经再生器烧焦后循环使用，再生温度一般控制在 600～730℃，具体工艺流程如图 6.9 所示。

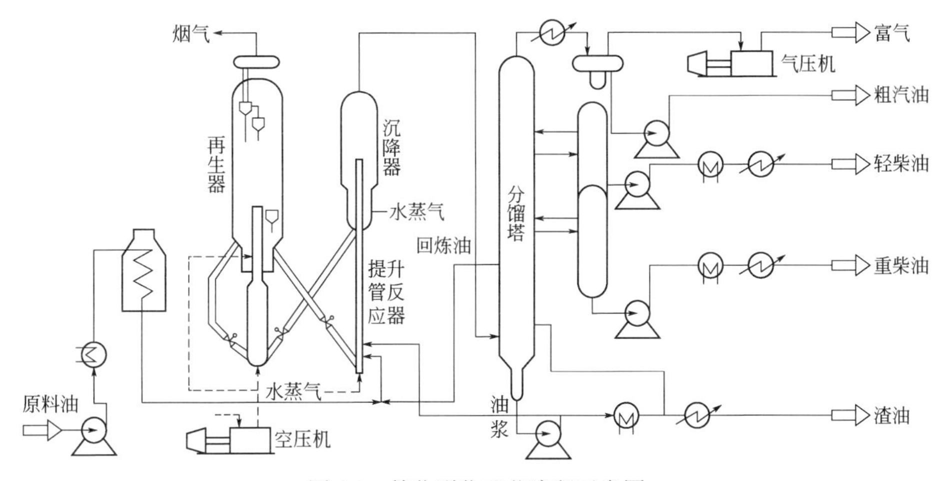

图 6.9　催化裂化工艺流程示意图

其中有催化剂参与的裂解反应是催化剂的核心，催化剂的性能直接影响产品的分布。

6.4.1.1　催化剂作用机理

催化裂化工艺在反应过程中，原料油会在催化剂的表面形成一个复杂的反应体系。其中油品中的烷烃、环烷烃、芳烃等都会以 C—C 键的断裂为最基本的反应，并形成相应的烯烃。有一些中间态产物还可能发生二次反应，其中烯烃会发生裂解、异构、环化、叠合、脱氢等反应；环烷烃会发生脱氢反应；芳烃会发生烷基转移、缩合等反应。随着国Ⅵ标准燃料油的实施，降低烯烃含量成为必须面对的问题，而降低烯烃含量同时满足后续产品指标的最理想反应过程包括：氢转移、芳构化、异构、叠合、烷基化。下面对主要烃类组分在催化裂化工艺中的反应过程进行简要介绍。

（1）烷烃

在催化裂化反应过程中，烷烃的反应过程相对比较简单，主要是发生长链烷烃的断链反应，遵循正碳离子机理，饱和烃裂解产生烯烃和烷烃。而新产生的烷烃则会继续进行断链反应，直至生成稳定的低碳烃类。研究表明，分子链越长的烷烃越容易发生断链，并且一般从 C—C 键键能较小的位置断开，这是因为烷烃的键能从两端到中间逐渐减弱。

（2）烯烃

烯烃发生的主要反应是烯烃的分解反应，同时由于烯烃分解过程中产生不稳定的中间体，会导致一些其他反应的发生，如异构和氢转移反应等。

烯烃的分解反应：与烷烃的裂解反应类似，烯烃分子会分解为两个小分子烯烃，但是由于烯烃的键能明显低于烷烃 C—C 键断裂的能量，因此烯烃的分解反应速率要更快。例如，在相同反应条件下，正十二烯的裂解速率是正十二烷的两倍，二烯烃的裂解反应放出的热量也较烷烃裂解要多。

烯烃的异构反应：主要的异构反应有烯烃骨架异构和双键位置的转移。

烯烃的氢转移反应：烯烃的氢转移反应主要有两种，一种是与脱氢反应结合发生，即饱和环烷烃、芳烃等富氢原料脱氢产生氢气，氢气与烯烃反应生成饱和烃类，而芳烃、环烷烃形成不稳定的状态，并最终发生缩合，生成稠环芳烃甚至焦炭；另一种是在两个烯烃之间发生氢转移反应，生成相应的烷烃和不稳定的二烯烃类物质。

（3）环烷烃

环烷烃可以在酸性催化剂的作用下发生开环反应，生成烯烃，并可以继续进行断链产生烯烃。环烷烃中叔基碳原子的存在，可促进环烷烃裂解反应的进行。若环烷烃带有长侧链，则会更容易先发生侧链断裂，再发生氢转移反应，生成芳烃。

（4）芳烃

芳烃是具有六元环结构的稳定烃类，在催化裂化反应条件下，很难发生开环。而带有侧链的芳烃易发生侧链断裂，生成小分子烯烃。对于多环芳烃，由于其裂解难度较大，最终会在高温下发生缩合反应，生成分子量更大的稠环芳烃，进一步经过脱氢反应生成焦炭，并为反应体系内的其他烯烃提供氢气。

上述各种烃类在催化裂化反应中的主要过程，都遵循正碳离子机理，可以很好地解释催化裂化反应的各种反应历程，因此得到学术界的普遍认可。正碳离子的形成过程大致如下：在催化裂化催化剂表面上，既有质子酸（B 酸）中心，又有非质子酸（L 酸）中心，烃类分子在一定条件下在这些酸中心上会形成正碳离子。在催化裂化反应条件下，烯烃、芳香烃和催化剂表面的 B 酸中心作用，结合 B 酸中心的质子（H^+）形成正碳离子；烷烃可能通过三种途径形成正碳离子：①通过催化剂表面的 L 酸中心和 A^-碱中心的配合作用促使 C—H 键发生异裂形成正碳离子；②烷烃和催化剂表面的 B 酸中心作用使烷烃质子化，发生脱氢反应生成 H_2 和正碳离子；③烷烃在高温下可热裂化生成少量烯烃和烷烃，烯烃再与催化剂表面 B 酸中心作用生成正碳离子。可见，对催化裂化催化剂而言，具有足够的表面酸性非常重要。另外，催化裂化副反应众多，中间产物的二次反应也影响产品构成。因此，优异的孔道结构能保证中间产物的畅通，避免产生大量不需要的副产物。可见，催化裂化催化剂的酸性结构及孔道结构的组成直接影响催化裂化工艺产品的分布及比例。

6.4.1.2 载体的作用及要求

催化裂化催化剂需要具有一定的活性，耐磨，耐冲击；同时，热与水热稳定性好，裂化反应性能优良。现在，催化裂化工艺主要采用分子筛裂化催化剂，即采用硅溶胶或铝溶胶等黏结剂，把分子筛、高岭土黏结在一起，制成高密度、高强度的分子筛催化剂以满足提升管工艺的要求。氧化铝及改性氧化铝的主要作用是对催化剂酸性具有一定的改性并提高催化剂的稳定性。氧化铝作为固体酸，应用在 FCC 催化剂中能提高基质活性，一般都经过改性处理：经过磷改性后，可以改善裂化反应选择性，提高催化剂强度等；经过胶溶后可使用，具有黏结剂的性能；经过 SiO_2、MgO、La_2O_3 改性后使用，氧化铝稳定性提高，在一定程度上阻止了基质的烧结和大分子烃类在热作用下发生裂化和缩合。

（1）磷改性 Al_2O_3

FCC 催化剂的磷改性技术。1982 年 Exxon 公司的 Pine 等[216]就申请了专利，用于黏土原位晶化的 Y 沸石催化剂。以磷化物或 SiO_2 对 Al_2O_3 进行改性处理，作为 FCC 催化剂基质填料，能够改善催化剂的性能[217]。Exxon 公司称[218]，以磷改性 Al_2O_3 制备 FCC 催化剂，改善了催化剂的干气和焦炭选择性，可使焦炭产率下降 30%。Eberly[219]报道，以磷化物处理 Al_2O_3，作为催化剂基质，改善了催化剂强度，在同等重金属污染水平时，含 P/Al_2O_3 的催化剂活性高，而且焦炭和氢气含量下降。Sato 等[220]以磷化物处理拟薄水铝石，并作为黏结剂制备 FCC 催化剂，催化剂强度、热/水热稳定性和平衡活性均有提高，与不含磷的催化剂相比，含磷催化剂的转化率由 71.5%提高到 77.2%。磷改性氧化铝也同时具有优良的钝 Ni 效果，大晶粒、低比表面积的氧化铝通常被引入催化剂基质中，降低了重金属的分散度，对抑制催化剂中毒有效。

关于磷改性 Al_2O_3 的酸性调变和积炭行为的机理，潘惠芳等[221]认为，磷对 Al_2O_3 的改性可以有效地调变表面酸量和酸强度分布，当 Al_2O_3 中磷含量在 0.75%时，裂化的积炭速率处于最低点，在 USY 沸石裂化催化剂中加入磷改性的 Al_2O_3，其比积炭（积炭速率/裂化活性）与 L 酸/B 酸比呈线性关系。适量含磷的 Al_2O_3 降低 L 酸量/B 酸量比，有利于抑制催化剂的积炭，减少催化剂的失活。Stanislaus 等[222]认为，磷改性 Al_2O_3 酸性调变机理为：磷酸盐水解生成 $H_2PO_4^-$，它与介质中 Al_2O_3 表面铝羟基发生反应。反应后的 Al_2O_3 表面上的 Al 原子与 $H_2PO_4^-$ 基团键接，铝羟基（Al—OH）是酸性的结构羟基，它被取代后形成两个中强酸类型的磷羟基（P—OH），磷羟基的酸强度小于铝羟基，所以，强酸中心量随磷含量增加而下降，中强酸量随磷含量（P＜0.7%）的增加而增加；当磷含量进一步增加（P＞0.75%）时，Al_2O_3表面上的Al原子键接的$H_2PO_4^-$基团增多，导致部分基团间发生缩合反应，又减少了中强酸的磷羟基，使中强酸量反而下降。磷对Al_2O_3弱酸的调变机理是，盐水解生成的磷酸与Al_2O_3表面的L酸中心（弱酸中心）发生如下反应，生成多重键的结构。由于多重键的形成，减少了暴露的Al原子数，致使弱酸量随磷含量的增加反而下降。当P含量＞0.75%后，弱酸量又明显增加，原因是磷酸与非骨架铝反应生成弱酸性的$AlPO_4$，以及磷酸氢二铵（DAP）经焙烧后有过剩的弱酸性P_2O_5附着于Al_2O_3表面。

（2）硅改性Al_2O_3

Al_2O_3的另一种改性技术是掺入一定量的SiO_2，如Oavision公司开发的含0.5%～10%Si的三水铝石/Al_2O_3-FCC催化剂基质材料，能提高催化剂的水热稳定性，并能改善抗Ni污染性能。Al_2O_3由Bayerite转化，在FCC条件下的稳定性差，因此，Oavison公司以Si对其进行了改性处理，制备的含SiO_2/Al_2O_3 FCC催化剂具有很高的水热稳定性，而且对重金属Ni有较好的钝化能力。水热处理和DCR（Davison循环提升管）反应结果表明，改性后，基质水热稳定性及抗重金属能力提高，催化剂水汽处理后有较高的催化活性，而且，裂化产物中H_2和干气产率下降，汽油收率提高，焦炭选择性改善。

（3）胶溶拟薄水铝石

在各种工业氧化铝中，拟薄水铝石的比表面积大，更常用于制备FCC催化剂，提高催化剂的活性。在催化剂制备中，拟薄水铝石通常先经过酸处理（胶溶），使其均匀分散，然后与其催化剂组分混合，混合物进行喷雾干燥。用胶溶拟薄水铝石作为黏结剂制备的FCC催化剂，耐磨性和水热稳定性都很好。一般认为，胶溶拟薄水铝石虽然有较好的黏结性能和一定的活性，但其黏结性能比铝溶胶差，而且由拟薄水铝石提供的活性氧化铝容易促使焦炭产生。

1979年，Filtml公司提出[223]，使用两种流动性能不同的氧化铝，其中一种作为黏结剂，用以改善催化剂强度，另一种用以调节催化剂活性。1980年，该公司又提出[224]，在裂化催化剂中添加氧化铝，可以提高沸石的稳定性，另外还引入了阴离子化的铝源凝胶（如铝酸钠）提高催化剂活性。

关于胶溶拟薄水铝石的应用，国内也有报道。石油化工科学研究院[225]认为，采用胶溶拟薄水铝石与铝溶胶相结合的复合铝基黏结剂，可以集胶溶拟薄水铝石有一定裂化活性的特点与铝溶胶黏结性能好、反应产物产生焦炭少的优点于一体，改善催化剂的耐磨性、活性和焦炭选择性。

6.4.2 加氢裂化催化剂

上一章中讲过，炼厂所采用的加氢工艺可根据反应过程不发生 C—C 断键和发生 C—C 键断裂加以区分，如发生在加氢脱硫、加氢脱氮催化剂上的反应过程只是脱除杂质和双键饱和的反应，而发生 C—C 断键的反应则为加氢裂化反应，所使用的催化剂称为加氢裂化催化剂。另有综合双键饱和、分子异构和 C—C 断键的转化过程，所涉及的催化剂还有加氢改质催化剂、临氢降凝催化剂和异构脱蜡催化剂等。

在加氢裂化反应中，既需要提供加氢功能的金属活性中心，也需要提供裂化功能的酸性活性中心。因此，加氢裂化催化剂大多是由具有加氢活性的金属硫化物和具有裂化活性的酸性载体构成的双功能催化剂。其中，活性金属多指ⅥB 族、Ⅷ族的过渡金属元素，其主要作用是提供加氢、脱氢反应活性；酸性载体主要包括酸性较弱的 Al_2O_3 和酸性较强的分子筛，其主要作用有提供酸活性中心和合适的孔结构，提高催化剂的机械强度、抗毒性和热稳定性，增加有效表面积等。石蜡基油品的加氢裂化过程主要发生长链脂肪烃类断链降低链长，同时生成小分子链烃的反应。环烷基油品的加氢裂化过程则发生多环芳烃开环断键生成单环芳烃的反应，而单环芳烃可能进一步加氢裂化生成环烷烃和烷烃。因此，石油加工产品中不同组分的加氢裂化反应，要通过双功能催化剂的加氢和裂化两种活性中心的协同作用来实现。

6.4.2.1 催化剂作用机理

加氢裂化反应遵循正碳离子机理，在某种程度上可以认为是氢压下的催化裂化反应，或者理解为同时发生了催化加氢和催化裂化反应。所有在催化裂化过程中最初发生的反应基本均有发生，由于有加氢活性中心的存在，一些二次反应如氢转移、结焦在很大程度上被抑制了。

在双功能催化剂上，原料首先在加（脱）氢活性中心上脱氢生成烯烃，然后在酸性中心上生成正碳离子，正碳离子的 β 位上发生 C—C 键的断裂，得到一个烯烃和一个较小的仲（叔）碳离子，当有两个或以上 β 位时，就有同时裂化的可能性，产生的烯烃可以在加氢活性中心上加氢饱和，一次裂化产生的正碳离子还可以依上述顺序进一步裂化成更小的分子，而得到二次裂化产物。

（1）烷烃、烯烃的反应

链烃类分子的裂化反应基本都依循上述的碳正离子 β 断裂机理，直至生成不能再发生 β 断裂的 C_3 和 i-C_4 正碳离子为止。另外，值得一提的是，在链烃的加氢裂化过程中，除了发生裂化外，还伴随主要的反应现象就是异构化。异构化过程包括反应原料分子的异构和裂化产物分子的异构。对这两部分的选择性控制取决于催化剂的选择，比如异构脱蜡催化剂，主要针对大分子进行支链异构以降低链长，而临氢降凝催化剂则更多地是对裂化产物分子的异构。

（2）单环芳烃的裂化反应

石油加工轻质原料中的单环芳烃的裂化反应，其路径可以直接断侧链，得到目标产物轻质芳烃，也可以发生饱和加氢、开环裂解的反应。从反应过程来看，单环芳烃可以作为双环芳烃加氢的中间产物，其反应路径与双环芳烃部分加氢后的反应路径相似。

四氢萘加氢裂化反应网络如图 6.10 所示。四氢萘的加氢裂化反应主要有两个反应方向：一是四氢萘通过加氢反应得到十氢萘，再开环裂化得到带支链的环己烷或更小分子的裂化产物；二是四氢萘直接开环异构转变为 1-甲基茚满或 2-甲基茚满，再由 1-甲基茚满得到丁苯或 2-甲基茚满得到异丁苯，再进一步裂化和加氢饱和得到小分子产物。现有的研究结果表明，在以 USY 分子筛为载体制备的加氢裂化催化剂的反应中，四氢萘更容易发生直接开环再断侧链的反应。

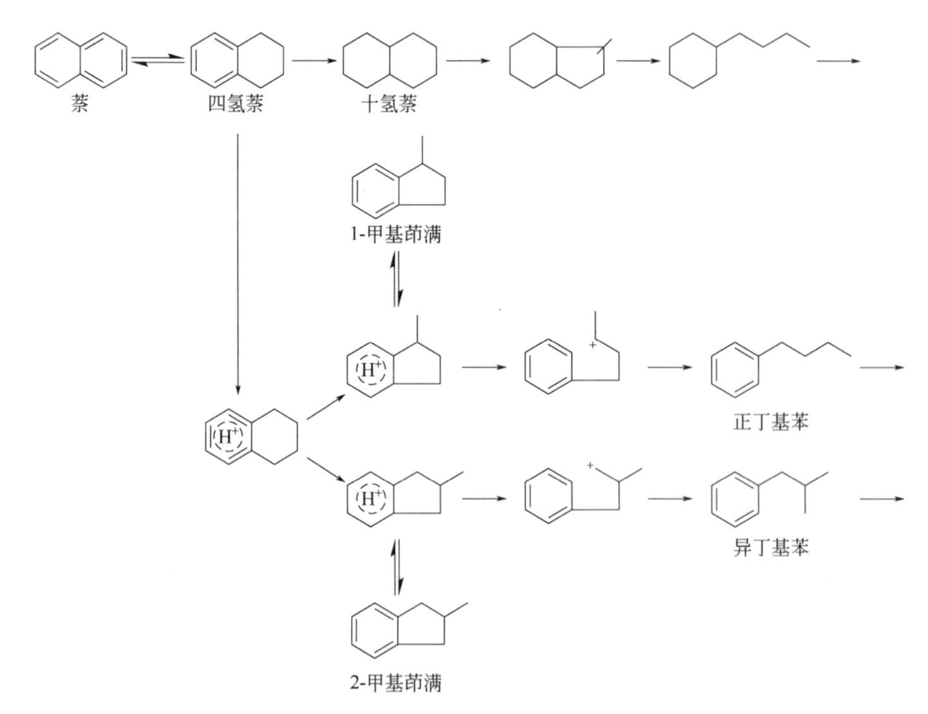

图 6.10　四氢萘加氢裂化反应网络

（3）多环芳烃的裂化反应

关于双环芳烃加氢裂化反应规律的研究多以甲基萘类物质为模型化合物展开。针对 1-甲基萘和 2-甲基萘的加氢裂化过程的研究发现，双环芳烃的加氢裂化过程十分复杂，反应产物种类复杂，但通过归纳分析，基本可分为以下 6 类：①甲基四氢萘及其异构体；②甲基十氢萘及其异构体；③开环产物：单环芳烃；④裂化产物：≤C_{10} 的双环芳烃；⑤烷基化产物：≥C_{12} 的双环芳烃；⑥二聚反应产物。1-甲基萘的加氢裂化反应规律及反应网络如图 6.11 所示。

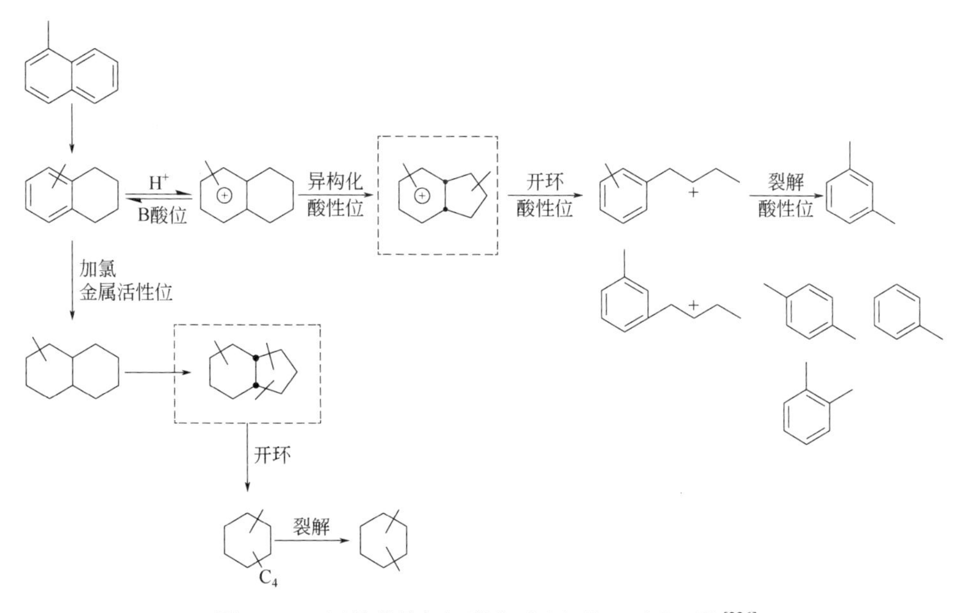

图 6.11　1-甲基萘的加氢裂化反应规律及反应网络[226]

如图 6.11 所示，1-甲基萘的加氢裂化有两条途径。第一条途径是 1-甲基萘通过加氢反应生成四氢化萘，然后环烷环收缩，生成二氢化茚衍生物，然后加氢裂解生成烷基苯，烷基苯再通过后续的裂化过程生成苯、甲苯和二甲苯（BTX）；第二条途径是 1-甲基萘脱烷基化成萘，然后加氢生成四氢化萘，进而加氢裂化成苯、甲苯和二甲苯。但现有的研究结果证明[226]，仅有很少量的萘在反应初期出现，四氢化萘的选择性远远高于萘，说明 1-甲基萘更倾向于先发生加氢反应。

针对 1-甲基萘在不同反应温度和压力下的加氢裂化反应研究结果表明[227]，在温度 360℃、氢分压 4MPa 的反应条件下，1-甲基萘优先发生首个芳环的加氢反应生成甲基四氢萘，且没有甲基取代的芳环在加氢反应中更有优势，而甲基四氢萘进一步发生加氢反应生成甲基十氢萘过程的自由能远高于 1-甲基萘生成甲基四氢萘。另外，在 600℃的高温条件下对多环芳烃的加氢裂化反应进行实验[228]，根据产物分布发现，蒽首先发生中间苯环的加氢反应，然后并不发生中间饱和环的开环裂化反应，而进行两边苯环的加氢或异构反应；1-甲基萘更倾向于发生首个芳环的加氢反应，而取代甲基难以发生裂解反应；四氢萘在加氢裂化反应条件下首先发生开环反应，丁苯首先发生侧链的 C—C 单键断裂的反应。对萘在加氢裂化催化剂上的反应研究也表明，第一个芳环的加氢反应速率明显更快，第二个芳环的加氢反应难以发生，类似的，多环芳烃（如萘）首个芳环的加氢反应比单环芳烃（四氢萘、环己基苯）的加氢反应更容易发生。

基于不同反应物分子的加氢裂化反应规律，便可以得出加氢裂化催化剂选择性的调变方向。催化剂的性能离不开催化材料，对催化材料的物性进行控制，是实现反应选择性的最佳方法。

6.4.2.2 载体的作用及要求

（1）分子筛的作用

在加氢裂化催化剂中，载体起关键作用。首先，载体可以改善催化剂颗粒的物理性质，为反应提供合适的孔道结构，起到增加催化剂颗粒比表面积、为催化剂提供足够机械强度的作用。同时，作为活性金属组分的担载骨架，载体可以促进金属组分良好地分散在催化剂表面。除了机械功能以外，加氢裂化催化剂载体更重要的是为反应提供裂化活性中心，使裂化和加氢两种功能能够根据不同的反应要求，得到较好的协同匹配。此外，催化剂的热稳定性和抗中毒性能也受载体组成和性质的影响。

分子筛载体为加氢裂化反应提供酸中心，可以使双环芳烃发生首个芳环加氢反应后的产物发生六元环转化为五元环的异构反应，并进一步开环断侧链。还可使单环芳烃直接发生断侧链的反应。这两类分反应对于取得较高的轻质芳烃收率都十分重要。由于不同种类的分子筛酸性质和孔道结构不尽相同，因而表现出了不同的裂化反应性能，Y、ZSM-5、Beta、MCM-41、SAPO 等分子筛都常作为加氢裂化催化剂的酸性中心与 Al_2O_3 复合，制备加氢裂化催化剂载体。

对多环芳烃的加氢裂化反应进行研究时发现，当以 Al_2O_3 和 USY 分子筛为复合载体制备加氢裂化催化剂时，催化剂的 B 酸量明显高于以 Al_2O_3 为载体的催化剂，裂化性能也增强。在以四氢化萘为原料进行选择性加氢裂化反应制取 BTX 时，H-ZSM-5 和 H-Beta 混合作为共同的载体，由于其合适的酸性和适宜的孔道结构，使反应取得了较高的 BTX 收率，有可能成为较好的催化柴油加氢裂化制取 BTX 的优异催化剂。Kim 等[229]分别以 SiO_2、ZSM-5、Beta 和 USY 为载体制备加氢裂化催化剂，研究不同催化剂下萘的加氢裂化反应。结果显示，以 Beta 分子筛为载体的催化剂取得了最高的 BTX 收率。Corma 等[230]研究载体孔道结构对加氢裂化反应的影响时，发现反应物分子四氢萘、十氢萘可以进入十元环的 ZSM-5、MCM-22 分子筛孔道内，但其开环后的产物在孔道内的扩散受到限制，中间产物容易发生二次裂化。通常，由于孔道大且 B 酸较多等特点，Y 分子筛常作为加氢裂化催化剂载体的主要酸性组分。但同时，在加氢裂化反应中，较低的 B 酸浓度能够有效地避免脱烷基或二次裂解反应的发生，从而增加中间目标产物的收率。因此，加氢裂化催化剂中并不是强 B 酸的分子筛组分比例越高越好。

在新一代加氢裂化催化剂开发方面，充分认识分子筛在加氢裂化催化剂性能方面所起的关键作用的同时，提高加氢裂化催化剂的活性、选择性和稳定性也尤为重要。因此，还应注重通过多种材料的复合，推动催化剂综合性能的进步，如提高操作灵活性、扩大原料油适应性、降低成本和延长催化剂寿命等。

（2）氧化铝的作用

氧化铝作为加氢裂化催化剂载体的材料之一，具有较大的比表面积、适度的酸性和可调节的结构特性，机械强度和水热稳定性也较好。在其多种不同的晶体结构中，以 γ-Al_2O_3 作为载体组分最为合适，通过不同的制备方法可以改变其孔径分布，例如改变 pH 值可以得到具有单峰或双峰型孔径分布的 Al_2O_3，为加氢裂化反应提供良好的反应物分子通过性和酸性中心的结合力。

但由于 Al_2O_3 的酸性弱且孔径分布宽，当需要对原料进行苛刻的加氢处理时，其作为载体所表现出的反应活性较低。因此，常使用 Si-Al 复合氧化物、分子筛作为载体添加组分来改善催化剂酸性，且近年来有研究通过制备介孔氧化铝、介孔/大孔氧化铝来改善其孔径分布宽这一缺陷，从而扩大 Al_2O_3 材料在功能载体中的应用范围。

（3）无定形硅铝的作用

无定形硅铝作为加氢裂化催化剂载体组分，因其高比表面积、较大的孔容和介孔孔径、适宜的中强酸性等特点，在石油加工重、劣质馏分油加氢裂化生产航煤、柴油等中间馏分油的过程中表现出良好的性能，使其作为载体的研究又备受重视。相较于分子筛作为载体组分，无定形硅铝的比表面积具有较大的调控范围，其比表面积可在 200～600m^2/g 之间，孔容达到 0.6～2.0cm^3/g，85%～95%的孔径在 4～10nm 范围内。无定形硅铝较大的比表面积能够为活性金属组分提供充足的负载位点以提高金属的负载量，提高加氢反应效率。

同时较大的孔容和孔径可以降低原料分子扩散阻力，减少积炭量，延长催化剂的使用寿命[231]。

研究表明，单独的氧化硅和氧化铝表面不会同时具有 B 酸和 L 酸的酸中心，但无定形硅铝材料具备这两种酸中心。Valla 等[232]利用固态核磁表征和密度泛函理论计算，建立了无定形硅铝 B 酸活性位点的模型，SiO_2 的空间网状结构中，位于四面体位点的 Si 原子被 Al 原子取代，硅烷醇的羟基基团同四配位铝原子之间建立“桥连”形成 B 酸活性位点。对于蜡油等重质馏分油的加氢裂化过程，分子筛中较强的 B 酸位点容易造成原料的过度裂解，导致柴油收率降低。而对于无定形硅铝载体，则可以通过采用不同的制备方法使载体中具有不同含量的 B 酸和 L 酸，从而有效抑制碳烯中间体的二次断链，避免原料过度裂解[233]，见图 6.12。

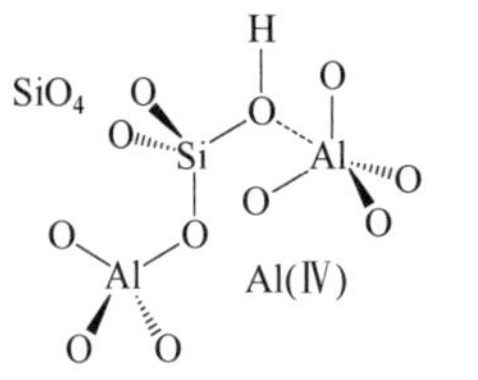

图 6.12　无定形 Si-Al 材料中 B 酸活性位点结构

相较于传统的氧化铝材料，通过掺杂二氧化硅获得的无定形硅铝材料具有良好的热稳定性和水热稳定性。研究发现，通过对比纯氧化铝和无定形硅铝样品在不同温度等级下于焙烧后样品 XRD 图谱的变化，发现在一定温度范围内，硅铝复合氧化物的热稳定性更高，晶相更加稳定，从而可避免在反应过程由于飞温使载体孔道坍塌和破坏以及晶型改变，导致催化剂活性降低现象的发生，进而延长催化剂的使用寿命。

总体来说，由于加氢裂化反应针对不同的原料体系和不同产品分布要求，需要选择不同的材料制备催化剂，以提供不同的反应选择性。目前，主要的加氢裂化类催化剂载体多采用功能分子筛提供主要的反应选择性，通过氧化铝或无定形硅铝材料的引入改善孔结构和酸分布，最终以多种材料的复合来满足日益变化的工艺技术发展要求。

6.5 氧化铝催化材料在精细化工中的应用

6.5.1　过氧化氢催化剂

过氧化氢（H_2O_2），又名双氧水，是一种重要的无机过氧化物，具有氧化性、漂白性和使用过程绿色环保等特点，在纺织、印染、纸浆漂白、食品消毒及化工合成等领域的应用越来越广泛。

过氧化氢的生产方法主要有电解法、蒽醌法、异丙醇法、阴极阳极还原法和氢氧直接化合法等。目前国内外绝大多数过氧化氢都是通过蒽醌法生产的。该法以适当的有机溶剂溶解工作载体（烷基蒽醌）配制成工作液，在催化剂和 H_2 的作用下，蒽醌加氢还原生成氢蒽醌，然后经过空气氧化，氢蒽醌变回蒽醌，同时生成 H_2O_2，利用纯水对含有 H_2O_2 的工作液进行萃取得到 H_2O_2 的水溶液，萃余液经过再生、过滤后返回氢化工序继续进行加氢反应[234]，蒽醌法工艺流程见图 6.13。

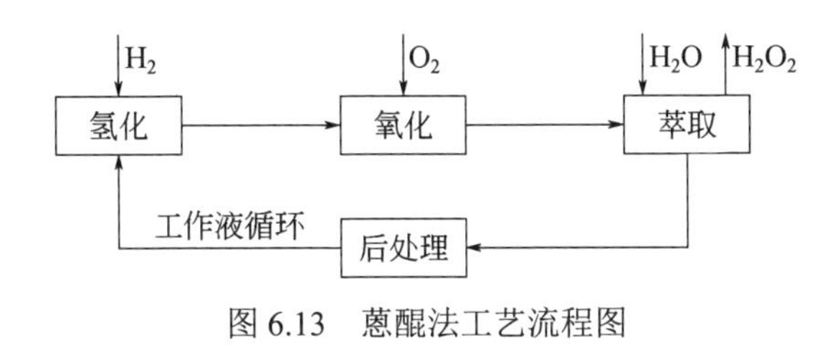

图 6.13　蒽醌法工艺流程图

6.5.1.1　氧化铝在蒽醌氢化反应中的作用

氢化是蒽醌法生产过氧化氢的关键步骤。高活性和高选择性的氢化催化剂可以提高双氧水的产率，减少蒽醌降解，从而降低生产成本。蒽醌加氢催化剂主要包括镍催化剂和钯催化剂两种。镍催化剂易失效且失效后不易再生，在实际生产中主要使用钯催化剂[235]。例如，MGC 公司采用质量分数为 0.5%～2.0%的 Pd/Al_2O_3（粉末）催化剂；FMC 公司采用质量分数为 0.3%的 Pd/Al_2O_3（颗粒）催化剂。

作为蒽醌加氢负载钯催化剂的常用载体，Al_2O_3 的物理化学性质对催化剂的性能有很大影响。蒽醌分子尺寸较大，因而扩散对蒽醌的加氢行为有重要影响。对于 Al_2O_3 负载的钯催化剂，不仅要求 Al_2O_3 载体具有较大的比表面积以提高钯的分散度，还要求其拥有较大的孔道，以利于尺寸较大的反应物和产物分子的扩散。Shi 等[236]研究了 γ-Al_2O_3、SiO_2 和 Al_2O_3-SiO_2 3 种涂层对 Pd/氧化物/堇青石催化剂在蒽醌加氢中的影响，发现以 Al_2O_3 为涂层，表现出较高的催化活性。近年来，不少学者对蒽醌加氢 Al_2O_3 载体的物理性质和表面酸性进行了深入研究，也开发了一些新的氧化铝催化材料的改性和制备方法，以改善其比表面积、孔结构和表面性质，使其负载的钯催化剂在蒽醌法氢化步骤中比传统催化剂有更高的氢化效率和更好的选择性[237]。传统的方法主要是在 Al_2O_3 载体制备过程中加入特定元素或化合物，或是对 Al_2O_3 载体进行预处理，或是调变 Al_2O_3 载体的成型方式及条件，其目的都是为了得到具有特定比表面积、孔结构、形貌及表面性质的 Al_2O_3 载体，提高蒽醌加氢催化性能。近年来，将整体催化剂用于蒽醌氢化工艺成为研究热点。整体催化剂具有毫米级反应通道、更大的外比表面积和更短的传质距离，可起到抑制蒽醌降解和降低钯含量的作用，还能强化液固两相间的传质，从而有利于蒽醌的加氢。Akzo Nobel公司开发出整体催化剂氢化工艺，氢化过程采用整体催化剂和配套的反应器，使得反应物流经催化床时，与各通道内催化剂的接触状况和时间基本相同，避免局部反应不均，减少了降解副反应；同时，反应物通过催化床时床阻低、压降小，提高了进料负荷，加之催化剂具有很大的几何表面积和催化活性，装置生产能力明显提高，且在长期运转中保持稳定，无须催化剂分离特殊装置，工艺过程简化，操作方便[238]。

研究证实，蒽醌氢化钯负载型催化剂失活的主要原因是生产过程中产生的蒽醌降解物沉积覆盖在催化剂的表面降低了催化性能；同时，催化剂孔道中的液体停留时间过长也导致生成的氢蒽醌进一步降解。因此，对 Pd/Al_2O_3 催化剂的研究重点之一就是对 Al_2O_3 载体性能的改善，不仅要求其具有较大的比表面积以提高钯的分散度；同时要求其拥有较大的孔道和更短的传质距离，降低扩散阻力，强化液固两相间的传质，以利于尺寸较大的反应物和产物分子的扩散，避免反应物在孔道中停留时间过长而造成深度加氢；还要求其具有适中的酸性，作为特定的吸附中心参与蒽醌分子的吸附和活化。研究表明，比表面积和孔径均较大、酸性和钯层厚度适中并且加入适当修饰剂的蛋壳型氧化铝载体负载钯催化剂是理想的蒽醌加氢催化剂[239]。

6.5.1.2 氧化铝在蒽醌法后处理工序中的作用

双氧水生产中的氢化和氧化反应阶段十分复杂，控制不当，就会产生大量降解产物，使工作液中的降解物增多，影响工作液组分的稳定，使工作液黏度增大，导致萃取塔液泛、干燥塔运行过程中带碱[240]。后处理工序的作用就是除去萃余液中夹带的水、再生降解物、分解残余的过氧化氢。活性氧化铝白土床再生法是当前蒽醌法双氧水生产工艺中最常用也是最有效的再生方法。活性氧化铝所起的作用有两个方面，一方面对工作液在氢化工序和氧化工序生成的降解物进行再生，增加工作液中的有效蒽醌含量，稳定工作液组分；另一方面，吸附后处理工序中工作液夹带的少量碱液，避免因工作液中碱度过高而使钯催化剂中毒和引起氧化以及萃取工序的双氧水分解[241]。活性氧化铝在使用过程中经水、酸、碱长期腐蚀和浸渍而粉碎，使用寿命缩短，不但增加了更换成本，还造成了工作液的损失和对环境的污染。在生产中，要通过合理调节工艺参数，最大限度提高活性氧化铝对降解物的再生能力和对碱的吸附能力，延长其使用寿命。另外，选择性能优良的 γ 型双氧水专用活性氧化铝也是提高再生效果的必要条件。该氧化铝为白色球状多孔性物质，球径均匀，直径3～5mm；比表面积150～200m^2/g；再生降解物能力≥10g/L；堆积密度0.55～0.70t/m^3，无毒，无臭，不溶于水、酯、烃、醇等溶剂，在水和碳酸钾溶液中长期浸泡不粉化、不变软，澄清度高，使用寿命长[242]。失效的活性氧化铝如果破碎不严重还可再生使用，普遍采用的失活氧化铝再生方法为碱浸渍焙烧法和酸浸渍焙烧法，再生后的白土使用效果也很好。

6.5.2 环氧乙烷催化剂

环氧乙烷生产装置普遍采用乙烯和氧气反应生产环氧乙烷的生产工艺，所用催化剂为负载型银催化剂。载体性能的改进对催化剂性能的提高有着非常大的作用。目前研究认为，α-Al_2O_3 由于其比表面积小，导热性及抗烧结能力良好，是最适宜乙烯环氧化反应的载体。

国外负载型银催化剂主要由英荷 Shell 公司、美国 SD 公司、UCC 公司和日本触媒公司供应。此外，日本三菱化学，英国 ICI，德国 BASF、Huels，美国 Dow 也进行银催化剂的开发和生产[243]。国外负载型银催化剂基本上都采用 α-Al_2O_3 载体。

制备 α-Al_2O_3 载体所用的起始物料较多，可用刚玉粉，即 α-Al_2O_3 细粉，通过加入一些黏结剂，混合、成型后锻烧来制备；也可以用活性氧化铝和一种无定形或结晶型的水合氧化铝，包括三水铝石、拜耳石、薄水铝石、拟薄水铝石和无定形氢氧化铝等[244]。20 世纪 80 年代，化工部天津化工研究院承担国家科学技术委员会科技攻关项目 CHCⅡ型（氧化法）环氧乙烷银催化剂载体的研制，通过原料选择试验，黏结剂、致孔剂、助烧结剂、除杂剂及煅烧温度条件试验，确定了以氢氧化铝为主要原料的技术路线。在主原料氢氧化铝中加入一定比例的拟薄水铝石，然后加入致孔剂石墨粉、助烧结剂长石、除杂剂氟化铵，混料后，加入黏结剂捏合；然后挤管、切条、干燥、焙烧，自然冷却后出料。其工艺流程如图 6.14 所示。

焙烧样品中的 α-$Al(OH)_3$ 和拟薄水铝石在 200～400℃脱掉结晶水：

$$2\alpha\text{-Al(OH)}_3 \xlongequal{\triangle} \chi\text{-Al}_2\text{O}_3 + 3\text{H}_2\text{O} \tag{6.13}$$

$$2\text{AlOOH}\cdot x\text{H}_2\text{O} \xlongequal{\triangle} \gamma\text{-Al}_2\text{O}_3 + (2x+1)\text{H}_2\text{O} \tag{6.14}$$

样品在高温炉中持续升温时，在 950～1100℃致孔剂石墨粉与空气中的氧结合，生成二氧化碳并放出。

当继续升温时，氧化铝均发生晶相转变，超过 1200℃，得到结晶完整的 α-Al_2O_3。两个水合物的晶相转变如下：

$$\alpha\text{-Al(OH)}_3 \xrightarrow{250℃} \chi\text{-Al}_2\text{O}_3 \xrightarrow{900℃} \kappa\text{-Al}_2\text{O}_3 \xrightarrow{1200℃} \alpha\text{-Al}_2\text{O}_3 \tag{6.15}$$

$$\text{AlOOH}\cdot x\text{H}_2\text{O} \xrightarrow{350℃} \gamma\text{-Al}_2\text{O}_3 \xrightarrow{900℃} \delta\text{-Al}_2\text{O}_3 \xrightarrow{1000℃}$$

$$\theta\text{-Al}_2\text{O}_3 + \alpha\text{-Al}_2\text{O}_3 \xrightarrow{1200℃} \alpha\text{-Al}_2\text{O}_3 \tag{6.16}$$

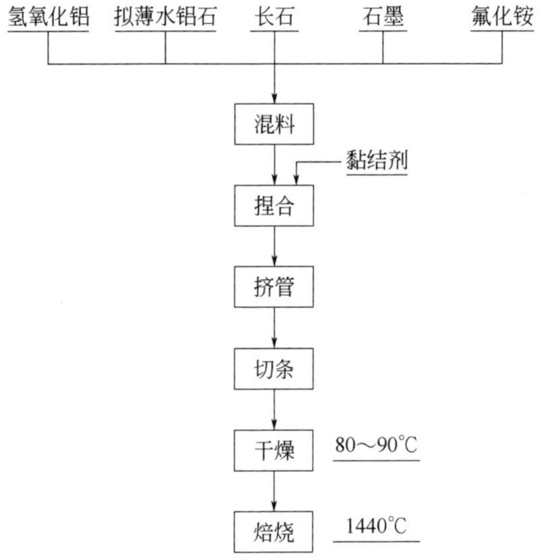

图 6.14　环氧乙烷银催化剂载体的制备工艺流程

研制的载体物化指标如表 6.7 所示。

表 6.7　α-Al_2O_3的物化指标

编号	强度 /（N/颗）	吸水率 /（g H_2O/100mL）	堆积密度 /（g/mL）	比表面积 /（m^2/g）	孔容 /（mL/g）	平均孔半径 /μm
α-Al_2O_3	76～87	35～37	0.45～0.47	1.0～1.2	0.6～0.7	3.2～3.5

上述研制的 α-Al_2O_3 载体经上海石油化学研究所制成催化剂，经单管评价，选择性达 78%以上。

该技术路线使用的原料均为常见化工产品，价廉易得；并且所选定的工艺流程只有混料、捏合、挤管、切条、干燥和焙烧六个工序，生产成本低，而且所选用技术路线为“干法”路线，不产生任何废液。

近年来，对环氧乙烷银催化剂用 α-Al_2O_3 载体的改进主要集中在添加其他微量元素以及进行预处理，进而优化载体的组成和结构。

Shell 公司的银催化剂载体的主要成分为 α-Al_2O_3，同时在载体中还添加有 Si、P、K、Mg、Ca 改善载体的孔结构和表面积。SD 公司采用质量分数为 3%～25%的银有机酸盐溶液浸渍多孔 α-Al_2O_3 载体，在含有惰性气体和

$\varphi(O_2)<21\%$的气氛中，在不同温度下分四级进行活化，然后再用铯溶液浸渍[245]。日本触媒公司采用氢氟酸处理氧化铝载体的方法，使催化剂选择性大幅提高，选择性达到 88%[246]。日本触媒公司制备了一种瓷环型载体[247]，其中 Al 的质量分数为 70.0%～99.5%（以 Al_2O_3 计），Si 的质量分数为 0.06%～12%（以 SiO_2 计），Ti 的质量分数为 8%～12%（以 TiO_2 计），3 种氧化物占载体总量的 99%，载体比表面积为 0.5～2.0m^2/g。将此载体在 1000～2000℃下烧结成型，再浸渍银及助催化剂制得银催化剂。所制得的催化剂具有良好的稳定性，且比表面积较以往的催化剂有所增大。美国科学设计公司发现，在沉积银和浸渍之前反复对氧化铝载体进行洗涤和焙烧，得到的催化剂稳定性有很大改进。

中国石化北京化工研究院燕山分院在银催化剂载体、助剂及催化剂制备工艺方面进行了进一步研究，并将成熟的研究成果应用到 YS-7 银催化剂生产中，提高了催化剂的活性和稳定性。中国石油化工股份有限公司上海石油化工研究院采用碱性物质处理 α-Al_2O_3 载体的方法，解决了原载体制得的银催化剂活性不高的问题[248]。

综上所述可以看出，对于环氧乙烷生产用银催化剂，目前的工作主要集中在载体的改进及催化剂新的制备方法两个方面。就生产环氧乙烷用 α-Al_2O_3 载体的研制来说，原料的选择是多种多样的，主要分为 3 种：①α-$Al(OH)_3$（α-三水铝石）；②α-AlOOH（一水软铝石）；③α-Al_2O_3 铝粉或者一定细度的颗粒。就添加剂来说，也是多种多样的，可以归纳为 3 种：①在高温下能分解的无机或有机物，如碳酸氢铵、草酸铵、蔗糖、淀粉等，可以起到增大孔容、孔隙率的作用；②钡与钙的氧化物，可以起到比表面积的调节作用；③氟化合物，可以使载体孔分布集中在一个窄的范围内。就黏结剂来说，可分为 2 种：①无机黏土类及胶体氧化硅类物质；②无机或有机酸等。

6.6 氧化铝催化材料在涂覆型催化剂中的应用

涂覆型催化剂大致分为 3 类。第一类是将含有活性组分的载体材料或活性组分、载体材料、各种助剂制备成浆液，然后涂覆到各种基体上，再经过干燥、焙烧成为涂覆型蜂窝或板式催化剂。此类催化剂包括汽车尾气净化催化剂、催化燃烧催化剂、工业废气净化催化剂、工业脱硫脱硝催化剂、VOCs 净化催化剂等。基体包括堇青石陶瓷蜂窝、碳化硅陶瓷蜂窝、金属蜂窝、波纹板、平板等。第二类是锂电池隔膜上或燃料电极上涂覆一部分纳米氧化铝材料或催化剂材料等进行绝缘隔热或加速氢氧发生反应。第三类是将各种活性组分及助剂粉末滚涂在陶瓷小球或氧化铝小球或其他载体小球上，形成涂覆型球状催化剂，如丙烯酸催化剂等。无论是哪种涂覆型催化剂，氧化铝均因其大比表面积、高温稳定性、化学稳定性等良好性能而作为催化剂涂层中的活性组分载体得到广泛应用。本节将对汽车尾气净化催化剂进行重点介绍。

6.6.1 汽车尾气净化催化剂

6.6.1.1 催化剂作用机理

汽车尾气中的污染物主要有一氧化碳（CO）、碳氢化合物（HC）、氮氧化物（NO_x）、二氧化硫（SO_2）和微粒物质（铅化物、碳烟等）。目前，汽车尾气的净化方法主要有两种，一种是机内净化，另一种是机外净化。机内净化是通过改变发动机的结构，使燃料充分燃烧或使排出的部分废气再次燃烧，以减少废气中的有害物质。机外净化主要采用催化净化法，该法同时存在 CO 和 HC 的氧化反应以及 NO_x 的还原反应，利用催化作用将尾气中的有害物质转化为无害的 CO_2、H_2O 和 N_2[249]。目前所用的催化净化法有催化氧化法、催化还原氧化法和三效催化净化法。世界各国都广泛使用三效催化净化法。三效催化剂主要由三部分组成，即催化剂基体、活性涂层和催化活性组分。另外，为了提高催化剂的性能，往往在活性涂层和催化活性组分中加入少量助剂，主要是稀土氧化物和碱土金属氧化物等。

6.6.1.2 载体的作用及要求

汽车尾气净化三效催化剂使用条件比较苛刻，温度从−50℃到 950℃的剧烈变化、高速气流的冲击和颠簸振动、长达 2 年或 16 万千米以上的使用寿命，同时将 CO、HC 氧化及 NO_x 还原的高活性，高耐温性能和抗 S、P 等中毒性能等，均对催化剂提出了更高的要求。催化剂的组成、各组分之间的良好配伍以及使用的活性氧化铝性能均对催化剂性能有重要影响，尤其是使用的活性氧化铝载体直接影响催化剂的活性和使用寿命。

（1）催化剂组成

三效催化剂主要由催化剂基体、活性涂层以及活性组分等构成，通过特殊的制备工艺以及各不同配比的活性组分在涂层中的不同分布等变化，可以满足在汽车排气系统中不同位置的安装要求，并能满足冷启动直至高温的广域温度范围内均有良好催化性能的要求。

① 催化剂基体。催化剂基体，也称支撑体，主要是堇青石蜂窝陶瓷、碳化硅、金属蜂窝、波纹板等。基体需满足如下要求：要有高的机械强度，有利于承受高速气流的热冲击和剧烈振动；要有较大的通道外表面积和多孔性，有利于活性涂层的附着以及分散；要有较低的热膨胀系数和耐高温性，不会因为工作温度的剧烈变化出现破裂和变形导致涂层脱落；要有较高的气流通过性和较低的压力降，不会因排气阻力大导致发动机功率损失太大；要有较低的热容量和高热导率，可以在冷启动时快速升温使催化剂发生催化作用；同时，不能含有使催化剂中毒的物质，不与催化剂发生相互作用[250]。

② 催化剂活性涂层。该涂层能够在基体上有很强的附着力和几乎与基体相同的热膨胀系数，不会因为温度的剧烈变化和基体因热胀冷缩导致涂层脱落；有较好的高温稳定性，可抑制因为温度过高而发生晶相转变或烧结；对微量有毒物质如 Pb、S、P 等有一定的耐受性，不会导致活性组分中毒。涂层材料中除了活性氧化铝外，稀土复合氧化物主要是 Ce、Zr、La、Pr 等的复合氧化物，一方面作为储氧材料以提高催化剂的储放氧性能，另一方面提高催化剂的耐高温性能抑制活性氧化铝的晶型转变；Ba、Sr 等碱土金属以及 ZrO_2、TiO_2 等金属氧化物的加入，也是为了提高涂层材料的热稳定性进而提高催化剂的耐高温性能、储氧性能、抗中毒性能、活性组分的分散和热稳定性。

③ 催化剂活性组分。该活性组分要有很好的耐高温性能；耐 S、P 等中毒性能；较低的起燃温度；高的催化活性，即对 CO、HC 的高氧化性能和对 NO_x 的高还原性能；良好的分散性能等。贵金属活性组分主要为铂、钯、铑等元素中的一种或多种组合，钯和铂对 HC 和 HC 的氧化有很好的催化活性，铑对 NO_x 的还原有很好的催化活性，而且铑的低温活性比钯和铂好。随着汽车排放标准的加严，国Ⅵ标准的广泛实施，对 NO_x 的排放要求更加严格，三效催化剂中基本上都不同程度地含有一定量的铑。

汽车尾气净化三效催化剂能够在苛刻的使用条件下保持良好的性能，除了有好的制备方法之外，上述催化剂基体、活性涂层、活性组分的优化结合也至关重要。三效催化剂通常以堇青石蜂窝陶瓷或金属蜂窝作为基体，将负载有贵金属活性组分的活性氧化铝载体和作为助剂的稀土复合氧化物、碱金属或碱土金属等研磨成浆液作为涂层材料，经特殊工艺涂覆到基体上，再通过干燥、焙烧制备完成。

（2）氧化铝的作用及影响

活性氧化铝在三效催化剂中的作用，一方面是作为贵金属活性组分的载体使之高度分散，另一方面作为涂层材料成分提供高比表面积，保持涂层与陶瓷蜂窝基体较好的结合与匹配，防止发生涂层脱落和晶型转变。目前，最常用的活性氧化铝是 γ-Al_2O_3，其具有较大的比表面积、适度的孔分布和较好的耐热性能等优点。然而，γ-Al_2O_3 为亚稳态，在高温下容易发生相变和烧结，向热力学上稳定的 α 相和大颗粒化发展，使比表面积大幅度下降，影响活性金属组分在其表面的分散，从而使催化剂的性能降低甚至失活。另外，在 800～900℃的高温氧化气氛中，γ-Al_2O_3 涂层还会与活性组分 Rh 反应生成非活性的铝酸盐，也会使催化剂的活性降低[251]。

为了提高涂层活性氧化铝的耐高温性能和防止其发生结块相变，目前工业上通用的方法是在 γ-Al_2O_3 中加入稀土或过渡金属等非贵金属元素。稀土元素具有未充满的 4f 电子层，电子能级异常丰富，具有许多优异的光、电、磁、核等特性，加之其化学性质十分活泼，能与其他元素组成品类、功能、用途各异的新型材料。稀土元素的阳离子具有远大于 Al^{3+}的离子半径，能提高 γ-Al_2O_3 的相变温度，抑制 O^{2-}或 Al^{3+}的扩散，从而提高涂层活性氧化铝的高温耐烧结性，并维持其高比表面积[252]。研究表明，稳定活性氧化铝的结构时可添加 La、Pr、Nd、Ce 等稀土元素和碱土金属 Ba、Sr、Ca 等。活性氧化铝的高温耐烧结性在一定程度上与稀土元素离子半径的大小有关，稳定效果较好的是添加半径较大的离子[253]。因此，改性效果较好的是 La 元素。La 改性的活性氧化铝表面上会形成钙钛矿型的 $LaAlO_3$，成核的 $LaAlO_3$ 会固定在 Al_2O_3 晶格的边角上，从而改善氧化铝的热稳定性和比表面积，还可以抑制其向 α 相转变[254-256]。

肖彦等[257]介绍了稀土催化材料在汽车尾气净化三效催化剂中的作用，尤其是氧化铈在催化剂中的氧存储释放功能。铈有两种氧化态，离子半径为 0.97Å 的 Ce^{4+}和 1.03Å 的 Ce^{3+}，在反应体系的氧含量不断交替变化过程中，催化剂中的 Ce^{4+}和 Ce^{3+}也交替产生，即氧含量高时，Ce^{3+}向 Ce^{4+}转化，催化剂从反应体系吸附储存更多的氧；氧含量低时，Ce^{4+}向 Ce^{3+}转化，催化剂向反应体系释放更多的氧。氧化铈的作用还包括稳定氧化铝载体的比表面积和孔结构，维持贵金属活性组分的良好分散，提高催化剂的活性和抗硫耐铅性能等。杨庆山等[258]采用多层活性涂层或通过加入适量的 MgO 和 FeO 降低在固熔度极限附近下的结块速率。

中海油天津院开发的高性能氧化铝，可提高催化剂的比表面积和贵金属分散性能，保证贵金属颗粒的高度分散，加入一定量的稀土氧化物或由稀土氧化物对氧化铝表面进行修饰后，可大大提高氧化铝的高温稳定性，增强催化剂的耐高温性能和抗烧结能力，见表 6.8。

表 6.8　中海油天津院镧改性氧化铝的物性指标

化学组成/%			粒度	比表面积/（m^2/g）		孔容/（mL/g）	孔径/Å	烧失率/%
Al_2O_3	La_2O_3	杂质	D_{50}/μm	新鲜	1200℃/5h			
≥92	3～5	<1.0	≤15	≥200	≥25	≥0.4	≥270	3～4

将贵金属按照一定比例与上述高性能氧化铝载体、耐高温和高储氧性能的稀土复合氧化物、其他助剂成分和去离子水充分混合、研磨，然后涂敷到陶瓷蜂窝上，干燥、焙烧、活化，得到的三效净化催化剂性能优良，可替代进口催化剂产品。

氧化铝是应用最广泛的一种催化剂涂层载体，但 Al_2O_3 的热稳定性问题仍然长期困扰着人们，尤其是在高温和有水蒸气存在的反应环境中，介稳态 Al_2O_3 容易发生相变和烧结，向热力学上稳定的 α 相和大颗粒化发展，造成其比表面积大幅度降低，成为导致负载型催化剂失活的重要原因之一。因此，研究和开发具有高温稳定性、大比表面积的氧化铝载体材料是开发新一代汽车尾气净化三效催化剂的关键技术。另外，我国是稀土大国，如何发展稀土优势，研制性能更好的稀土基汽车尾气净化三效催化剂，用廉价的稀土取代贵金属催化剂将是汽车尾气催化剂新的发展方向之一，有着广阔的发展前景。

6.6.2　其他涂覆型催化剂

除了第一类涂覆型催化剂如汽车尾气净化三效催化剂、柴油车尾气过滤氧化还原四效催化剂、工业废气脱硫脱氮催化剂、VOCs 转化催化剂等环保催化剂外，还有第二类涂覆型的燃料电池电极上涂覆的贵金属 Pt 催化剂以及锂电池隔膜上的纳米氧化铝涂层材料等。因为燃料电池用的贵金属 Pt 催化剂载体更多地使用石墨等碳基材料，在此不再详述；锂离子电池隔膜上涂覆的是纳米氧化铝材料，下一章节作简要介绍。第三类涂覆型催化剂如丙烯酸催化剂，则是滚球涂覆完成的，一般使用惰性氧化铝球，主要起支撑作用。

可见，氧化铝是应用最广泛的一种催化剂涂层载体，其应用广泛，这里就不一一赘述。

6.7
氧化铝催化材料在净化剂中的应用

氧化铝具有多孔性和很高的比表面积，良好的机械强度、较高的热稳定性和化学稳定性、适宜的等电点以及可调变的表面酸碱性等优点，除了作为催化剂载体用于汽车尾气净化、工业废气净化之外，还广泛应用在石油炼制、石油化工等诸多领域中，作为脱氧剂、脱砷剂、脱氯剂、水解剂、干燥剂和脱硫剂等的载体使用。

贵金属脱氧剂主要以活性氧化铝为载体，负载贵金属钯或铂为活性组分，通过氢与氧反应生成水，达到脱除微量氧的目的。活性氧化铝载体是贵金属脱氧剂活性组分的骨架，支撑活性组分，使活性组分得到分散，同时还可以增加催化剂的强度。

脱砷剂多用于重整预精制，主要以活性氧化铝为载体，镍或铜为活性组分。

脱氯剂主要用于催化重整，一般以具有高效吸附和吸收作用的氧化铝或改性氧化铝为载体，负载活性金属，常选用第ⅠA、ⅡA族金属元素。活性金属与原料中的HCl进行反应，固定在催化剂上形成氯化物，再通过氯化物的迁移性，由外至内逐步扩散，最终起到持续脱除HCl的作用。

水解剂多以大孔氧化铝为载体，负载碱性金属活性组分，添加多种助剂制成。

氧化铝干燥剂是一种大比表面积、小孔径、高强度、高吸附容量的活性氧化铝。XRD晶相分析表明，其主要为ρ和χ型氧化铝。主要是由氢氧化铝快速脱水制得的。

总之，氧化铝具有较大的比表面积和较大范围内可调变的孔道结构，且可以根据反应需要对其酸性及孔结构进一步优化，使其广泛用于净化催化剂和净化催化剂载体，本章就不一一介绍。

6.8 小结

氧化铝催化材料、改性氧化铝催化材料以及氧化铝复合材料等均具有各自独特的孔道结构、表面酸性及热稳定性等特点，基于氧化铝为载体的催化剂及催化工艺种类繁多，广泛应用在汽车尾气净化、工业废气脱硫脱硝、VOCs转化等环保领域，催化重整、催化裂化等炼油化工领域，加氢脱硫脱氮、加氢裂化、加氢脱烯烃等加氢精制领域，丙烷脱氢、非加氢脱烯烃等石油化工领域，耐硫变换、脱氧剂、脱氯剂等化工领域，影响着石油化学工业的各种反应过程，成为石油化工、石油炼制和化学工业进步与发展的不可或缺的重要先进催化材料。近几年为了适应化学反应对高选择性、高转化率的要求而研究开发的一大批新型氧化铝催化材料以及多孔材料，具备不同形貌、结构、孔道等独特性能，拓展了许多新的领域，使新型氧化铝材料又焕发了新的活力。相信在未来，氧化铝及其改性材料必将为化学工业的发展再添新彩，再立新功。

氧化铝催化材料的生产与应用

第 7 章
氧化铝催化材料的发展方向与应用探索

氧化铝是当前应用最为广泛的催化剂载体，随着化学工业与新材料学科的迅猛发展，其将来仍然会占据载体的主导地位。

几十年来，中国氧化铝催化材料从无到有，已基本实现绝大多数品种的规模化生产，在满足国内需求的同时，还大量出口，成为全球最大的生产商和供应商，并形成了比较完整的研产学用产业体系。通过不断创新制备方法等对氧化铝催化材料的表面性质、比表面积、孔结构、强度等进行不断优化、提高，基本能够满足石油炼制、化肥工业、精细化工、环保催化等应用的需求。但在高端氧化铝领域，与世界先进水平相比，中国还有相当大的差距，随着环保安全法规的严苛，氧化铝催化材料自身的绿色化、清洁化、低成本化生产成为必然选择。

本章主要就氧化铝催化材料未来的研究方向，前驱体加工的过程强化技术，氧化铝绿色化、清洁化、资源化利用及纳米氧化铝在新领域的应用等进行论述。

7.1 未来的研究方向及发展趋势

过渡态氧化铝显示了优异的性质，同时，也决定了氧化铝自身结构的热不稳定性。在热环境下晶相间的遇水可逆转换决定了氧化铝的水热不稳定性，这是氧化铝自身的先天缺陷。随着炼油化工装置的超大规模化和反应追求更完美的趋势下，传热、传质、反应深度的要求越来越高，氧化铝的纯度、表面性质和大孔径化、孔结构丰富化是研究开发的重点，氧化铝晶粒的均一化、纳米化也是不可逆转的发展趋势。

（1）提高热稳定性和水热稳定性

氧化铝催化材料在高温下易发生表面烧结和相转变，导致催化活性降低甚至失活，外来添加剂的引入能有效抑制氧化铝高温烧结和相变，从而提高氧化铝的热稳定性和水热稳定性。因此，改进制备方法及开发新型添加剂将是未来提高氧化铝催化材料的热稳定性和水热稳定性的重要方向之一[259]。

（2）表面性质调变

氧化铝表面丰富的羟基对其性质有较大影响，表面酸性调变也是研究热点。目前，对氧化铝催化材料表面酸性的调变主要按照不同的反应类型，通过引入金属和非金属元素来进行。因此，对氧化铝表面酸性机理的研究以及新助剂的开发将是今后研究的重点和方向[260]。

（3）梯级孔分布和大孔径化

孔结构丰富化和大孔径化是现代大型炼油化工装置的重要需求。随着原油品质的日益重质化和劣质化，要求氧化铝催化材料具有较为丰富的大孔及多级孔结构。大孔及多级孔氧化铝催化材料可以提供更大的比表面积，增加催化剂表面的活性位密度，从而使反应物与固体催化剂表面更好地接触，还可以提高催化剂的传质效率，促进大分子反应物或产物在催化剂骨架结构内更好地流动，防止发生孔道堵塞现象，为催化剂金属位的积炭迁移提供有效空间[261,262]，同时还可以有效降低催化剂的装填量和反应器的体积。大孔及多级孔、大比表面积氧化铝催化材料的制备方法基本都使用了模板剂、表面活性剂或有机溶剂。尽管相关合成报道非常多，但真正同时具备贯通孔道结构的大孔氧化铝材料并不多见，目前合成出来的大孔氧化铝的热稳定性和机械稳定性也备受挑战，开发大规模合成贯通孔道大孔氧化铝材料的方法依然任重而道远。

（4）高纯度和均一化

传统加工方法提高氧化铝的纯度和晶粒均一性是重点方向。随着石油化工、精细化工生产技术的不断进步，对产品质量要求不断提高，特别是高端化学品的制备对催化剂的反应活性和选择性提出了更苛刻的要求，这就需要制备催化剂的氧化铝材料高纯化，孔结构、粒径朝着纳米化、均一化的方向发展。未来几年需要研究开发的技术包括：高纯度氢氧化铝和氧化铝粉体生产技术；纳米氧化铝低成本生产及晶粒尺寸控制技术；高效低能耗的氧化铝生产装备技术开发；活性氧化铝孔结构精密控制技术；氧化铝粉体形貌和粒度调控技术等。

7.2 氧化铝制备中的过程强化技术

纳米氧化铝尺寸小，表面所占的体积分数大，表面原子配位不全等因素导致表面活性位点增多；同时氧化铝晶体粒径减小，表面光滑度降低，表面形貌变成凹凸不平状，增加了化学反应的接触面，表面的活性中心增多，孔分布集中等有利因素使得以纳米氧化铝为载体制备的催化剂反应活性和选择性有明显的提高。

纳米氧化铝以其优异的性能而得到广泛应用，开发低成本的纳米氧化铝制备工艺有着非常重要的意义。纳米氧化铝粉体的制备通常采用液相法，但是液相法在成核初期、晶核长大过程中以及后续的洗涤、干燥、煅烧等阶段均有可能发生严重的团聚。氧化铝晶核的大小由成核速率和生长速率决定，两者都与溶液的过饱和度密切相关。要获得粒径均匀和分散性好的粉体，必须严格控制粉体制备的全过程，尤其是在前驱体成核阶段要严格控制传质过程，要使反应体系尽量实现微观或介观均匀混合，促使前驱体沉淀相的均匀成核，才能使晶核的生长和颗粒的团聚得到有效的控制。

近年来，为控制氧化铝前驱体的晶粒生成过程，很多过程强化技术得以应用，如微通道反应器、膜反应器、微波反应器等技术，为传统氧化铝的转型升级、提质增效做出了有益的探索与实践。

7.2.1 微反应器技术

微反应器技术也被称为微化工技术，是现代化工技术一个极其重要的发展方向。同传统化工技术相同，微反应器技术也使用反应器、混合器、换热器等单元设备，但是与传统化工装置相比，微反应装置的流体通道尺寸（通常为 10～300μm）非常小，比表面积（可达 10000～50000m^2/m^3）非常大，因此在这些微结构装置中可实现反应物料的瞬间混合和对反应温度的精确控制。

微反应器技术作为一种新的化学合成领域以及工艺改进的有效手段，近年来受到了广泛关注。微通道[263,264]在微尺度下具有高比表面积/体积比，优良的质量和传热性能，可实现反应物的快速混合和反应过程的精确控制。通过强化纳米粒子在微通道中的传质过程，可以控制纳米粒子的聚集，自下而上构建各向异性的纳米粒子和微观结构，得到粒径小、分布窄的颗粒[265,266]。在连续流条件下，反应在相对稳定的状态下进行。由于诱导成核时间短，过饱和程度高，分布均匀，成核速率快，可实现均匀成核。此外，溶液的过饱和度越大，晶体核的临界粒径就越小。同时，晶核的成核速率高于晶核的生长速率，因此氧化铝的粒径较小。

要实现颗粒大小均匀，就需要同时产生大量的晶体核。然而，晶体核的产生立即降低了溶液的过饱和度，这反过来又导致晶体核的增长速度变慢。因此，如何提高反应的瞬时成核速率成为研究纳米粒子制备的关键。图 7.1 所示为微反应法制备纳米粒子的原理图。

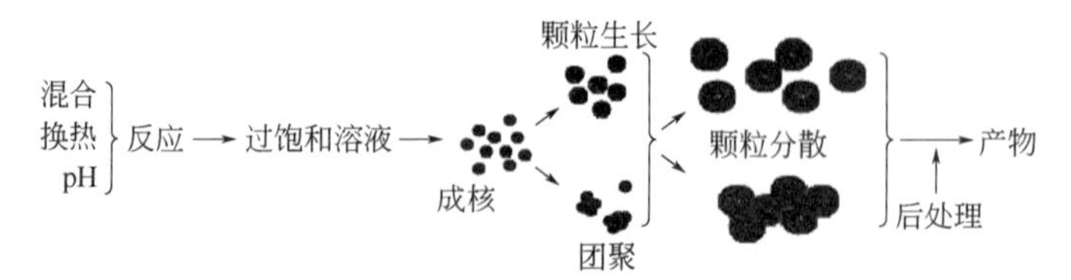

图 7.1　微反应法制备纳米粒子的原理图

7.2.1.1 撞击流反应器

撞击流法由 Elperin[267]于 20 世纪 60 年代提出，其原理是利用相向流体碰撞产生一个较窄的高度湍流区，增大撞击区的持液量，延长反应物料的平均停留时间，为强化传质传热提供了极好的条件。颗粒经过碰撞、穿透，反复往返渗透，其轴向速度逐渐消失，最终排出撞击区。

其原理是利用相反流体的碰撞产生狭窄的高湍流区，从而增加碰撞空间的持液能力，延长反应材料的平均停留时间，进而为强化质量和传热提供良好的条件。

撞击流微反应器有多种分类方式：按连续流相的流动可分为旋流型、平流型；按能量输入的不同可分为主动式微混合器和从动式微混合器；按撞击角度分最常见的有 T 形和 Y 形，T 形和 Y 形也是最简单、应用最广泛的撞击流反应器，其在纳米催化材料合成方面已有较大的研究进展。

中海油天津院自主开发的微反应器，采用平行射流微通道快速传质混合的方法合成高分散超细氧化铝微粉，撞击流大大改善了混合性能。微通道可以为两液相反应提供稳定的反应环境，保持反应界面浓度和 pH 值的均匀、稳定，且爆炸成核均匀，产生的粒子均匀。与传统沉淀法相比，具有连续流产率高、操作灵活等优点。

微反应器的内部结构由七个不锈钢板组成，包括两个入口板、两个分布器、两个喷射器和一个混合器。以混合器为中心，通道板的组装是对称的，微反应器结构图和四种通道板的平面结构如图 7.2 所示。所有板的正方形面积为 40mm×40mm。

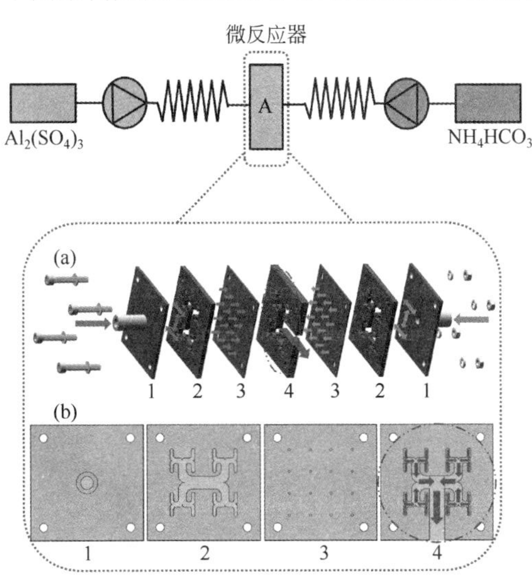

图 7.2 微反应器沉淀法原理图

（a）微反应器结构图；（b）通道板平面图

1—入口板；2—分布器；3—喷射器；4—混合器

为了防止泄漏，所有的钢板都在机械应力下组装在一起。从图可以看出，所有板上的通道构型都是对称分布的。喷射器有 16 个孔径（1.6mm 直径），孔径分布均匀。图中区域 A 表示流体流过的通道，流体通过分布器均匀地分为 16 流，然后通过喷射器，最后在混合器中混合。撞击流微反应器将单个进口流扩展为 16 个平行流，从而显著增加了反应通量。流体在混合器中的流动方向用箭头标记，如图 7.2 中的板 4 所示。并联分布的微通道能以最小的能耗和停留时间实现均匀的流动分布。反应溶液在微通道内产生高速碰撞流，在反应板内产生剧烈碰撞。

以硫酸铝溶液和偏铝酸钠溶液为原料，经过上述反应器合成处理，得到水相分散的纳米氧化铝产品，其检测指标见表 7.1。粉体粒径分布集中，粒径 D_{50}=80nm。

表 7.1 纳米氧化铝产品检测指标

序号	检测项目	中海油天津院产品
1	外观	白色粉体
2	规格/μm	30
3	比表面积/（m^2/g）	150
4	孔容/（mL/g）	0.55
5	孔径/nm	15
6	氧化铝/%	99.9
7	SO_3/%	0.034
8	SiO_2/%	0.0307
9	Na_2O/（g/cm^3）	＜100
10	Fe_2O_3/（g/cm^3）	≤100
11	10%分散液 pH 值	4.0
12	10%分散液黏度/（mPa·s）	1.33±0.05
13	10%分散液粒径/nm	80
14	可分散性/%	97
15	振实堆密度/（g/mL）	0.69±0.05

从图 7.3 可以看出，纳米氧化铝粉体为前驱体经过 1200℃高温焙烧，得到蠕虫状的、晶体粒径为 100nm 的 α-Al_2O_3。

(a) 1200℃焙烧1h

(b) 1200℃焙烧2h

(c) 1200℃焙烧3h

图 7.3 α-Al_2O_3 透射电镜图

7.2.1.2 膜分散微反应器

膜反应器于 20 世纪 90 年代开始发展应用。膜分散微反应器是将待混合气体或液体预先分散，利用压差，分散相通过膜进入连续相进行混合反应。膜分散微反应器使反应物料在一个尺寸相对较小的空间内混合，除了具有混合性能好、传递混合速率快、过程能耗低的特点，其处理量也较一般的微通道反应器大很多，可连续操作，易于实现高通量生产。对于快速反应过程，膜分散微反应器可以较好地克服扩散对反应的影响，达到毫秒级内快速均匀混合，对于快速沉淀合成纳米颗粒十分重要。

γ-Al_2O_3 由于其高的比表面积、良好的热稳定性、适当的酸度和低成本，在石油炼制工业中成为一类重要的催化剂载体。拟薄水铝石是 γ-Al_2O_3 前驱体，其性能对氧化铝的性能有着至关重要的影响。清华大学微化工课题组 Wang 等[268]设计了一种膜分散微反应器，见图 7.4。他们以 CO_2 与 $NaAlO_2$ 水溶液为原料，制备出大孔容、大孔径的拟薄水铝石，在最佳条件下制备的拟薄水铝石的比表面积达到 548.5m^2/g、孔容达到 2.22mL/g、平均孔径达到 16.2nm。该小组 Wan 等[269]通过共沉淀法，利用膜分散微反应器，以 $NaAlO_2$ 和 $Al_2(SO_4)_3$ 反应物合成拟薄水铝石，老化后得到了孔容为 0.95～1.52mL/g、比表面积为 403.8m^2/g、孔径分布为 3～50nm 的 γ-Al_2O_3 纳米颗粒。他们为微反应技术制备大孔容 γ-Al_2O_3 的工业化发展提供了可借鉴的实验方法。

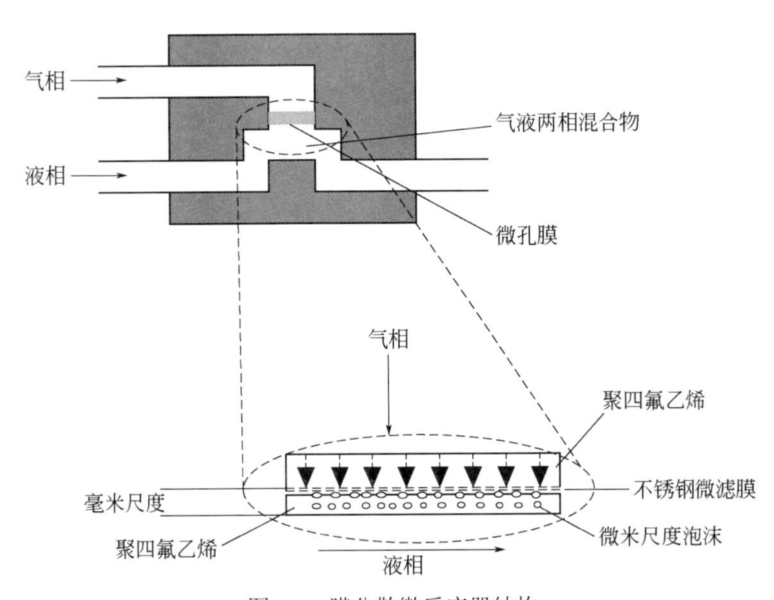

图 7.4 膜分散微反应器结构

7.2.1.3 超重力反应器

超重力技术（Higee）是一项强化“三传一反”化工过程新型技术，其基本原理就是利用高速旋转的环状转子产生一种稳定的、可以调节的超离心力场，从而代替常规重力场。气-液、液-液、液-固两相在比地球重力场大数百倍至千倍的超重力环境下产生流动接触，巨大的剪切力将液体撕裂成纳米级的膜、丝和滴，产生巨大的、快速更新的相界面，使相间传质速率比传统塔器中的相间传质速率提高 1～3 个数量级，微观混合和传质过程得到极大强化，使得生产强度成倍地提高。

20 世纪 80 年代，北京化工大学从英国引进我国第一台超重力装置——旋转填充床（RPB，rotating packed bed），并建立了我国首个超重力工程技术研究中心。王刚等[270]设计了一种反应器，如图 7.5 所示，以硝酸铝为铝源，碳酸铵为沉淀剂，PEG1540 为模板剂，采用沉淀法在旋转填充床中制备有序介孔氧化铝。通过控制反应原料的传质过程，得到的产品比表面积为 242m^2/g，孔容为 0.24mL/g，平均孔径为 3.12nm，孔径在 2～4nm 内分布，孔径分布比较窄，孔道有序性好。

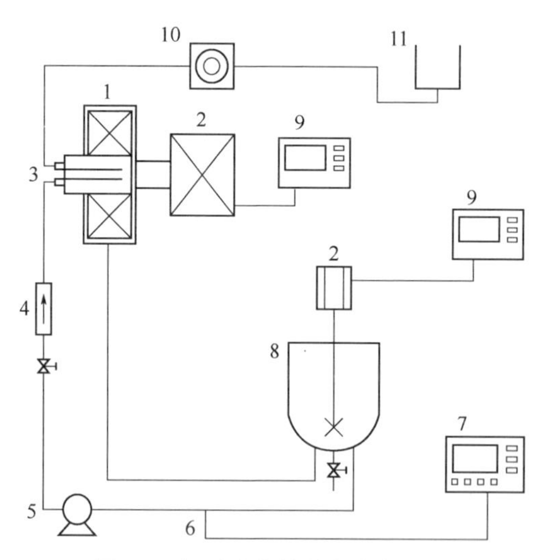

图 7.5　超重力旋转填充床装置图

1—旋转填充床；2—电机；3—液体分布器；4—液体流量计；5—离心泵；6—电极；7—pH 计；8—循环罐；9—频率调制器；10—泵；11—罐

在超重力反应器中反应，微观混合与传质都得到了极大的强化，这一特征使超重力技术特别适用于快速的工业反应过程，特别是在制备特种纳米氧化铝材料方面具有广阔的应用前景。

7.2.2 微波技术

微波（microwave）是一种高频率的电磁波，它具有波动性、高频性、热特征和非热特征四大基本特性。微波作为一种电磁波也具有波粒二象性。微波能对氢键、疏水键和范德华力产生作用，使其重新分配，从而改变产品的结构。微波加热可以使样品内部和表面具有同等吸收微波的能力，内外能同时均匀加热。产品内部的温度梯度小，使物质内部热应力减至最小，这样可以阻止颗粒的团聚。

微波自身的特性决定了微波具有以下优势：

① 加热均匀且迅速。不需要热传导过程，具有自动热稳定性能，可避免过热现象。

② 加热质量高。利用微波的整体加热和零梯度加热的特性，可以大大缩短加热时间，降低煅烧的温度，从而可得到高品质的产品。

③ 节能高效。微波煅烧温度对产品晶相的形成具有很大的影响，微波煅烧时间对晶型的影响不大，故微波煅烧可大大缩短煅烧时间，同时还可以减少煅烧过程中的团聚现象，使产品的分布更集中。微波干燥技术在今后制备高端功能性氧化铝方面具有独特优势。

不论是微反应器技术还是微波技术，均属于过程强化技术。这种微化工技术作为化学合成中的一个新兴领域和过程强化的有效手段，引起了人们的广泛关注。微反应器在微尺度通道下具有高比表面积/体积比、优良的传质传热性能，能够实现反应物的快速混合，对反应过程实现精确控制。

氧化铝材料的传统制备方式存在反应器体积大、设备及场地投入高、能耗高、安全性差等诸多问题。而微反应器操作简便，易于控制，连续流微反应器更是能将多步反应过程集成为一步反应过程，为制备高性能催化材料开辟了一条新的路径。

过程强化技术尤其是微反应器技术制备纳米氧化铝材料具有以下优势：a.微通道提供均匀的反应环境，实现均匀爆炸性成核，在微纳米颗粒的合成上有巨大的优势；b.利用撞击流微反应器强化混合特性制备孔容较大且孔径分布较好的颗粒；c.反应物使用量少，传热快，能够优化处理危险反应中不稳定的反应中间体；d.微反应器体积较小的特点克服了常规化工厂和大规模生产的缺点和场地限制；e.精确控制停留时间分布，连续流操作实现能源和化学品的可持续生产；f.通过控制反应参数实现高效、快速、高通量地筛选高附加值化学品和材料，绿色低耗，提供了一种环境友好型的科研手段；g.易于外力场扩展，如附加电场、声场、超重力场等改进反应器；h.自控化程度高，节省人员成本。

微反应器等过程强化技术使设备小型化、智能化和连续化，能够完成许多之前无法完成的挑战，其并行放大的生产效能更是将小试直接放大生产，迅速响应市场，改变传统的制造方式，为制备新型高性能氧化铝材料提供了一种新的途径。

7.3 资源化利用

实现氧化铝的多原料拓展和循环利用是构建完整产业链体系的基本条件，也是所有氧化铝从业者努力的方向，氧化铝生产过程的清洁化与绿色化也十分紧迫。

目前，我国虽然是世界铝产能最大的国家，但同时也是铝土矿资源匮乏的国家，仅 2018 年氧化铝产量超过 7064 万吨，铝土矿消耗 1.7 亿吨，对外依存度高达 70%左右[271]。

此外，我国又是火电粉煤灰排放量最大的国家，仅 2014 年就达到 4.78 亿吨，而绝大多数粉煤灰的 Al_2O_3 含量约 30%～50%，资源化利用潜力巨大。因此，我国将粉煤灰综合利用提升到国家战略高度，“十三五”期间已经将粉煤灰为原料制取氧化铝以及其他铝化学品列为国家重点科技扶持对象，进行粉煤灰基氧化铝的研究开发具有长远的战略意义。

7.3.1 废水资源化利用

我国铝土矿以难溶性的一水硬铝石型为主，以该型铝土矿为原料生产催化材料用氧化铝产品时，容易出现氧化铝有害杂质含量高、晶体微观结构缺陷多、产品稳定性差等问题。国内工业生产氧化铝催化材料主要采用中和法，在水合氧化铝凝胶中经常夹杂 SO_4^{2-}、Na^+、Cl^-、SiO_2 等杂质。为了除去这些杂质，通常要用去离子水、碳铵溶液或稀硫酸溶液等来洗涤中和之后的产物。由于催化材料用氧化铝对杂质含量的要求比较苛刻，洗涤水用量通常为干基 Al_2O_3 重量的 30 倍，这就造成了大量的含酸碱甚至是氨氮废水排放。为此，氧化铝生产厂的废水资源化利用及废水“近零排放”是未来的发展方向。

为了满足现实氧化铝厂的水资源的高效应用，需要构建全流程水资源化系统，通过点源治理、梯级利用、雨水收集、废污水回收、盐控制结晶等技术集成，实现工厂的水系统管理优化，进而实现系统的水平衡。为保证水系统的平衡，减少废水的排放与废水的综合治理是关键。在此环节中，通过自身能源清洁化、减少各类工艺用水的交叉污染与提高循环水的浓缩倍率，可以实现水系统的稳定运行，采用先进的水冷机组、高效循环水泵能量梯级利用也可以同时实现能量的优化。

在氧化铝实际生产中，中铝山东公司利用污水处理站将产生的废水进行无害化处理，依据水质的差异分别设置循环水系统，循环进入不同的生产流程，实现了废水的零排放，提高了用水达标率和废水回收率。中国铝业股份有限公司等单位系统研究了铝酸钠溶液中铝酸根离子及杂质离子的反应行为，自主开发了溶液纯化、晶粒调控、晶相转换、高效提纯、晶体微观结构调控等关键技术，并研制出了高效连续生产工艺及装备，实现了系列化精细氧化铝产品的规律化、模块化、绿色高效生产。该关键技术开发了沉淀吸附同步除杂的深度溶液净化技术，研究揭示铝酸根离子、硅酸根离子的赋存状态，加入配合物添加剂实现了杂质离子共沉淀和强化吸附，同步脱出硅、铬、钒和有机物等，实现短流程、低成本溶液净化，降低了能耗，减小环境污染。

中海油天津院多年来专注于氧化铝催化材料高效绿色产业化关键技术的研发，以“干法”技术路线制备 α-Al_2O_3 载体，不产生任何废液。该技术路线以氢氧化铝为主要原料，只有混料、捏合、挤管、切环、干燥和焙烧六个工序，工艺流程短，成本低，制备的 α-Al_2O_3 用作环氧乙烷催化剂载体，性能良好。以三水铝石为原料，通过高温快速脱水生成活泼的不稳定的过渡态氧化铝，生成的过渡态氧化铝和水再水合；最后，经熟化、活化制备大比表面积、高强度的活性氧化铝。本工艺路线没有废液、废渣、废气，不污染环境。

氧化铝催化材料企业应加强生产技术的改造，进一步改善工艺装备、能耗、资源综合利用、安全环保等作业条件，发展新型高效的制备方法，全方位促进氧化铝催化材料高质量生产，从而使氧化铝催化材料行业有飞跃式的提升。企业必须履行社会责任，大力推进绿色生产，走出一条转型发展与碧水蓝天相伴的康庄大道，实现经济效益、生态效益和社会效益的有机统一。

7.3.2 废气处理及利用

随着社会经济的高速发展，人们的生活质量不断提高，随之而来的环境污染问题也日益严重，大气污染尤其是工业废气污染，直接影响人们的身心健康，使人类赖以生存的环境受到极大的挑战。氧化铝生产过程中各种炉窑和干物料粉碎、储存运输设施产生的颗粒物和 SO_2 等是造成厂区周边环境污染的主要因素。气体污染物主要有粉尘颗粒、NO_x（氮氧化合物）、CO、CO_2、SO_2等[272]。对这些含尘废气，氧化铝厂家有责任采用各种先进净化技术进行无害化处理，使废气等污染物排放达到国家标准的要求。

在处理含尘废气时，企业可以使用三种除尘方法，一是布袋除尘方法，二是旋风除尘方法，三是电除尘方法。企业应用布袋除尘方法时，会使用先进的安装技术，并运用过滤效果更好的材料，使含尘废气中的颗粒可以被有效地过滤掉。对生产环境中的颗粒进行检测，生产环境中的颗粒浓度长期保持在每立方米 3mg 以下，完全符合含尘废气处理标准。

N_2O处理常用方法为催化裂解法和催化还原法。催化裂解法可以减少原料的损耗，整个处理过程装置简单，催化过程稳定。但是需要提高处理气体的温度，增加预热成本；催化还原法在处理过程中会消耗一定量的还原剂，同时还会产生其他气体，包括一氧化碳和二氧化碳。使用 SCR 催化还原法，其优势与非还原法相同，但是整个处理过程效率较低。

NO 处理技术和NO_2处理技术由多种方法组成，一是吸收法；二是吸附法；三是电子辐射法；四是催化法。以处理废气中的 NO 气体为例，在处理过程中使用NH_3为还原剂，NH_3可以由液氨、尿素以及氨水等物质获取。使用液氨物质时，整个处理过程较为稳定，处理技术应用较为成熟，并且处理过程成本较低。但是在处理过程中，应加强防燃以及防爆等管理，产生的氨废液也要合规处置。氧化铝厂产生的NO_x废气，通过上述方法经过处理之后可以达标排放。

我国现在采用的烟气脱硫技术多为后端烟气治理技术，通过各种脱硫材料对烟气中SO_2进行吸附，达到脱除目的。目前常用的烟气脱硫技术有湿法脱硫技术、干法脱硫技术、半干法脱硫技术、氨水脱硫技术等。湿法烟气脱硫技术广泛应用于我国的火电行业，其中石灰石-石膏法技术成熟、应用最多，占据电力行业 90%以上的脱硫技术市场。而在建材、焦化和冶金等其他非电领域，干法、半干法等脱硫技术占据主要市场，与湿法脱硫技术相比，干法、半干法等脱硫工艺具有设备简单、运行费用低廉的优点，在非电领域脱硫方面具有较高的应用价值。

近年来，我国大力加强环境保护力度，深化环保政策落地实施，自 2018 年开始，我国的环保政策法规制定的排放新标准已是目前国际最为严苛的排放标准。工业废气作为环境污染的主要影响因素，成为我国建设“青山绿水”社会的待解决的主要问题之一，预期未来的工业废气处理技术在以下三个方面发展。

① 低温等离子体处理技术，具有较好的可操作性和推广性，现阶段受限于使用成本，无法大量使用，将来会是废气处理的发展方向之一。

② 新型吸附剂的研制，吸附法操作简单，使用效果好，具有可推广性，目前石墨烯、MOFs 等新型材料的高速发展将极大地推动废气吸附技术的发展。

③ 多技术耦合开发，多技术相互结合、相辅相成的作用，在未来的废气处理中将占有重要的位置。

上述工业废气处理技术同样适合于未来氧化铝厂的废气如 NO_x、SO_2 等处理，除了转化为无害的 N_2，也可以将其中的 SO_2 转化为单质 S 得以资源化利用。

7.3.3 固废中氧化铝资源化利用

7.3.3.1 粉煤灰综合利用

粉煤灰是从煤燃烧后的烟气中收捕下来的细灰，是燃煤电厂排出的主要固体废物。我国火电厂粉煤灰的主要氧化物组成为：SiO_2、Al_2O_3、FeO、Fe_2O_3、CaO、TiO_2 等。随着电力工业的发展，燃煤电厂的粉煤灰排放量逐年增加，成为我国当前排量较大的固体废物之一。但粉煤灰可资源化利用，如作为混凝土的掺合料、提取其中的氧化铝等。

（1）粉煤灰制备吸附材料

粉煤灰（FA）具有大孔隙结构、形状不规则、比表面积大、吸附活性高的特征，因此在重金属和有机污染物吸附等诸多领域的应用研究十分广阔。粉煤灰不仅具有吸附废水中重金属的能力，而且具有吸附废水中的其他无机、有机污染物的能力，包括氨、氮、磷、氟、硼、酚类化合物、农药、染料等。

粉煤灰本身是影响环境的重要有害因素之一，对空气、土地、水质等均具有不良的影响作用。我们可以通过提纯其中的化学成分，并将其加工为高附加值的产品，如纳米氧化铝，使其具有良好的经济价值与环保价值。

目前，对粉煤灰吸附材料的研究主要集中在单种污染物或元素进行吸附处理研究，对具有重金属、无机和有机污染物等复杂的废水处理的研究、开发比较匮乏。然而，在利用粉煤灰废水处理工艺制备复合吸附材料的过程中，在提高吸附材料的稳定性、吸附能力和吸附效率以及材料循环利用方面，仍存在一些需要解决的问题。

粉煤灰资源化利用技术的兴起和发展为多功能复合材料的制备提供了更多的方法选择，而且越来越多具有优良特性的改性材料可以通过此技术进行复合，获得满足科研和生产、生活需求的新型复合吸附材料。

（2）粉煤灰制备氧化铝材料

李智伟等[273]以循环流化床（CFB）粉煤灰为初始铝源，对 CFB 粉煤灰的组成与结构进行分析，优化提取 Al_2O_3 的浸取条件，采用盐析及重结晶联合法对浸取铝盐进行除杂，除杂产物采用分散剂 GUMA 辅助均匀沉淀法制备球形单分散纳米 α-Al_2O_3，产品纯度达 99.99%，粒径为 200nm，且具有分散性高、球形圆度好、粒径分布窄等优点。

探索改性粉煤灰的新方法与新工艺，确定最优吸附性能参数，开发粉煤灰制备氧化铝催化材料的新技术，如活性纳米氧化铝技术、发泡陶瓷技术等，既可实现粉煤灰的废物利用，又能治理水环境污染，具有显著的经济价值、社会效益和良好的应用前景。

7.3.3.2 铝泥综合利用

如何有效利用氧化铝生产过程中产生的赤泥，减少赤泥给周边环境带来的污染，是世界铝工业的重点研究课题。我国近年来对赤泥综合利用工作高度重视，开展了跨学科、多领域的综合利用技术研究工作，取得了一定的成绩，但相对于每年的产量来说，现在的利用规模还处于初级阶段，未真正实现产业化。

含铬铝泥是无钙焙烧法生产铬产品过程中产生的危险固体废物，是铬酸钠碱性溶液加酸中和过滤后的残余物质，是国家危险废弃物名录中 HW21 类含铬废物 261-042-2。含铬铝泥中的铬元素主要以 Cr（Ⅵ）形式存在，具有强烈毒性，是国际公认的 47 种最危险的废物之一。含铬铝泥呈胶泥状，属于胶性沉淀物，对无机盐吸附、夹带严重，进而限制了其中有效成分的分离和综合利用。

（1）制备磷酸铝

由中海油天津院与河北铬盐厂共同开发，适用于硫酸中和法产生的铝泥，向铝泥中加入磷酸等沉淀剂，使胶态氢氧化铝转变为磷酸铝沉淀，再用板框过滤洗涤。该方法回收率高达 96%以上，但回收成本高。

（2）生产复合氧化铬铝

该方法适用于硫酸中和法生成的铝泥，向铝泥中加入水和硫酸，混合均匀，在 900～950℃下焙烧 2～3h，冷却降温后，经过水浸脱盐、水洗除杂、干燥等工艺得到复合氧化铬铝产品。

（3）制备纳米 AlOOH

以含铬铝泥为原料，向铝泥中加入水和硫酸，混合均匀；加入表面活性剂，在一定温度下加入碱性溶液，控制一定的 pH 值、温度，经过陈化、干燥得到纳米 AlOOH 片。AlOOH 是一种非常重要的无机非金属材料，常被用作制备纳米氧化铝的前驱体、催化材料及光催化材料载体、吸附剂和膜反应器材料等。

目前，解决含铬铝泥污染问题的关键在于加强含铬铝泥还原后物质的综合利用，以其为原料制备各种高附加值氧化铝产品。

7.3.4 废催化剂中氧化铝的回收利用

经济的发展和科学技术的进步促进了中国石化工业的发展，但使用过期或失效的石化废催化剂现象也在不断增多，给社会带来一定的环保压力。相关统计数据表明，中国约90%以上的石化反应主要利用催化剂实现，目前废催化剂作为危废已经不允许填埋，废催化剂回收利用已经成为我国炼油行业的一个重要环保问题。石油化工废催化剂中利用价值较高的贵金属和有价值金属有较高的金属品位，所以再次回收利用的价值高。废催化剂的回收再利用可提高资源的使用效率，同时在一定程度上减少甚至避免了环境的污染。因此，废催化剂的回收利用已然成为石油化工整体系统工程的重要环节。

目前，可以从废催化剂中提取一些稀有金属，例如铂、钯、银等资源的回收工艺已实现工业化，但大量的氧化铝原料没有进行有效利用，原因主要是：①废催化剂碱法提取钒、钼一般在500～700℃下焙烧，而在此温度下，铝与钠盐的反应不完全；②钠盐的添加是以钒、钼来计量的，致使铝的提取效率不高。许多企业将其作为废弃物丢弃，这种情况不仅造成资源的浪费，同时会有比较严重的环境污染。废催化剂中氧化铝的科学回收反映了环保意识，同时也是资源被合理利用的发展趋势。对于载体成分简单的 γ-Al_2O_3 型废催化剂，例如脱氢催化剂载体，中国石油大学朱新艳[274]采用酸溶载体-氯化浸出-沉淀-煅烧的工艺路线回收贵金属铂和载体氧化铝，废催化剂中铝的回收率达到76%；隋宝宽等[275]针对渣油加氢废催化剂采用焙烧-酸溶-沉淀工艺回收硫酸铝和偏铝酸钠溶液，在不同的条件下可以制备出不同孔结构的拟薄水铝石。

综上所述，随着我国社会经济的不断发展及科学技术的不断提升，氧化铝催化材料行业已经迎来了一个难得的发展机遇，因此氧化铝企业必须要抓住这一有利的发展机遇，不断提升自身生产技术水平，不但使氧化铝的生产数量及质量得到进一步提升，还能通过创新优化废催化剂的回收利用技术，降低环境污染及能源过度消耗的问题，使社会经济和谐发展。

7.4 氧化铝发展方向及应用领域拓展

氧化铝传统应用领域的发展对氧化铝的使用性能提出了更高的要求，如悬浮床工艺、流化床工艺、移动床工艺对其孔结构、形状、强度、磨耗等指标要求更加苛刻，我们在提升前驱体加工成型技术、装备的基础上，更要关注前驱体的制备过程，氧化铝前驱体的纳米化、均质化，表面羟基的有序化都是努力的重点。性能优异的纳米氧化铝在提升传统领域应用性能的基础上，由于其自身的特殊性质，在新的领域的应用也逐渐广泛，呈现出差异化、高质化的典型特点。

纳米氧化铝是目前纳米材料研究的热点之一，它是一种化学键很强的离子化合物，具有较高的熔点和很高的化学稳定性。除了作为催化材料应用在各种催化剂中外，还拓展应用于许多其他领域，如用于锂电池隔膜涂层材料、复合材料等。

7.4.1 锂电池隔膜材料中的应用

高纯纳米氧化铝作为锂电安全重要保障的隔膜涂覆粉体材料，有望解决锂电池的安全问题。随着锂离子充电电池容量的不断提高，其内部蓄积能量越来越大，内部温度会提高，若温度过高会使隔膜被熔化而造成短路。高纯纳米氧化铝具有绝缘、隔热、耐高温等特性，因此可将其用于锂电池的涂层。高纯纳米氧化铝作为陶瓷涂层涂到锂电池正负极间隔膜上，起耐热、耐高温、绝缘的作用，从而可以防止动力电池因温度过高，隔膜熔化而短路。此外，应用高纯纳米氧化铝对钴酸锂、锰酸锂、钛酸锂和磷酸铁锂等材料进行表面包覆还可大幅度减小界面阻抗，额外提供电子传输隧道，有效阻止电解液对电极的侵蚀，还能容纳粒子在 Li^+脱嵌过程中的体积变化，防止电极结构损坏[276]。

陶瓷隔膜对氧化铝的性能要求较高：①粒径均匀性，能很好地黏结到隔膜上，又不会堵塞隔膜孔径，一般要求氧化铝的粒径为 0.5μm 左右；②氧化铝纯度高，不能引入杂质，影响电池内部环境，一般要求氧化铝的纯度大于 99.9%，以 99.99%为最佳；③氧化铝晶型结构一般要求 α 相，耐腐蚀能力强，保证氧化铝对电解液的相容性及浸润性。

高纯氧化铝涂层是由纳米级高纯氧化铝粉、黏结剂、分散剂、CMC、水等材料按一定的配比，经过特定工艺制备而成的一种陶瓷浆料，在工业化生产中由大型涂布设备对锂电池基膜进行涂覆，使其具有耐高温性、高安全性、独特的自关断特性、低自放电率、循环寿命长等特点，引领了锂电池涂覆新趋势。

锂电陶瓷涂覆有望引领高纯超细氧化铝需求增长。按照国内锂电隔膜产量占全球 60%估算，锂电池隔膜用高纯超细氧化铝市场需求量近 9000t。用于锂电池隔膜涂层的高纯超细氧化铝技术要求极高，颗粒级别要求为 300～500nm[277]。

7.4.2 复合材料中的应用

纳米氧化铝作为复合材料中的分散相，可以增强基体材料的强度；用于特种橡胶还可以提高橡胶的介电性和耐磨性。纳米氧化铝与生物陶瓷复合人工骨、关节材料，在人体正常生理条件下不腐蚀，与机体组织的结构相容性较好，在医学中有广泛应用；还可用于颌面骨缺损重建、五官矫形与修复及牙齿美容等方面。

7.4.3 其他涂层材料中的应用

纳米氧化铝喷涂到金属、陶瓷、塑料、玻璃、漆料及硬质合金表面，形成表面防护层材料，可提高表面强度、耐磨性和耐腐蚀性。涂有这种表面防护层材料的塑料镜片既轻又耐磨。纳米氧化铝在热喷涂涂层材料领域应用也十分广泛。

7.4.4 光学材料中的应用

纳米氧化铝对 80nm 紫外线有吸收作用，可作为紫外屏蔽材料；纳米氧化铝多孔膜具有吸收红外线的性质，与其他材料复合可制备隐身材料；纳米氧化铝对 250nm 以下的紫外线有强烈的吸收能力，在日光灯管寿命提高方面有良好的应用效果。

7.4.5 半导体材料中的应用

纳米氧化铝具有巨大的表面和界面，对外界湿度变化极为敏感，稳定性高，在湿敏传感器和湿电温度计制备领域是理想的原材料；它还具有良好的电绝缘性、化学耐久性、耐热和抗辐射能力，表面平整均匀，介电常数高，是理想的半导体材料和大规模集成电路衬底材料，在微电子、电子和信息产业应用广泛。

氧化铝性质的易调变性、纳米氧化铝的波粒二象性及资源易获取性等都决定了其在未来应用的无限延展性。通过运用新装备、新反应理论及过程控制技术，进一步实现氧化铝结晶的有序可控也必将助力氧化铝在新材料、表面装饰、建筑建材、新反应过程等中的新应用，新领域的应用拓展也必将助力其蓬勃发展。

氧化铝
催化材料的
生产与应用

参考文献

[1] 厉衡隆，顾松青，李金鹏，等．铝冶炼生产技术手册[M]．北京：冶金工业出版社，2011.

[2] 朱洪法．催化剂载体制备及应用技术[M]．北京：石油工业出版社，2014.

[3] 天津化工研究院．关于统一氧化铝水合物和氧化铝名称的建议[J]．石油化工，1976，5(4): 417-420.

[4] 潘泽琳．无定形铝胶的研制及其应用[J]．轻金属，1991，12: 5-8.

[5] Morterra C, Magnacca G. A case study: surface chemistry and surface structure of catalytic aluminas, as studied by vibrational spectroscopy of adsorbed species[J]. Catalysis Today, 1996, 27(3-4): 497-532.

[6] Tsyganenko A A, Mardilovich P P. Structure of alumina surfaces[J]. Journal of the Chemical Society, Faraday Transactions, 1996, 92(23): 4843-4852.

[7] Digne M, Sautet P, Raybatd P, et al. Hydroxyl groups on γ-alumina surfaces: a DFT study[J]. Journal of Catalysis, 2002, 211(1): 1-5.

[8] 赵国利，王少军，凌凤香，等．γ-Al_2O_3表面结构的红外光谱研究[J]．当代化工，2012，41(7): 661-663.

[9] Sohlberg K, Pennycook S J, Pantelides S T. Hydrogen and the structure of the transition aluminas[J]. Journal of the American Chemical Society, 1999, 121(33): 7493-7499.

[10] Gribov E N, Zavorotynska O, Agostiini G, et al. FTIR spectroscopy and thermodynamics of CO and H_2 adsorbed on γ-，δ- and α-Al_2O_3[J]. Physical Chemistry Chemical Physics, 2010, 12(24): 6474-6482.

[11] Auroux A, Muscas M, Coster D J, et al. Distribution of acid sites and differential heat of NH_3 chemisorption on some aluminas and zeolites[J]. Catalysis Letters, 1994, 28: 179-186.

[12] 何劲松，赵长伟，屠梦波，等．聚合氯化铝制备球形拟薄水铝石和γ-Al_2O_3的研究Ⅰ——制备条件探讨[J]．无机化学学报，2010，26(9): 1533-1538.

[13] Coster D J, Blumenfeld A L, Fripiat J J. Lewis acid sites and surface aluminum in aluminas and zeolites: a high-resolution NMR study[J]. J Phys Chem, 1994, 98: 6201.

[14] 李晓云，孙彦民，于海斌，等．活性氧化铝再水合制备拟薄水铝石的形态研究[J]．电子显微镜学报，2011，30(6): 517-520.

[15] Zamora M, Cordoba A. A study of surface hydroxyl groups on γ-Al_2O_3[J]. J Phys Chem, 1978, 82: 584-588.

[16] Chu T W, Du J Z, Lu J R, et al. Adsorption and desorption of radiocesium on Al_2O_3 from aqueous solutions[J]. Radioanal Nucl Chem, 1996, 210(1): 197-205.

[17] Wang X K, Rabung Th, Geckeis H. Effect of pH and humic acid on the adsorption of cesium onto γ-Al_2O_3[J]. Tournal of Radioanalytical and Nuclear Chemistry, 2003, 258(1): 83-87.

[18] 赵骧．催化剂[M]．北京：中国物资出版社，2001.

[19] 徐泽辉，王缨，李剑英，等．重整催化剂铂晶粒的再分散[J]．工业催化，1996(1): 55-59.

[20] Knözinger H, Ratnasamy P. Catalytic aluminas: surface models and characterization of surface sites[J]. Catalysis Reviews Science and Engineering, 1978, 17(1): 31-70.

[21] 陈胜福，黄坚，李建文．非冶金氧化铝产品的发展动向及市场现状[J]．耐火材料，2006，40(3): 225-230.

[22] Gates B C. Supported metal clusters: synthesis, structure, and catalysis[J]. Chem Rev, 1995, 95: 511.

[23] 天津化工研究院．氧化铝载体的研究——中和条件对产品晶相和孔结构的影响[J]．化肥工业，1980(6): 2-9.

[24] 商连弟，王惠惠．活性氧化铝的生产及其改性[J]．无机盐工业，2012，44(1): 1-6.

[25] 肖彦．无机催化材料研究与应用进展[J]．无机盐工业，2020，52(10): 44-54.

[26] 张哲民，杨清河，聂红，等．$NaAlO_2$-$Al_2(SO_4)_3$ 法制备拟薄水铝石成胶机理的研究[J]．石油化工，2003，32(7): 552-554.

[27] 杨清河，李大东，庄福成，等．$NaAlO_2$-CO_2 法制备拟薄水铝石过程中的转化机理[J]．催化学报，1997，18(6): 478-482.

[28] 杨清河，李大东，庄福成，等．$NaAlO_2$-CO_2 法制备拟薄水铝石规律的研究[J]．石油炼制与化工，1999，30(4): 59-63.

[29] Bernard F, Armbrust Jr, Benton V G C, et al. Alumina hydrate and its method: US, 3268295[P]. 1966-08-23.

[30] 刘文洁，隋宝宽，袁胜华，等．硫酸铝法制备拟薄水铝石过程研究[J]．石油炼制与化工，2016，47(1): 27-30.

[31] Chu Y F, Ruckenstein E. Design of pores in alumina[J]. Journal of Cataylsis, 1976, 41: 384-396.

[32] 李军辉，谭建平．拟薄水铝石气流干燥过程数值模拟优化[J]．湖南科技大学学报(自然科学版)，2004，19(4): 46-50.

[33] 苏国勤，郑怀礼．烘干条件对拟薄水铝石性能的影响[J]．工业催化，2007，15(8): 65-67.

[34] 刘占强．大孔容拟薄水铝石制备工艺研究[J]．轻金属，2017(5): 8-9.

[35] 李教，彭益云，贾传宝．降低拟薄水铝石生产中新水消耗的几种途径[J]．有色冶金节能，2009(4): 19-34.

[36] 张超，李红强．旋转闪蒸干燥器在化学品氧化铝生产中的应用[J]．铝镁通讯，2017(4): 10-12.

[37] 王栋斌，郑峰伟，周正，等．碳化法制备拟薄水铝石的研究进展[J]．广州化工，2020，48(21): 1-4.

[38] 陈勤霞．浅谈拟薄水铝石生产的优化设计[J]．铝镁通讯，2006(1): 11-12.

[39] 郑淑琴，庞新梅，段长艳，等．酸法合成拟薄水铝石的研究与表征[J]．石油炼制与化工，2002，33(7): 58-61.

[40] 时昌新，支建平，张玉林．低堆密度大孔体积 γ-Al_2O_3 的制备与表征[J]．石油化工，2009，38(6): 618-621.

[41] Hellgardt K, Chadwick D. Effect of pH of precipitation on the preparation of high surface area aluminas from nitrate solutions[J]. Industrial & Engineering Chemistry Research, 1998, 37: 405-411.

[42] 伍艳辉，钱君律，方学兵，等．硝酸法制备拟薄水铝石研究——成胶条件的影响[J]．同济大学学报，2003，31(7): 878-882.

[43] 潘成强，钱君律，伍艳辉，等．硝酸法制备拟薄水铝石中温度影响研究[J]．炼油与化工，2004，15(1): 21-22.

[44] 谢雁丽，毕诗文，杨毅宏，等．氧化铝生产中铝酸钠溶液结构的研究[J]．有色金属，2001，53(2): 59-61.

[45] Ono T, Ohguchi Y, Togari O. Control of the pore structure of porous alumina[J].Studies in Surface Science and Catalysis, 1983, 16: 631-641.

[46] 杜明仙，翟效珍，李源，等．高比表面积窄孔分布氧化铝的制备Ⅰ．沉淀条件的影响[J]．催化学报，2002，23(5): 465-468.

[47] 杜明仙，翟效珍，李源，等．高比表面积窄孔分布氧化铝的制备Ⅱ．添加硅的影响[J]．催化学报，2002，23(5): 469-472.

[48] 王晶，吕新华，高宏．Sol-Gel 法纳米氧化铝粉体的微观精细结构[J]．大连铁道学院学报，2002，23(1): 83-86.

[49] 严加松，龙军，田辉平．两种铝基粘结剂性能差异的结构分析[J]．石油炼制与化工，2004，35(12): 33-36.

[50] 刘炜．Mg-Al 双金属醇盐的性质、水解机理及尖晶石粉体制备的研究[D]．大连：大连交通大学，2005.

[51] 刘杰，田桂林，田朋，等．微量水在异丙醇铝合成反应中的钝化作用[J]．功能材料，2006，增刊(37): 557-559.

[52] 李齐春，戴品中，翁齐菲，等．异丙醇铝工业化生产的控制[J]．精细与专用化学品，2011，18(11): 11-13.

[53] 山东恒通晶体材料有限公司．自催化一步合成高纯异丙醇铝的方法: 201410631616.9[P]. 2015-02-18.

[54] 殷剑龙．一种多功能连续合成异丙醇铝装置: ZL201621068065.0[P]. 2016-09-21.

[55] 石建平．循环式干燥装置: ZL200620068860.X[P]. 2006-01-22.

[56] 苏爱平，杜辉，姚运海，等．水热条件对均匀沉淀法制备拟薄水铝石性质的影响[J]．石油炼制与化工，2012，43(9): 34-38.

[57] Ramanathan S, Roy S K, Bhat R, et al. Alumina powdersfrom aluminium nitrate-urea and aluminium sulphate-urea reactions——the role of the precursor anion and process conditions on characteristics[J]. Ceramics International, 1997, 23(1): 45-53.

[58] 张继光．催化剂制备过程技术[M]．北京：中国石化出版社，2004: 32-34.

[59] 李玉平，贺卫卫，陈智巧，等．低堆密度拟薄水铝石纳米纤维粒子的制备与表征[J]．石油炼制与化工，2006，37(7): 25-29.

[60] R· J· 吕西耶，M· D· 瓦拉斯．由三水合氧化铝衍生的高孔体积、高表面积氧化铝组合物及其制法和用途: CN1434745A[P]. 2003-08-06.

[61] 李晓云，于海斌，孙彦民，等．活性氧化铝再水合制备拟薄水铝石的形态研究[J]．电子显微学报，2011，30(6): 517-520.

[62] 李晓云，于海斌，孙彦民，等．一种由氢氧化铝水热合成拟薄水铝石的方法: CN103466669A[P]. 2013-12-25.

[63] Saussol F. Method of preparing activated alumina from commercial alpha alumina trihydrate: US, 2915365[P]. 1959-12-01.

[64] Koichi Y, Kunio N, Katsuzo S, et al. Process for the production of low density activated alumina formed product: US, 4444899[P]. 1984-09-03.

[65] Podschus E. A process for the production of active aluminum oxide in bead form: GB, 1404543[P]. 1975-09-03.

[66] Podschus E, Weingartner F. A process for the production of granulates of active aluminium oxide: GB, 1575218[P]. 1980-09-17.

[67] 殷晏国，耿华国，王强．ρ-氧化铝成形技术研究[J]．山东冶金，2008，30(6): 51-52.

[68] 张占明．化学品氧化铝[M]．香港：世华天地出版社，2004: 76-83.

[69] 王玉玲．大孔容活性氧化铝的生产[J]．无机盐工业，2012，44(4): 25-27.

[70] 王东梅，赵德智，王继锋，等．氧化硅-氧化铝催化材料制备方法的研究进展[J]．石化技术与应用，2015，33(2): 185-189.

[71] 许建文，王继元，陈韶辉，等．二氧化钛在催化领域的研究进展[J]．现代化工，2011，31(5): 21-24.

[72] Pophal C, Kameda F, Hoshino K, et al. Hydrodesulfurization of dibenzothiophene derivatives over TiO_2-Al_2O_3 supported sulfided molybdenum catalyst[J]. Catalysis Today, 1997, 39: 21-32.

[73] Yang X Y, Zhang K, Luo X H. Influence of TiO_2 on surface properties of Al_2O_3[J]. React Kinet Catal Lett, 1992, 46(1): 179-186.

[74] 魏昭彬，辛勤，郭燮贤．加氢脱硫催化剂研究: TiO_2 调变 Al_2O_3 载体对 MoO_3 物化行为的影响[J]．催化学报，1991，12(4): 255-259.

[75] 刘佳，杨锡尧，庞礼．CuO-ZnO/Al_2O_3-TiO_2 催化剂中 TiO_2 的结构效应与电子效应[J]．分子催化，1993，7(6): 418-424.

[76] 魏昭彬，魏成栋，辛勤．TiO_2 调变的 Al_2O_3 载体上钼催化剂的 LRS 研究[C]．全国第六届分子振动光谱学术报告会，1990: 276-277.

[77] Ramírez J, Macías G, Cedeño L, et al. The role of titania in supported Mo, CoMo, NiMo, and NiW hydrodesulfurization catalysts: analysis of past and new evidences[J]. Catalysis Today, 2004, 98(1): 19-30.

[78] 杨松青，陈忠汉，蒋汉瀛．共沉淀法制备超细 TiO_2-$A1_2O_3$ 复合粉体[J]．矿冶工程，1997，17(1): 55-58.

[79] 张谦温，张菡，刘新香，等．Al_2O_3-TiO_2 为载体的前加氢催化剂研究[J]．石油化工，2000，29(6): 413-416.

[80] 罗胜成，桂琳琳，唐有祺．Al_2O_3-TiO_2 复合载体的比较研究[J]．物料化学学报，1996，12(1): 7-9.

[81] Gutierrez-Alejandre A, Trombetta M, Busca G, el al. Characterization of alumina-titania mixed oxide supports Ⅰ. TiO_2-based supports[J]. Microporous Materials, 1997(12): 79-91.

[82] 施岩，崔国静，王海彦，等. 纳米 TiO_2/Al_2O_3 复合载体的制备与表征[J]. 石油学报(石油加工)，2005: 21(6): 12-18.

[83] Grzechowiak J R, Wereszczako-Zielinska I. Rynkowski J, et al. Hydrodesulphuri-sation catalysts supported on alumina-titania[J]. Applied Catalysis A: General, 2003, 205: 95-103.

[84] Wei Z B, Xin Q, Guo X X. Titania-modified hydrodesulphurization catalysts Ⅰ. Effect of preparation techniques on morphology and properties of TiO_2-Al_2O_3 carrier[J]. Applied Catalysis, 1990, 63: 305-317.

[85] 刘勇军，张孔远，燕京，等．MoNi/Al_2O_3-TiO_2 重整石脑油选择性加氢催化剂的研究[J]．石油学报，2007，23(4): 8-13.

[86] 张文郁，解秀清，郝国杨，等. 焙烧温度对 TiO_2-$A1_2O_3$ 催化剂制备的影响[J]. 燃料化学学报，2001，29(增刊): 77-79.

[87] I Toh M, Hattori H, Tanabe K. The acidic properties of TiO_2-SiO_2 and its catalytic activities for the amination of phenol, the hydration of ethylene and the isomerization of butene[J]. Journal of Catalysis, 1974, 35(2): 225-231.

[88] Valla M, Rossini A J, Caillot M, et al. Atomic description of the interface between silica and alumina in aluminosilicates through dynamic nuclear polarization surface-enhanced NMR spectroscopy and first-principles calculations[J]. Journal of the American Chemistry Society, 2015, 137: 10710-10719.

[89] Daniell W, Schubert U, Glöckler R, et al. Enhanced surface acidity in mixed alumina-silicas: a low-temperature FTIR study[J]. Applied Catalysis A: General. 2000, 196: 247-260.

[90] 郑金玉，罗一斌，慕旭宏，等. 硅改性对工业氧化铝材料结构及裂化性能的影响[J]. 石油学报(石油加工)，2010，26(6): 846-851.

[91] 王宗宝，马好文，王廷海，等．无定形硅铝-Al_2O_3 复合载体制备重整原料预加氢催化剂[J]．工业催化，2012，20(2): 29-32.

[92] 郑云弟，李晓军，王宗宝，等. 载体改性对重整预加氢催化剂性能的影响[J]. 工业催化，2012，32(2): 48-51.

[93] Oudet F, Courtine P, Vejux A. Thermal stabilization of transition alumina by structural coherence with $LnAlO_3$(Ln=La, Pr, Nd)[J]. Journal of Catalysis, 1988, 114(1): 112-120.

[94] 史建公，苏海霞，张新军，等．稀土元素对氧化铝性能影响的研究进展[J]．中外能源，2020(5): 68-86.

[95] Schaper H, Doesburg E B M, Van Reijen L L.The influence of lanthanum oxide on the thermal stability of gamma alumina catalyst supports[J]. Applied Catalysis, 1983, 7(2): 211-220.

[96] Schaper H, Amesz D J, Doesburg E B M, et al.Synthesis of thermostable nickel-alumina catalysts by deposition-precipitation[J]. Applied Catalysis, 1985, 16(3): 417-429.

[97] 方向晨，杨占林，王继峰，等．油品精制催化剂技术进展[J]．化工进展，2016，35(6): 1748-1757.

[98] 赵琰．氧化铝(拟薄水铝石)的孔结构研究[J]．工业催化，2002，10(1): 55-63.

[99] 刘铁斌，朱慧红，王永林，等．不同含磷物种对氧化铝性质的影响[J]．当代化工，2017，46(8): 1611-1618.

[100] 南军，肖寒，张景成，等．分子筛调变氧化铝载体对 Ni-Mo 催化剂加氢脱氮活性的影响[J]．石油炼制与化工，2019，50(1): 13-19.

[101] Zhang L L, Zhou M X, Wang A Q, et al. Selective hydrogenation over supported metal catalysts: from nanoparticles to single atoms[J]. Chemical Review, 2020, 120(2): 683-733.

[102] Kibar M E, Özcan O, Dusova-Teke Y, et al. Optimization, modeling and haracterization of sol-gel process parameters for the synthesis of nanostructured boron doped alumina catalyst supports[J]. Microporous and Mesoporous Materials, 2016, 229: 134-144.

[103] 陈子莲，王继锋，杨占林，等．硼对 NiMo/γ-Al_2O_3 加氢处理催化剂性能的影响[J]．石油学报(石油加工)，2016，32(1): 56-63.

[104] 李莎，周慧，范杰，等．介孔硅铝酸盐的合成及其在傅克反应中的催化性能[J]．无机化学学报，2013，29(5): 896-902.

[105] Leonard A, Suzuki Sho, Fripiat J J, et al. Structure and properties of amorphous silicoaluminas. Ⅰ. structure from X-ray fluorescence spectroscopy and infrared spectroscopy[J]. The Journal of Physical Chemistry, 1964, 68(9): 2608-2617.

[106] Wang Z C, Jiang Y J, Jin F Z, et al. Strongly enhanced acidity and activity of amorphous silica-alumina by formation of pentacoordinated AlV species[J]. Journal of Catalysis, 2019, 372: 1-7.

[107] 吴俊升，李晓刚，杜伟，等．介孔/大孔 Al_2O_3/SiO_2 复合氧化物的制备与表征[J]．催化学报，2006，27(9): 755-761.

[108] Toba M, Mizukami F, Niwa S I, et al. Effect of preparation methods on properties of amorphous alumina/silicas[J]. J Mater Chem, 1994, 4(7): 1131-1135.

[109] Lopez T. Textural properties of sol-gel silicoaluminates[J]. React Kinet Catal Lett, 1992, 47(1): 21-27.

[110] Pozarnsky G A, McCormick A V. Multinuclear NMR study of aluminosilicate sol-gel synthesis using the prehydrolysis method[J]. Journal of Non-Crystalline Solids, 1995, 190: 212-225.

[111] Snel R. Control of the porous structure of amorphous silica-alumina Ⅰ. the effects of sodium ions and syneresis[J]. Applied Catalysis, 1984, 11: 271-280.

[112] Reymond J P, Dessalces G, Kolenda F. Effect of reactant mixing mode on silica-alumina texture[J]. Studies in Surface Science and Catalysis, 1995, 91: 453-460.

[113] 杜艳泽，戴宝华，王凤来，等．碳化法制备无定形硅铝孔结构影响因素研究[J]．工业催化，2006，14(9): 64-68.

[114] 燕丰．水滑石类层状化合物的生产及应用前景[J]．精细化工原料及中间体，2008(8): 24.

[115] 沙宇，张诚，王显妮，等．水滑石类材料在污染治理中的应用及研究进展[J]．材料导报，2007，21(7): 86.

[116] 田杰．镁铝水滑石的共沉淀法制备[D]．西安: 西安电子科技大学，2009.

[117] 陈伟，李旦振，何顺辉，等．Mg-Al 类水滑石/二氧化钛异质复合纳米晶光催化氧化苯的性能[J]．催化学报，2010，31(8): 1037.

[118] 王松林，黄建林，陈夫山．铝水滑石层间阴离子对其阻燃性能的影响[J]．中国造纸，2012，31(1): 14.

[119] 李龙凤，高元，张茂林．微波加热回流法合成 Mg-Al 二元类水滑石化合[J]．淮北师范大学学报: 自然科学版，2011，32(4): 36.

[120] 李春生，徐传云．共沉淀法制备镁铝水滑石及其表征[J]．当代化工，2010，39(4): 38.

[121] 于洪波，徐冰，姜楠，等．Mg-Al 水滑石的水热合成及晶面选择性生长[J]．硅酸盐通报，2010，29(2): 404.

[122] 李素锋，李殿卿，史翎，等．硼酸根插层锌镁铝水滑石的制备及其阻燃抑烟性能研究[C]. 2004 全国阻燃学术年会论文集，2004.

[123] 张继光．催化剂制备过程技术[M]．北京: 中国石化出版社，2019.

[124] 卢寿慈．粉体技术手册[M]．北京: 化学工业出版社，2004.

[125] 李大东．加氢处理工艺与工程[M]．北京: 中国石化出版社，2004: 181-190.

[126] 张玉婷，肖寒，张景成，等．齿球型氧化铝载体成型工艺优化[J]．当代化工，2016，45(3): 511-513.

[127] Keey R B. Drying principles and practice[M]. Amsterdam: Elsevier Scientific Publishing Company, 1972.

[128] 郭宜枯，等．喷雾干燥[M]．北京: 化学工业出版社，1983.

[129] 徐兵，赵惠忠，贺中央．前驱体-喷雾干燥法制备氧化铝超细粉体[J]．应用化学，2010，27(8): 983-986.

[130] 曾双亲，杨清河，肖成武，等. 干燥方式及老化条件对拟薄水铝石性质的影响[J]. 石油炼制与化工，2012，43(6): 53-57.

[131] 上海轻工设计院．喷雾干燥[M]．上海: 上海科技情报所，1997.

[132] 闵恩泽．工业催化剂的研制与开发[M]．北京: 中国石化出版社，1997.

[133] Capes C E. Particle size enlargement[M]. Amsterdam: Elsevier Scientific Publishing Company, 1980.

[134] 李彩贞．球形 γ-Al_2O_3 载体制备的研究[J]．工业催化，2003，11(9): 39.

[135] 商连弟，王惠惠．活性氧化铝的生产及其改性[J]．无机盐工业，2012，44(1): 1-6.

[136] 杨永辉．磁性微球形氧化铝载体与催化剂制备及性能研究[D]．北京: 北京化工大学，2006: 10-11.

[137] 刘建良，潘锦程，王国成，等．一种使用油氨柱制备球形氧化铝的方法: CN 103011213A[P]. 2011-09-28.

[138] Lv Y M, Li D Q, Tang P G, et al. A simple and promoter free way to synthesize sphericalγ-alumina with high hydrothermal stability[J]. Materials Letters, 2015, 155: 75-77.

[139] Liu P C, Feng J T, Zhang X M, et al. Preparation of high purity sphericalγ-alumina using a reduction-magnetic separation process[J]. Journal of Physics and Chemistry of Solids, 2008, 69: 799-804.

[140] 张云众，姚艳敏，饶贵久，等．铝粉油柱法球形活性氧化铝的制备及其应用[J]．工业催化，2009，17(增刊): 142-144.

[141] 李凯荣，谭克勤，石芳，等．一种低表观密度大孔球形氧化铝的制备[J]．无机盐工业，2003，35(1): 16-18.

[142] Langmuir I. The constitution and fundamental properties of solids and liquids[J]. J Am Chem Soc, 1916, 38(11): 2221.

[143] Brunauer S, Emmett P H, Teller E. Adsorption of gases in multimolecular layers[J]. J Am Chem Soc, 1938, 60(2): 309.

[144] 严继民，张启元．吸附与凝聚-固体的表面与孔[M]．北京：科学出版社，1986.

[145] 辛勤，罗孟飞，徐杰．现代催化研究方法新编(上册)[M]．北京：科学出版社，2018.

[146] Barrett E P, Joyner L G, Halenda P P. The determination of pore volume and area distributions in porous substances. Ⅰ. computations from nitrogen isotherms[J]. American Chemical Society, 1951, 73: 373-380.

[147] Cejka J, Žilkova N, RathouskýA J, et al. High-resolution adsorption of nitrogen on mesoporous alumina[J]. Langmuir, 2004, 20(18): 7532-7539.

[148] 杨玉旺，戴清，刘敬利．拟薄水铝石胶溶指数影响因素[J]．石油化工，2012，41(1): 46-49.

[149] 解其云，吴小山. X 射线衍射进展简介[J]．物理，2012，41(11): 727-735.

[150] 胡林彦．X 射线衍射分析的实验方法及其应用[J]．河北理工学院学报，2004(3): 83-86.

[151] 商连弟，王宗兰，揣效忠，等．八种晶型氧化铝的研制与鉴别[J]．化学世界，1994(7): 346-350.

[152] 李波，邵玲玲．氧化铝、氢氧化铝的 XRD 鉴定[J]．无机盐工业，2008，40(2): 54-57.

[153] 杨岳洋，江书安，李建龙，等．pH 对氢氧化铝晶型影响分析[J]．无机盐工业，2017，49(11): 39-41.

[154] 甘丹丹．不同晶型氧化铝载体制备及其催化剂对汽油加氢脱硫性能研究[D]．北京：中国石油大学，2016.

[155] Varela M, Lupini A R, Benthem K V, et al. Materials characterization in the aberration-corrected scanning transmission electron microscope[J]. Annu Rev Mater Res, 2005, 35: 539-569.

[156] 贾志宏，丁立鹏，陈厚文．高分辨扫描透射电子显微镜原理及其应用[J]．2015，44(7): 446-452.

[157] 苑志伟，蒋绍洋．不同形貌氧化铝制备的研究进展[J]．当代石油石化，2015(9): 16-22.

[158] Jolivet J P, Cassaignon S, Chanéac C, et al. Design of oxide nanoparticles by aqueous chemistry[J]. Journal of Sol-Gel Science and Technology, 2007, 46(3): 299-305.

[159] Ma C, Chang Y, Ye W, et al. Hexagon γ-alumina nanosheets produced with the assistance of supercritical ethanol drying[J]. The Journal of Supercritical Fluids, 2008, 45(1): 112-120.

[160] Liu Y, Ma D, Han X, et al. Hydrothermal synthesis of microscale boehmite and gamma nanoleaves alumina[J]. Materials Letters, 2008, 62(8-9): 1297-1301.

[161] 庞利萍，赵瑞红，郭奋，等．新型氧化铝空心球的制备及表征[J]．物理化学学报，2008，24(6): 1115-1119.

[162] Long R Q, Yang R T. Temperature-programmed desorption/surface reaction (TPD/TPSR) study of Fe-exchanged ZSM-5 for selective catalytic reduction of nitric oxide by ammonia[J]. Journal of Catalysis, 2001, 198: 20-28.

[163] Luz R G, Enrique R C, Antonio J L, et al. Correlation of TPD and impedance measurements on the desorption of NH_3 from zeolite HZSM-5[J]. Solid State Ionics, 2008, 179: 1968-1973.

[164] 巴晓微，柳翱，刘颖，等．NH_3-TPD 法表征固体催化剂的酸性[J]．长春工业大学学报，2013，34(3): 261-263.

[165] Narayanan S, Sultana A, Le Q T, et al. A comparative and multitechnical approach to the acid character of templated and non-templated ZSM-5 zeolites[J]. Applied Catalysis A-General, 1998, 168(2): 373-384.

[166] 汤海荣，程振兴，左国民，等．Al_2O_3 表面酸碱中心的表征[J]．工业催化，2007，15: 500-503.

[167] Parry E P. An infrared study of pyridine adsorbed on acidic solids characterization of surface acidity[J]. Journal of Catalysis, 1963, 2(5): 371-379.

[168] Catana G, Baetens D, Mommaerts T, et al. Relating structure and chemical composition with Lewis acidity in zeolites: a spectroscopic study with probe molecules[J]. Journal of Physical Chemistry B, 2001, 105: 4904-4911.

[169] Anatoli D. Molecular spectroscopy of oxide catalyst surfaces[M]. John Wiley & Sons Ltd: West Sussex, 2003.

[170] Wilder D, Bancroft A B G. Catalytic action of an aluminum oxide catalyst[J]. Journal of Physical Chemistry, 1930, 35: 2943-2949.

[171] Gafurov M R, Mukhambetov I N, Yavkin B V, et al. Quantitative analysis of Lewis acid centers of γ-alumina by using EPR of the adsorbed anthraquinone as a probe molecule: comparison with the pyridine, carbon monoxide IR, and TPD of ammonia[J]. Physical chemistry, 2015: 27410-27415.

[172] 雷志祥，饶国瑛，张志祥．原位红外技术研究银催化剂及其载体 α-氧化铝的表面酸性[J]．石油与天然气化工，2004，33(2): 78-80.

[173] Zheng A M, Huang S J, Wang Q, et al. Progress in development andapplication of solidstate NMR for solid acid catalysis[J]. Journal of catalysis, 2013, 34(3): 436-491.

[174] 白秀玲，马波，等．三维贯通大孔氧化铝的制备与表征[J]．当代化工，2013，4(3): 253-255.

[175] Kun-Fandrei G, Bastow T, Hall J, et al. Quantification of aluminum coordinations in amorphous aluminas by combined central and satellite transition magic angle spinning NMR spectroscopy[J]. The Journal of Physical Chemistry, 1995, 99(41): 15138-15141.

[176] 王太军．激光粒度仪在测定氢氧化铝粒度分布中的应用[J]．世界有色金属，2002(11): 35-38.

[177] 张巨先，田志英．分散条件对氧化铝粉体粒度分析的影响[J]．真空电子技术，2005，4: 11-14.

[178] 闫月香．概述热分析技术在氧化铝工业中的应用[J]．轻金属，2001(10): 17-18.

[179] 刘世江，赵阿可．氧化铝粉体的制备及相结构研究[J]．洛阳师范学院学报，2011，30(5): 33-34.

[180] 王艳琴．氧化铝的制备及相转变研究[D]．兰州: 兰州大学，2008.

[181] Houalla M, Broderick D H, Sapre A V, et al. Hydrodesulfurization of methyl-substituted dibenzothiophenes catalyzed by sulfided CoMoγ-Al_2O_3[J]. Journal of Catalysis, 1980, 61(2): 523-527.

[182] 徐永强，赵瑞玉，商红岩，等．二苯并噻吩和 4-甲基二苯并噻吩在 Mo 和 CoMo/γ-Al_2O_3 催化剂上加氢脱硫的反应机理[J]．石油学报: 石油加工，2003，19(5): 14-21.

[183] 左东华，谢玉萍，聂红，等．4,6-二甲基二苯并噻吩加氢脱硫反应机理的研究Ⅰ．NiW 体系催化剂的催化行为[J]．催化学报，2002，23(3): 271-275.

[184] Tanaka H, Boulinguiez M, Vrinat M. Hydrodesulfurization of thiophene, dibenzothiophene and gas oil on various Co-Mo/TiO_2-Al_2O_3[J]. Catalysis Today, 1996, 29: 209-213.

[185] Duan A J, Li R L, Jiang G Y, et al. Hydrodesulphurization performance of NiW/TiO_2-Al_2O_3 catalyst for ultra clean diesel[J]. Catalysis Today, 2009, 140(3-4): 187-191.

[186] Flego C, Arrigoni V, Ferrari M, et al. Mixed oxides as a support for new Co-Mo catalysts[J]. Catalysis Today, 2001，65: 265-270.

[187] Damyanova S, Petrov L, Centeno M A, et al. Characterization of molybdenum hydrodesulfurization catalysts supported on ZrO_2-Al_2O_3 and ZrO_2-SiO_2 carriers[J]. Applied Catalysis A: General, 2002, 224: 271-284.

[188] 肖寒，于海斌，南军，等．THDS-Ⅰ加氢精制催化剂的研发与性能评价[J]．石油炼制与化工，2016，

47(6): 72-77.

[189] 南军，于海斌，张景成，等．THDS-Ⅰ齿球型柴油加氢精制催化剂的生产及工业应用[J]．无机盐工业，2017，49(11): 69-72.

[190] Pratt K C, Sanders J V, Christov V. Morphology and activity of MoS_2 on various supports-genesis of the active phase[J]. Journal of Catalysis, 1990, 124(2): 416-432.

[191] 周同娜，尹海亮，韩姝娜，等．磷对 Ni(Co)Mo(W)/Al_2O_3 加氢处理催化剂的影响研究进展[J]．化工进展，2008，27(10): 1581-1587.

[192] 彭卫星，王继锋，杨占林，等．磷对 MoNi/γ-Al_2O_3 加氢处理催化剂性能的影响[J]．工业催化，2012，20(10): 47-51.

[193] Chen W B, MaugéF, Gestel J V, et al. Effect of modification of the alumina acidity on the properties of supported Mo and CoMo sulfide catalysts[J]. Journal of Catalysis, 2013, 304: 47-62.

[194] 王海彦，魏民，陈文艺．负载型 $AlCl_3$ 催化共轭二烯烃与顺丁烯二酸酐的反应[J]．辽宁石油化工大学学报，2002，22(3): 1-3.

[195] 杨科．离子液体用于汽油脱除二烯烃的技术研究[D]．西安：西北大学，2012.

[196] 石雷，余淑文．$ZnCl_2$ 对不同类型 Diels-Alder 反应的催化作用[J]．石油化工，1995，24(10): 726-728.

[197] 李克明，冷家厂，王雨勃，等．分子筛催化剂脱除重整油中微量烯烃的研究[J]．化学工业与工程，2009，26(5): 429-432.

[198] 史荣会．二烯烃低温选择加氢镍基催化剂研究[D]．天津：天津大学，2014.

[199] Biloen P, Dautzenberg F M, Sachtler W M H. Catalytic dehydrogenation of propane to propene over platinum and platinum-gold alloys[J]. J Catal, 1977, 50(1): 77-86.

[200] 陈光文，阳永荣，戎顺熙．在 Pt-Sn/Al_2O_3 催化剂上丙烷脱氢反应动力学[J]．化学反应工程与工艺，1998，14(2): 130-137.

[201] 杨维慎，林励吾．负载型铂锡催化剂的研究进展[J]．石油化工，1993，5(5): 347-352.

[202] Weckhuysen B M, Schoonheydt R A. Alkane dehydrogenation over supported chromium oxide catalysts[J]. Catal Today, 1999, 51: 223-232.

[203] Zhang Y, Zhou Y, Shi J, et al. Comparative study of bimetallic Pt-Sn catalysts supported on different supports for propane dehydrogenation[J]. J Mol Catal A, 2014, 381: 138-147.

[204] Bhasin M, Mccain J, Vora B, et al. Dehydrogenation and ox dehydrogenation of paraffins to olefins[J]. Appl Catal A, 2001, 221(1): 397-419.

[205] Mironenko R M, Belskaya O B, Talsi V P, et al. Effect ofγ-Al_2O_3 hydrothermal treatmention the formation and properties of platinum sites in Pt/γ-Al_2O_3 catalysts[J]. Appl Catal A, 2014, 469: 472-482.

[206] Kogan S, Herskowitz M. Selective propane dehydrogenation to propylene on novel bimetallic catalysts[J]. Catal Commun, 2001，2(5): 179-185.

[207] Cimino A, Cordishi D, Derossi S, et al. Studies on chromia zirconia catalystsⅢ.propene hydrogenation[J]. J Catal, 1991, 127: 777-787.

[208] Vuurman M A, Stufkens D J, Oskam A, et al. Raman spectra of chromium oxide species in CrO_3/Al_2O_3[J]. J Mol Catal, 1990, 60(1): 83-88.

[209] Coonradt H L, Garwood W E. Mechanism of hydrocracking. reactions of paraffins and olefins[J]. Industrial&Engineering Chemistry Process Design&Development, 1964, 3(1): 69.

[210] Vora B V. Development of dehydrogenation catalysts and processes[J]. Topics in Catalysis, 2012, 55(19-20): 1297-1308.

[211] He S B, Sun C, Bai Z, et al. Dehydrogenation of long chain paraffins over supported Pt-Sn-K/Al_2O_3 catalysts: a study of the alumina support effect[J]. Applied Catalysis A General, 2009, 356(1): 88-98.

[212] 刘冬．脱氢催化剂载体的研究[D]．南京：东南大学，2003.

[213] 訾仲岳，李先如，卫皇曌，等．氧化铝载体老化温度对长链烷烃脱氢催化剂性能的影响[J]．工业催化，2013，21(1): 30-34.

[214] Akia M, Alavi S M, Rezaei M, et al. Synthesis of high surface areay-Al_2O_3 as an efficient catalyst support for dehydrogenation of *n*-dodecane[J]. Journal of Porous Materials, 2010, 17(1): 85.

[215] Sharma L D, Kumar M, Saxena A K, et al. Influence of pore size distribution on Pt dispersion in Pt-Sn/Al_2O_3 reforming catalyst[J]. Journal of Molecular Catalysis A Chemical, 2002, 185(1-2): 135-141.

[216] Pine A, Cull N L. Clay-derived zeolite cracking catalyst-treated with phosphate or phosphite to incorporate phosphorus: EP, 95364[P]. 1983.

[217] Roberie T G. Prepn. of phosphorus-contg. ultra: stable Y zeolite used as catalyst for hydrocarbon conversions, esp. cracking: US, 5312792[P].1994.

[218] Pine L A. Catalytic cracking with reduced coke yield by using comprising zeolite and alumina treated with phosphorus cpd. in inorganic oxide matrix: US, 4584091[P]. 1986.

[219] Eberly P E, Eberly P. Improved cracking catalyst-comprising crystalline metallo: silicate zeolite, non-zeolite inorganic oxide matrix and particles of phosphate-contg. Alumina: US, 4977122[P]. 1990.

[220] Sato G, Ogata M, Ida T, et al. Prepn. of hydrocarbon cracking catalyst of improved activity, selectivity and attrition resistance: EP, 217428[P]. 1987.

[221] 潘惠芳，邹晓风．磷改性 γ-Al_2O_3 的酸性调变和积炭行为[J]．石油学报(石油加工)，1996，12(3): 1-8.

[222] Stanislaus A, Absi-Halabi M, Al-Doloma K, et al. Effect of phosphorus on the acidity ofγ-alumina and on the thermal stability of γ-alumina supported nickel-molybdenum hydrotreating catalysts[J]. Appl Catal, 1988, 39: 239-253.

[223] Lim J, Stamires D, Brady M. Abrasion resistant zeolite-contg. hydrocarbon conversion catalyst-including a matrix contg. different alumina types, and silica: US, 4206085[P]. 1980.

[224] Lim J C, Humphries A P, Stamires D M. Prodn. of zeolite cracking catalyst from slurry of faujasite-type zeolite, alumina gel formed in situ, clay and pseudo-boehmite: US, 4325847[P]. 1982.

[225] 吕玉康，李才英，顾文娟．一种裂化催化剂及其制备方法: CN1098130A[P]. 1993.

[226] Kim Y S, Cho K S, Lee Y K. Morphology effect of β-zeolite supports for Ni_2P catalysts on the hydrocracking of polycyclic aromatic hydrocarbons to benzene, toluene, and xylene[J]. Journal of Catalysis, 2017, 351: 67-78.

[227] 鞠雪艳，张毓莹，胡志海，等．NiMo 加氢催化剂上 1-甲基萘的饱和反应规律[J]．石油学报(石油加工)，2012，28(4): 538-543.

[228] Chareonpanich M, Zhang Z G, Tomita A. Hydrocracking of aromatic hydrocarbons over USY-Zeolite[J].

Energy & Fuels, 1996, 10(4): 927-931.

[229] Kim Y S, Yun G N, Lee Y K. Novel Ni_2P/zeolite catalysts for naphthalene hydrocracking to BTX[J]. Catalysis Communications, 2014, 45: 133-138.

[230] Corma A, Martínez A, Martínez S V. Catalytic performance of the new delaminated ITQ-2 zeolite for mild hydrocracking and aromatic hydrogenation processes[J]. Journal of Catalysis, 2001, 200(2): 259-269.

[231] Zheng J, Guo M, Song C S. Characterization of Pd catalysts supported on USY zeolites with different SiO_2/Al_2O_3 ratios for the hydrogenation of naphthalene in the presence of benzothiophene[J]. Fuel Process Technol, 2008, 89(4): 467-474.

[232] Valla M, Rossini A J, Caillot M, et al. Atomic description of the interface between silica and alumina in aluminosilicates through dynamic nuclear polarization surface-enhanced NMR spectroscopy and first-principles calculations[J]. J Am Chem Soc, 2015, 137(33): 10710-10719.

[233] 王冬梅，赵德智，王继锋，等. 氧化硅-氧化铝催化材料制备方法的研究进展[J]. 石化技术与应用，2015，33(2): 185-189.

[234] Gao G H, Tian Y N, Gong X X, et al. Advances in the production technology of hydrogen peroxide[J]. Chinese Journal of Catalysis, 2020, 41: 1039-1047.

[235] 张孟旭，戴云生，谢继阳，等. 蒽醌法生产过氧化氢用加氢催化剂的研究进展[J]. 贵金属，2018，39(1): 68-78.

[236] Shi X, Yuan E X, Liu G Z, et al. Effects of porous oxide layer on performance of Pd-based monolithic catalysts for 2-ethylanthraquinone hydrogenation[J]. Chinese Journal of Chemical Engineering, 2016, 24(11): 1570-1576.

[237] 王松林，程义，张晓昕，等. 蒽醌法生产过氧化氢加氢催化剂的研究进展[J]. 化工进展，2017，36(11): 4057-4063.

[238] 李玉芳，伍小明. 双氧水生产技术的研究开发进展[J]. 化工文摘，2008，6: 17-20.

[239] 李梦晨，姚志龙，李季伟，等. 蒽醌加氢钯催化剂载体改性研究[J]. 工业催化，2014，22(8): 614-617.

[240] 姚冬龄. 蒽醌法生产过氧化氢工艺中活性氧化铝的应用[J]. 无机盐工业，2001(5): 16-18.

[241] 刘荣俊，卞大华. 影响双氧水生产中氧化铝消耗的因素[J]. 氯碱工业，2011，47(4): 29-31.

[242] 刘淑荣，刘义. 浅谈蒽醌法双氧水生产中工作液的降解与再生[J]. 河北企业，2016，4: 151-152.

[243] Chang H F, Saleque A M. Dependence of selectivity on the preparation method of copper/α-alumina catalysts in the dehydrogenation of cyclohexanol[J]. Appl Catal A, 1993, 103(2): 233-238.

[244] 商连弟. 国外生产环氧乙烷用催化剂载体的研制进展[J]. 现代化工，1994，9: 21-23.

[245] 李胜利，曹志涛，张晓琳. 乙烯氧化制环氧乙烷催化剂的技术进展[J]. 化学工业与工程技术，2013，34(3): 7-13.

[246] 日本触媒. 环氧乙烷生产用催化剂载体，该载体制得的催化剂用于生产环氧乙烷及环氧乙烷的生产方法: 日本，2001136868[P]. 2002-05-04.

[247] Shirna M, Takada H. Ceramic article, carrier for catalyst, methods for production thereof, catalyst for producing ethylene oxide using the carrier, and method for producing ethylene oxide: EP, 1081116[P]. 2000.

[248] 中国石油化工股份有限公司. 生产环氧乙烷银催化剂载体的制备方法: 1467022[P]. 2002-01-14.

[249] 赵秋伶，徐小健，蔡秀琴，等. 汽车尾气净化催化剂及载体的研究进展[J]. 广州化工，2009，37(8): 15-18.

[250] 李强，陈祥，李言祥. 汽车尾气净化器载体及涂层的研究进展[J]. 表面技术，2001，30(8): 23-27.

[251] 曾佩兰，黄可龙，等. 汽车尾气净化催化剂的研究现状及其进展[J]. 材料导报，2003(3): 48-51.

[252] 王波，王桂林，孙立柱，等. 汽车尾气净化器中活性氧化铝涂层性能改进综述[J]. 河北工业科技，2017，34(4): 282-285.

[253] Schaper H, Doesburg E B M, Reijen L L V, et al. The influence of lanthanum oxide on the thermal stability of gamma alumina catalyst supports[J]. Applied Catalysis, 1983, 7(2): 211-220.

[254] Béguin B, Garboeski E, Primet M. Stabilization of alumina by addition of lanthanum[J]. Applied Catalysis, 1991, 75(1): 119-132.

[255] 贺小昆，刘沁曦，覃庆高，等. 镧钡掺杂量对氧化铝孔结构的影响[J]. 无机盐工业，2011，43(4): 18-20.

[256] 贺小昆，刘沁曦，覃庆高，等. 镧钡改性氧化铝负载钯、铑的催化活性研[J]. 无机盐工业，2011，43(1): 19-21.

[257] 肖彦，薛群山，袁慎忠，等. 稀土催化材料在三效催化剂中的作用[J]. 中国稀土学报，2004，22: 12-17.

[258] 杨庆山，兰石琨. 我国汽车尾气净化催化剂的研究现状[J]. 金属材料与冶金工程，2013，41(1): 53-58.

[259] 刘勇，陈晓银. 氧化铝热稳定性的研究进展[J]. 化学通报，2001，2: 65-70.

[260] 张岩，王继锋，赵德智，等. 载体孔结构及酸性的调变[J]. 石化技术与应用，2015，33(4): 366-370.

[261] Leandro M. Preparation of hierarchically structured porous aluminas by a dual soft template method[J]. Microporous and Meso-porous Materials, 2010(132): 268-275.

[262] 何松波，孙承林，杜鸿章，等. 长链烷烃(n-C_{10}～C_{13})脱氢制单烯烃催化剂的研究Ⅰ. 氧化铝载体孔结构对催化剂性能的影响[J]. 工业催化，2009，17(6): 46-49.

[263] Ju J X, Zeng C F, Zhang L X, et al. Development of the application of microchannel reactors in the synthesis of micro/nanoparticles[J]. Chem Ind Eng Prog, 2006, 25: 152-158.

[264] Xia Y N, XiongY J, Buingkwon Lim, et al. Shape-controlled synthesis of metal nanocrystals: simple chemistry meets complex physics[J]. Angew Chem Int Ed, 2009, 48: 60-103.

[265] Song Y J, Hormes J, Kumar C S S R. Microfluidic synthesis of nanomaterials[J]. Small, 2008, 4: 698-711.

[266] Andrew J deMello. Control and detection of chemical reactions in microfluidic systems[J]. Nature, 2006, 442: 394-402.

[267] Elperin I T. Heat and mass transfer in opposing currents[J]. Journal of Engineering Physics, 1961, 6(6): 62-68.

[268] Wang Y J, Xu D Q, Sun H T, et al. Preparation of pseudoboehmite with a large pore volume and a large pore size by using a membrane-dispersion microstructured reactor through the reaction of CO_2 and a $NaAlO_2$ solution[J]. Industrial & Engineering Chemistry Research, 2011, 50(7): 3889-3894.

[269] Wan Y C, Liu Y B, Wang Y J, et al. Preparation of large-pore-volume gamma-alumina nanofibers with a narrow pore size distribution in a membrane dispersion microreactor[J]. Industrial & Engineering Chemistry Research, 2017, 56(31): 8888-8894.

[270] 王刚，赵瑞红，郭奋，等. 超重力技术制备有序介孔氧化铝[J]. 化工学报，2008，59(5): 1310-1314.

[271] 安鹏宇. 氧化铝市场分析回顾及预测[J]. 轻金属，2019(5): 1-3.

[272] 齐昕阳．工业废气处理工艺的改进研究[J]．科学管理，2019，3: 324-325.

[273] 李智伟，田昂，王宗凡，等．以粉煤灰为原料制备高纯单分散球形纳米氧化铝[J]．硅酸盐通报，2020，39(3): 812-818.

[274] 朱新艳．贵金属型废催化剂回收再利用技术研究[D]．青岛: 中国石油大学，2014.

[275] 隋宝宽，朱慧红，吕振辉，等．渣油废催化剂回收制备拟薄水铝石[J]．石油化工高等学校学报，2019，32(6): 8-12.

[276] 王彧．高纯氧化铝市场现状分析及发展方向[J]．中国高新技术企业，2016，17: 138-139.

[277] 高纯氧化铝引领锂电涂覆新趋势[J]．铝加工，2016，6: 35.